MIFEN
JIAGONG
GONGYIXUE

米粉加工工艺学

易翠平　主编
傅晓如　刘艳兰　副主编

化学工业出版社
·北京·

内容简介

本书从产业链的角度出发，系统介绍了米粉加工的原辅材料，鲜湿米粉、干米粉和方便米粉的加工工艺流程、操作要点、主要设备，米粉的调味料和软罐头配菜，米粉的分析与检测及HACCP体系等，着重引入了不同米粉加工的品质控制基础与相关原理，可为米粉从业人员和相关科研院提供一定的参考。

图书在版编目（CIP）数据

米粉加工工艺学/易翠平主编. —北京：化学工业出版社，2021.3（2024.5重印）
ISBN 978-7-122-38348-8

Ⅰ.①米… Ⅱ.①易… Ⅲ.①大米-粮食加工-工艺学 Ⅳ.①TS212

中国版本图书馆CIP数据核字（2021）第017542号

责任编辑：张　彦　　　　文字编辑：药欣荣　陈小滔
责任校对：宋　玮　　　　装帧设计：韩　飞

出版发行：化学工业出版社（北京市东城区青年湖南街13号　邮政编码100011）
印　　装：北京科印技术咨询服务有限公司数码印刷分部
710mm×1000mm　1/16　印张14¾　字数254千字
2024年5月北京第1版第2次印刷

购书咨询：010-64518888　　　　售后服务：010-64518899
网　　址：http://www.cip.com.cn
凡购买本书，如有缺损质量问题，本社销售中心负责调换。

定　　价：68.00元　　　　

序

我国是农业大国，稻谷种植历史悠久，不仅育种技术世界领先，而且传统加工食品多样，其中在米粉的生产加工方面，颇具代表性。米粉作为稻谷最大宗的传统加工食品，有着丰富多种的地方特色口味，如湖南津市牛肉粉、广西柳州螺蛳粉、云南过桥米线等，深受广大民众喜爱。因此米粉的加工品质对于广大民众的身体健康，以及在延长稻米加工产业链、增加产品附加值、保障粮食安全和满足人民对美好生活需要等方面，都具有非常重要的意义。

长沙理工大学易翠平教授组织了队伍进行攻关，从米粉原辅材料的品质控制基础、工艺流程、操作要点、主要设备和相关调料，以及检测与控制等方面对米粉生产进行分析和论述，明确了包括鲜湿米粉、干米粉和方便米粉等米粉产品的加工工艺，并取得了一系列成果，解决了米粉加工工艺粗放、加工机理不明确等“短板”问题，为提高主食加工品质、促进稻谷产业的科技进步作出了新的尝试和贡献。

我希望本书作者团队继续坚持这种以科学为农业和农产品加工业发展服务的精神，创造更多的成果，为大众生活增色添彩。

是为序。

袁隆平

前　言

米粉起源于中国，距今已有2000多年的历史，是我国乃至全世界华人喜闻乐见的米制主食之一。米粉是以大米为主要原料，经过清理、浸泡、破碎、成型、熟化等工序加工而成的圆柱状或扁宽状的条状食品。因关键工艺的不同，辅以不同地方特色的配菜和调料衍生出百余种不同名目的花色品种，如湖南的常德米粉、广西的螺蛳粉、云南的过桥米线、广东的河粉等。南方多地一日三餐喜食米粉，2018年我国米粉市场规模已达960亿元，并在2020年掀起一个新的高潮。但是，与面条比较，米粉的研究开发与工业化进程相对落后，各地产品特色有余、标准化不足，相关技术交流与沟通相对缺乏。因此，从食品加工科学化与标准化的角度出发，本书系统介绍了米粉的原辅材料，鲜湿米粉、干米粉和方便米粉的品质控制基础、加工工艺、主要设备及相关调料配制等内容，本书可以作为高等院校和科研院所粮油食品科研人员的科研和教学辅助用书，也可以为米粉加工的研究、开发和生产技术人员提供参考。

本书编写分工为：易翠平编写第一、二、三、五、七章，傅晓如编写第四章，刘艳兰编写第六章，谢天编写第八章，谢定、祝红、全珂和王博文等也参加了编写工作。书中部分插图的绘制及改绘、文字的编辑工作由罗晨完成。

值出版之际，我们要特别感谢袁隆平院士在百忙之中为本书作序，感谢袁院士对我国稻米产业科技进步的关心、支持和对我们的厚爱！另外，本书获得了长沙理工大学和国家自然科学基金（31771899、 32072265）的出版资助，得到了谢健老师和黄安全老师的审阅斧正，谨向他们表示诚挚的感谢！

由于编者学识和水平有限，书中疏漏不足在所难免，诚恳欢迎广大读者批评指正。

编　者

2020年12月

目　录

第一章
概　述

第一节　米粉的起源和发展历程

米粉（也称米粉条、米线、河粉、米粉皮等）起源于中国，距今已有2000多年的历史。米粉是以大米为原料，经水洗、浸泡、破碎、成型、熟化等一系列工序制成的圆柱状或扁宽状的条状食品；质地柔韧，富有弹性，水煮不糊汤，干炒不易断，配以各种菜码或汤料，爽滑入味，深受广大消费者的喜爱。

关于米粉的起源有多种说法。其一是古代中国五胡乱华时期北方民众避居南方而产生的类似面条的食品。其二是秦始皇攻打西瓯（现广西）时，粮草运输困难，秦军吃不惯大米白饭，战斗力大受影响，将领命令伙夫设法解决。于是伙夫模仿制面过程，将大米舂成米粉，蒸熟后做成面条的形状，来缓解士兵的思乡之情，这就成为中国历史上最早的米粉。

汉代到宋代，米粉进一步发展，并逐渐丰富。据史书记载，最早的米粉出现在南朝时期《食馔次第法》，但该书在宋代时已散佚。后来北魏贾思勰的《齐民要术》中将该书记为《食次》，所以《齐民要术》中关于米粉的记载引自《食次》：“《食次》曰：‘粲’，一名‘乱积’。用秫稻米，绢罗之。蜜和水，水蜜中半，以和米屑。厚薄令竹杓中下。先试，不下，更与水蜜。作竹杓，容一升许，其下节，概作孔。竹杓中，下沥五升铛里，膏脂煮之。”《食次》中记载的“粲”，就是指用精米加工的食品，所以在那一时期，米粉被称为“粲”。又因为米粉要放入锅中蒸煮，煮熟后就像线麻缠绕在一起，所以又将其叫作“乱积”。

《齐民要术》中，还记有关于“粉饼”的做法。“粉饼法：以成调肉臛汁，接沸溲英粉。若用粗粉，肥而不美；不以汤溲，则生不中食。如环饼面，先刚溲，以手痛揉，令极软熟，更以臛汁，溲令极泽，烁烁然。割取牛角，开四五孔，仅容韭叶。取新帛细绸两段，各方尺半，依角大小，凿去中央，缀角著绸，以钻钻之，密缀勿令漏粉。用讫、洗、举，得二十年用。裹盛溲粉，敛四角，临沸汤上搦出，熟煮，臛浇。若著酪中及胡麻饮中者，真类玉色，稹稹著牙，与好面不殊，一名'搦饼'"。这段话的意思是说，把米粉先和到像做饼面一样，要先和得干硬一些，然后用力揉面，将粉团揉到软熟，加上些许汤汁，再将面和到可以流动的程度。取一只牛角，开四五个韭菜叶宽窄的小孔。再取一块牛角大小的绢布，在中间处剪去一小块，把绢布缝在牛角上面，要密密实实的，以免湿粉从孔中漏出。绢布用完后，需要将其洗净晾干，这样可以重复使用二十年。把已经和好了的粉，倒在绢布上面，用手提紧绢布袋，让粉浆从牛角孔中漏出，落入沸腾的开水里，煮熟后在上面浇上肉汤。也可以放在酪浆或芝麻糊中，就像白玉一样，吃起来又软又韧。此种粉饼又叫作"搦饼"。这种做法显然就是人们今天吃的米粉。

此外，《史记》中的《货殖列传》介绍了种种社会情形，当时市面上酒馆、粉馆已经普遍存在，加工食品的作坊也很多，如米粉作坊、酿酒作坊和食盐作坊还有食杂店等，种类繁多。到了魏晋南北朝时期的岭南地区，大米制品不仅有米粉，还有发糕，名目繁多。当时食品的先进加工技术和制作方法，还传到了日本和东南亚等地，促进了我国与其他国家地区的文化交流。到了宋代，米粉又称为索粉，与当时面条的叫法类似，面条当时称为索饼。此时米粉的制作烹饪技术已经达到了较高的水平，国宴上都已经出现了米粉。明清时期，米粉的发展到了鼎盛时期；尤其在清朝，还有不少关于米粉的绝活，花样和口感都很丰富，吸引了很多人。如桂林米粉在整个桂林地区，已经发展得相当普遍。当时有很多记载都提到米粉，如明代介绍食品加工方法的《宋氏养生部》中就有专门写米粉制作的章节"粉食制"。清朝诗人袁枚的著作《随园食单》，也提到了桂林米粉的制作。

《齐民要术》的"粉饼法"中以稻米为原料做成的食品，与现在的米粉都是基于以下原理：常温下淀粉的筋力很差，不容易成团，所以在制作过程中要提高水的温度，增强和提高淀粉的黏性，一般采用蒸或煮等方法。从物理性质来看，淀粉在水温达到53℃以上时即可溶于水并且膨胀；当水温达到60℃的时候，开始进入糊化状态，吸水量增大，黏性增强；当水温达到90℃以上时，黏度变得越来越大。通过以上描述可知，粉饼以及米粉距今已有很长时间的历史。调味方面随着时间的推移和技术的发展，也越来越精细，这种差异符合历史的发展规律。

米粉的生产地域极广，遍布江南城乡，特别是江西、广东、广西、浙江、福建、湖南等地区，凡有水稻生产的地方，几乎都有米粉的生产。随着经济的发展、社会的进步、文化的交流，米粉在海外的发展也呈逐年上升的趋势。

第二节 米粉的分类和代表品种

一、米粉的分类

米粉的花色品种繁多，各地称呼不同，按照不同的加工工艺和文化背景有不同的分类方式。其中，目前比较主流的分类方法是根据成型工艺分为切粉和榨粉。但是亦可根据水分含量和食用的方便程度分为鲜湿米粉、干米粉和方便米粉。根据形态可分为扁平条状的扁粉类，如河粉、扁粉、饵丝等；圆柱条状的榨粉类，如过桥米线、桂林米粉、常德米粉、濑粉等；卷筒形的卷粉类，如肠粉、烫皮、卷（筒）粉等。考虑水分含量对米粉加工涉及的浸泡/发酵、挤压、熟化、干燥等多个工序，以及对储藏保鲜和品质劣变等方面的影响很大，本书主要采用水分含量和食用的方便程度分类。

1. 根据成型工艺分类

米粉根据成型工艺可分为切条成型的切粉和挤压成型的榨粉。切粉又可分为扁粉、沙河粉、饵丝、方便河粉等。榨粉又可分为圆粉、直条米粉、保鲜方便米粉等。两者的主要区别在于产品加工时的成型方式和最终产品的形状。切粉是在摊浆熟化后，刀切成横截面为方形或长方形的扁平状长条；而榨粉是采用挤压机通过挤丝模板挤压成横截面为圆形的柱状长条。

2. 根据水分含量和食用方便程度分类

米粉根据含水量的高低分为含水量在60％～80％的鲜湿米粉、40％～50％的半干米粉和低于15％的干米粉，由于半干米粉是一种新兴产品，工艺基本同鲜湿米粉，故同鲜湿米粉一起介绍。

60％～80％的鲜湿米粉因为水分含量高，保质期仅1～2天，潮湿的高温季节甚至不超过1天，因此保鲜是鲜湿米粉品质保障的共性技术难题；40％～50％的半干米粉水分含量大幅度降低，保质期延长至15～180天。鲜湿米粉中为改善其滑爽柔韧的筋力和风味，在浸泡工艺上又有发酵和不发酵的区别，在成型工艺上又有挤压和切条的区别。一般而言，挤压成型的鲜湿米粉呈圆柱状，发酵或者不发酵，称圆粉；切条成型的鲜湿米粉呈扁平状，称扁粉或者卷筒型米粉。发酵主要是纯化原料大米中的淀粉成分，降低蛋白质、脂肪、灰分等含量，增加米粉的弹性和韧性，使米粉的口感滑爽，更有筋力、不易断条，同时产生不同的风味。鲜湿发酵米粉的代表品种有常德米粉、桂林米粉和过桥米线。

干米粉一般不发酵，采用挤压或者切条的工艺，制备成或圆或扁的粉条。水分含量＜15%的干米粉因为经过干燥工艺，保质期不是问题，基本都达到12个月，甚至24个月；但是干米粉的复水时间很长，食用前一般需要冷水浸泡过夜或者热水浸泡半小时以上才能煮制，食用不太方便；而且干燥的温度、时间、空气湿度等工艺参数对米粉的蒸煮损失、断条率等品质的影响很大，是干米粉加工的共性技术难题。干米粉的代表品种有直条米粉、兴化米粉、空心米粉等。

基于鲜湿米粉和干米粉的弊端，方便米粉应运而生。高水分含量的鲜湿方便米粉，低水分含量的方便河粉和波纹米粉等，冲泡时间均只需要3～5min，并配有富有地方特色的软罐头菜包或调料包，食用方便且口味十足。其中，鲜湿方便米粉因为保藏期间淀粉凝胶特性的变化而出现老化现象，抗老化和保鲜成为其共性技术难题；方便河粉和波纹米粉则基本沿袭方便面的食用方式、加工工艺和设备，没有新的突破。

二、米粉的代表品种

米粉在中国有着深厚的文化底蕴，主要集中在以大米为主食的南方地区及东南一带，不同的地域有不同的称呼。赣、桂、粤、闽、湘、鄂等地称为米粉，云、贵、川、渝称为米线，上海、江苏、浙江一带叫作米面，扁宽状的米粉在广东等地叫作沙河粉。总体来讲，米粉的加工工艺类似，但食用方法富有地方特色，如云南过桥米线、广西的桂林米粉和柳州螺蛳粉、湖南的常德米粉、福建的兴化米粉、江西的抚州米粉、四川的绵阳米粉、东南一带的湖头米粉等。下面以地名分类，介绍几款特色鲜明的米粉。

1. 云南过桥米线

起源于滇南的蒙自市，始于明末清初，至今已有三百余年的历史。云南米线的加工工艺可分为两大类，一类是大米经过发酵后磨浆制成的，俗称“酸浆米线”，工艺复杂，生产周期长；但米线筋力好，有大米的清香味，是传统的制作方法。即本书第三章介绍的“鲜湿发酵米粉”。另一类是大米磨粉后直接挤压成型，同时熟化，称为“干浆米线”。干浆米线晒干后即为“干米线”，方便携带和储藏；食用时，再蒸煮胀发。工艺类似本书第四章介绍的“直条米粉”。

2. 桂林米粉

桂林米粉，圆的称米粉，扁的称切粉，通称米粉；外表洁白光亮、细滑、柔韧，优质米粉往往一团只有一根。具体的制作方法是：用清纯的漓江水，将早籼米泡涨，磨浆并滤干，揣成粉团煮热，然后压榨出根根米粉，再在水中团成一团，因为经过了反复揣揉，因此筋力极好。

3. 湖南米粉

湖南米粉主要是本书第三章介绍的“鲜湿米粉”：圆粉和扁粉，圆粉有粗细之分，扁粉有宽窄厚薄之别。从口味上分，湖南米粉有三大主流，常德米粉、长沙米粉和湘西米粉；若干支流，例如衡阳、湘潭、怀化、邵阳、郴州等地的米粉。与云南和贵州的米线比较，湖南米粉细而软，相对容易入味。

常德米粉是湖南米粉的代表品种，历史悠久。早在清光绪年间，常德就有了生产米粉的店坊，米粉又细又长。长期以来，常德人不论男女老幼，都喜欢食用米粉；外地来的客人，也以能品尝常德米粉为一大乐事。此外，米粉食用方便，经济实惠，只要用开水烫热，加上配菜佐料，即可食用。

4. 抚州米粉

江西抚州的米粉久煮不糊、久炒不烂。传统制作方法主要以优质大米为原料，经过浸泡、石磨磨米、布袋过滤压浆、揉粉成团、锅内煮熟、石臼打烂、搓成团放入铁制粉筒压榨、通过铁底板小孔压出粉丝、成型于锅中煮沸捞起、冷水冷却、沥干待用等多道工序，类似于本书第三章介绍的“鲜湿米粉”。

抚州米粉传说起源于秦代，秦军伙夫根据北方饸饹面的制作方法精选早籼米，去砂，浸泡4h以上，放入大青石石磨里，磨成细腻的米浆，蒸成薄薄的米粉皮，切细，沸水煮3～5min，加入汤底和炒码即成。这样制作的米粉传至宫廷深得秦王喜欢，同时也在漓江一代广为流传（也就是现在的桂林米粉），因此“抚州米粉”和“桂林米粉”是同宗一脉，只是做法根据当地的口味和习俗不同。

5. 济南米粉

不仅南方有米粉，北方同样也有米粉，比如济南地区的“济南米粉”。民国初年，《中华全国风俗志》记载：“用小米（粉）作细条，复以芝麻酱作汤，加醋蒜拌食之，各用清汤，加胡椒、芫荽者，谓之米粉，比市间所通行者。”

不同的是这种米粉的原料是小米。将小米用水浸泡，磨成糊，过滤后挤干水分；小米粉分成两部分，一部分放入锅中蒸煮至半熟，捞出与另一部分混合，用力揉搓；揉好的粉团通过架在沸水锅上的榨粉机挤压至沸水中，煮熟捞出，调味，制作成不同口味的米粉，浇上高汤就是一碗美味可口的“高汤米粉”，浇上芝麻酱就是“麻汁米粉”。济南米粉本身有着浓浓的小米香，表面呈淡淡的黄色，一般作为早餐食用，早上的街边，一碗“金灿灿”的米粉，受到很多市民的喜爱。

第三节　米粉的发展趋势

米粉是一种极具地方特色的米制传统主食。随着国家监管部门的规范化和互联网发展推进的全球一体化，米粉行业目前已经进入了发展快车道，消费群体不断扩大，产业在近二十年来有了突飞猛进的发展，现代化米粉企业应运而生，大大提高了米粉的工业化进程、产品品质和供给数量。近几年来米粉产业发展的趋势如下所述。

1. 作坊兼并，米粉企业规模逐渐扩大

近年来，由于国家监管部门对米粉行业提出了更高的要求，小作坊不断兼并，米粉企业从没有卫生条件要求的作坊式生产逐渐过渡到要求 HACCP 认证的规模化企业，干米粉企业向产值数十亿的出口型迈进，鲜湿米粉企业向产值过亿迈进。

2. 米粉加工设备的机械化、自动化程度逐步提高

传统米粉生产大多是以手工或半手工半机械化方式进行。事实上，米粉的生产工艺步骤比较复杂，故传统的生产机械化程度不高。随着科技的进步，先进的生产设备及工艺得以相继开发。近年来，各大中型食品厂已应用了机械化的连续生产。从大米提升到最后包装工序，实现了机械化全自动流水作业生产，减轻了劳动强度，操作简单方便。

3. 注重研发，改进工艺，米粉的新产品、新技术不断涌现

近年来，多地政府和企业均加大了对米粉研发的投入，从籼米原料品种的加工适应性、陈化机理及评价标准，到发酵专用菌种的分离、筛选、鉴定，保鲜与产品的抗老化作用，各种辅料与添加剂的研究与应用等，促进了工艺进步。同时出现了半干米粉、速冻米粉等多种制备新工艺，以及方便米粉、糙米米粉、杂粮米粉、香菇米粉、低 GI 米粉等多种新产品。

4. 零售营销渠道模式升级，米粉的集约化、品牌化效应凸显

随着“互联网+”的发展，年轻一代的消费需求变化、米粉的零售营销渠道模式由“线下”升级到“线上”，地方特色鲜明的米粉开始突破地域限制，涌向全国乃至全球，米粉的集约化生产和品牌化效应越来越明显。成功的案例有柳州的螺蛳粉、北大硕士的“霸蛮”米粉。

第二章
米粉加工的原辅材料

传统的米粉加工，原料是适度陈化的籼米，辅料是水。随着人民生活水平的提高和食品工业的发展，人们对米粉的食用品质、储藏保鲜、加工成本等提出了更高的要求，多种淀粉、蛋白质、食用酸等也作为辅料出现在产品中；并出现了盐类、食用胶、酶制剂等多种食品添加剂的研究报道。

第一节　稻　　谷

稻谷，在植物学上属禾本科（Gramineae）稻属（*Oryza*）普通栽培稻亚属中的普通稻亚种，学名 *Olyza sativa* L.。稻谷在我国已有 8000 多年的栽培历史，全世界约有一半以上的人口以稻米为主要粮食，其中亚洲的种植量和消费量均占世界总量的 90%以上，主要集中分布于东南亚季风区域，在美洲、非洲、欧洲与大洋洲也有少量分布。大米是米粉的主要原料，大米的品种、组成和性质对米粉的品质有决定性影响。因此，本部分将对稻谷及大米进行阐述。

一、稻谷的分类

目前，已有 22 类稻谷被确认，但是唯一用于大宗贸易的是 *Oryza Sativa* L. 类稻谷，即普通稻谷。生长于沼泽地的 *Zizania aqutica* 类稻谷，即美洲野生稻谷或印度稻谷，也作为大米食物的额外补充而进行贸易。*Oryza Sativa* L. 类稻谷又分为很多品种，在我国，根据稻谷的生长期、粒形和粒质又分为早籼稻谷、晚籼稻谷、粳稻谷、籼糯稻谷、粳糯稻谷 5 类（表 2-1）。其中，籼稻是米粉生产的主要原料。

表 2-1　籼、粳、糯稻谷的形态及性质

项目	籼稻		粳稻	糯稻
	早籼稻	晚籼稻		
稻谷形状	细长或长椭圆形		短圆	籼糯同籼稻，粳糯同粳稻
稻上茸毛	稀而短		浓密	籼糯同籼稻，粳糯同粳稻
稻芒	大多无芒		大多有芒	籼糯同籼稻，粳糯同粳稻
出糙率	较低		较高	籼糯同籼稻，粳糯同粳稻
腹白(米)	多且大	少且小	小	没有
透明度(米)	半透明或透明		透明或半透明	不透明或半透明
胀性(米)	较大	较小	中	小
黏性(米)	小	适中	小	大
硬度(米)	较小	较大	大	小
色泽(米)	灰白或蜡白		蜡白有光泽	乳白
沟纹(米)	稍明显		明显	不明显

1. 早籼稻谷

生长期较短、收获期较早的籼稻谷，一般米粒腹白较大，角质部分较少。加工时容易出碎米，出糙率较低，米质胀性较大而黏性较弱。质量指标如表 2-2 所示。

2. 晚籼稻谷

生长期较长、收获期较晚的籼稻谷，一般米粒腹白较小或无腹白，角质部分较多。加工时容易出碎米，出糙率较低，米质胀性较大而黏性较弱。质量指标如表 2-2 所示。

表 2-2　早籼稻谷、晚籼稻谷、籼糯稻谷质量指标（GB 1350—2009《稻谷》）

等级	出糙率/%	整精米率/%	杂质含量/%	水分含量/%	黄粒米含量/%	谷外糙米含量/%	互混率/%	色泽、气味
1	≥79.0	≥50.0	≤1.0	≤13.5	≤1.0	≤2.0	≤5.0	正常
2	≥77.0	≥47.0						
3	≥75.0	≥44.0						
4	≥73.0	≥41.0						
5	≥71.0	≥38.0						
等外	<71.0	—						

3. 粳稻谷

粳型非糯性稻谷的果实，籽粒一般呈椭圆形，米质黏性较大胀性较小。腹白小或没有，硬质粒多，加工时不易产生碎米，出糙率较高，米质胀性较小而黏性较强。质量指标如表 2-3 所示。

表 2-3 粳稻谷、粳糯稻谷质量指标（GB 1350—2009《稻谷》）

等级	出糙率/%	整精米率/%	杂质含量/%	水分含量/%	黄粒米含量/%	谷外糙米含量/%	互混率/%	色泽、气味
1	≥81.0	≥61.0	≤1.0	≤14.5	≤1.0	≤2.0	≤5.0	正常
2	≥79.0	≥58.0						
3	≥77.0	≥55.0						
4	≥75.0	≥52.0						
5	≥73.0	≥49.0						
等外	<73.0	—						

4. 籼糯稻谷

籼糯稻谷的糙米一般呈长椭圆形或细长形，米粒呈乳白色，不透明，也有呈半透明状（俗称阴糯），黏性大。质量指标如表 2-2 所示。

5. 粳糯稻谷

粳糯稻谷的糙米一般呈椭圆形，米粒呈乳白色，不透明，也有呈半透明状（俗称阴糯），黏性大。质量指标如表 2-3 所示。

二、稻谷的结构和脱壳碾米

1. 稻谷的结构

稻谷是一种假果，细长或椭圆形（图 2-1），色泽有稻黄色、金黄色或黄褐色、棕红色等多种。稻谷籽粒外层起保护作用的稻壳，包括内颖（内稃）、外颖（外稃）、护颖和颖尖（伸长即为芒）四部分。稻谷加工去壳后的颖果部

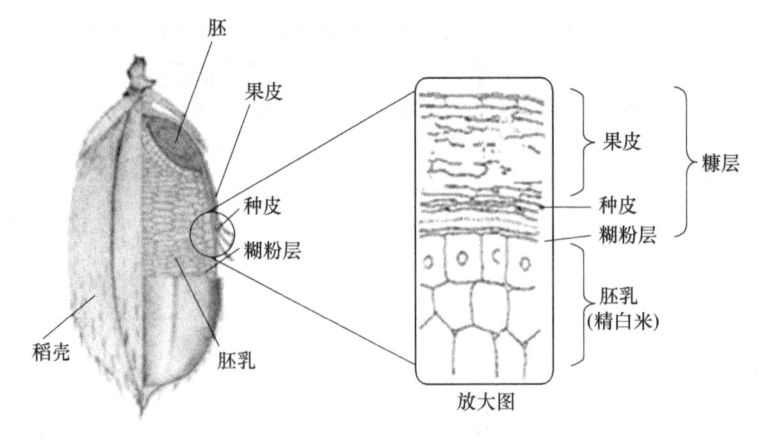

图 2-1 稻谷的结构

分称为糙米，形态与稻谷相似，包括果皮、种皮、糊粉层、胚乳和胚五个部分。其中，稻壳占稻谷质量的20%左右，糙米则约占80%。糙米各组成部分的质量比大致是：果皮1%～2%，糊粉层及珠心和种皮共4%～6%，胚1%，胚乳90%～91%。碾米时糙米的果皮、种皮、外胚乳和糊粉层容易被剥离而总称“米糠”。米糠虽然只占稻谷总重的6%～12%，却含有16%～18%的蛋白质、15%～17%的脂肪（其中80%以上是不饱和脂肪酸）、30%～40%的膳食纤维、8%～12%的灰分以及谷维醇和生育三烯酚等生物活性物质，营养成分十分丰富。

2. 稻谷的脱壳碾米

稻谷通过清理，脱掉稻壳成为糙米，再将糙米经碾白、筛分、抛光、色选等工艺制备得到白米。制作米粉的大米要求无谷粒、砂石、谷糠等杂质及黄粒米等变质米；另外，米的表面光泽度要高，一般制作米粉都选用高精度的大米，采用精白大米制作的米粉，颜色洁白，光泽性好，韧性也很好。不同精度的早籼米对成品米粉质量的影响如表2-4所示。

表2-4　大米精度对米粉质量的影响

大米精度	断条情况	米粉外观
适碾(原标二)	易断	颜色深,光泽度较差
适碾(原标一)	较易断	颜色较浅,光泽度较好
精碾(原特级)	不断	白色,光泽度很好

精碾对米粉主要有三方面的作用：①提高米粉中的淀粉比例，过多的糠皮存在于淀粉之中，会降低淀粉凝胶的强度，降低产品韧性，增加断条率；②改善米粉的光泽，增加透明度，只有清除了淡黄色的糠皮，米粉才可能洁白，油润光滑；③过多的糠皮会堵塞筛孔，导致停机更换筛片，造成生产不能连续顺利进行。因此，市售的大米若达不到要求，需要进一步碾米和去石。

三、大米的理化性质

1. 大米的物理性质

大米的物理性质是指色泽、气味、粒形、容重等，通过这些物理性质可以鉴别大米的品种或新鲜程度。

（1）气味

大米的气味是反映大米新鲜程度的表观指标之一。大米具有一种特有的米香味，但在生长、运输或储藏过程中遭受污染或变质会引起气味劣变。在储藏过程中，大米也会吸附其他物质的气味。长期存放或用陈稻谷加工的大米，会带有明显的陈米味，发热霉变后的大米，常带有霉味、酸味或苦味。大米的风味是由许多挥发性香味物质所组成的，单一的挥发性物质并不能呈现完整大米的香气，除了2-乙酰基-1-吡咯啉（2-acetyl-1-pyrroline）（爆米花味），我们平常所闻到的米香味是由多种挥发性化合物相互作用的结果。大量的化合物有助于形成大米的香气和风味。在大米中挥发性物质超过200种，但是只有少数被确定为影响大米的香气和风味。大米的气味会影响米粉的最终成品质量，因此在米粉加工工艺中，一般选用无异味的大米做原料。

（2）色泽

正常情况下，大米的颜色为透明的灰白色（或蜡白色），如粳米为蜡白色、籼米为灰白色。病虫害或储藏不当，特别是稻谷收割后未及时脱粒干燥遭受微生物的侵害时，都有可能造成大米失去原有的正常颜色和光泽，常见的有黄粒米、黄变米、红变米和黑蚀米等。大米的色泽是反映大米新鲜程度的表观指标。通过大米的气味和色泽变化，可以初步判断大米霉变或陈化的程度。轻度霉变或陈化时，大米仅是失去光泽，略带异味；严重时则明显变色，发出霉臭味。

稻米垩白也是影响水稻外观品质的重要指标。由于垩白部分质硬而脆，所以极大地影响到水稻的碾磨品质和蒸煮口味。稻米垩白是指稻米胚乳中白色不透明的部分，是由胚乳中淀粉和蛋白质不规则排列而造成的。按其发生的部位，垩白可分为腹白、心白和背白，如图2-2所示。米粒腹部呈现不透明的粉质白斑，称为腹白；粉质胚乳位于米粒中心部位称为心白；位于米粒背部称为背白。腹白与心白的多少称垩白度，垩白度大的大米，其胚乳结构疏松，米粒胀性大，蒸煮时吸水多，出饭率高。通常情况下，早米垩白度要高于晚米。

大米的垩白可以改善米粉品质，与米粉感官评定中的黏度、硬度、筋道感和综合评价显著相关。大米垩白度越高，鲜湿米粉色泽、口感和总分的得分越高。因此可以适度提高大米的垩白度来改善米粉品质。

图2-2　大米垩白类型

(3) 粒形、粒度

粒形是指粮食籽粒的形状，不同种类的粮食籽粒形状差别较大；即使是同一种粮食，粒形也随品种不同有较大差异。稻谷和精米的粒形通常用长度、宽度和厚度三个尺寸表示。稻谷籽粒基部到顶端的距离为粒长，腹背之间的距离为粒宽，两侧之间的距离为粒厚，一般是粒长大于粒宽，粒宽大于粒厚。

粒度是指每个谷粒大小的尺度，尺度的单位为 mm。粒度的表示法则以谷粒形状为转移。球体形籽粒的粒度用直径表示，圆柱形籽粒的粒度用粒长和粒径表示。稻米的粒度用粒长、粒宽、粒厚三种尺度表示。

根据 LS/T 6116—2017《大米粒型分类判定》行业标准，大米粒型按籽粒的粒长和/或长宽比划分为两类：长度大于 6.0mm 或长宽比大于等于 2.0 的为长粒米，长度小于等于 6.0mm 且长宽比小于 2.0 的为中短粒米。大米一般为长粒形或短粒形（椭圆形）。一般来说，籼米属长粒形，粳米为中短粒形（椭圆形或卵形）。我国稻米籽粒大小见表 2-5。

表 2-5 稻米籽粒大小

类型	长/mm	宽/mm	厚/mm	长宽比
籼稻谷	8.1	3.0	2.0	2.70
粳稻谷	7.4	3.4	2.3	2.18
籼糙米	5.8	2.7	1.9	2.15
粳糙米	5.4	3.1	2.1	1.74

(4) 相对密度

相对密度是指粮食的密度与标准大气压、3.98℃时纯 H_2O 的密度（999.972kg/m^3）的比值。稻谷种类不同，相对密度不同（表 2-6）。相对密度的大小取决于稻粒的化学成分组成、含量及其籽粒的组织结构特性，成熟、粒大而饱满的稻谷，较未成熟、粒小而不饱满的相对密度要大；淀粉含量多的比淀粉含量少的籽粒相对密度要大。稻谷因含有稻壳，主要成分是纤维素，相对密度比淀粉小，所以稻谷的相对密度比大米小，稻谷相对密度为 1.17～1.22，大米为 1.23～1.28。

表 2-6 稻谷和糙米的相对密度（平均值）

品种	籼稻谷	粳稻谷	籼糙米	粳糙米
相对密度	1.12	1.14	1.40	1.37

(5) 千粒重

千粒重是指从具有代表性的样品中随机抽取一千粒谷粒所称得的质量。千粒重一般以 g 为单位。千粒重的大小，除了与籽粒的粒度、饱满程度、籽粒结构有关外，还与水分有关。为便于比较，也可换算成千粒干物重。粒大、饱满、结构紧密的籽粒，千粒重较大；反之，千粒重较小。

稻谷千粒重通常在 15～43g，平均 25g。通常粳稻千粒重较籼稻略大，籼稻千粒重 18～25g，粳稻千粒重 25～32g。千粒重在 28g 以上的为大粒，26～28g 之间的为中粒，26g 以下的为小粒。由于稻谷含有 20%左右的谷壳，大米的千粒重比稻谷要大。国外优质大米千粒重平均为 17.55g，国产大米除优质米中少数几个品种外，其余都在 17g 以下，平均值为 16.7g。

千粒重反映了胚乳在籽粒中的重量比以及籽粒在粒度大小上的差异，但受品种、土壤、气候、环境等多种因素的影响，千粒重差异很大。比较千粒重的大小，基本能鉴别谷粒的品质和品种的优劣。通常千粒重越大，谷壳率（稻壳占整个籽粒的质量分数）越低，出糙率（糙米占稻谷的质量分数，其中不完善粒折半计算）越高（表 2-7）；对不带壳的籽粒，如糙米，千粒重就更能反映籽粒中胚乳的性质，糙米千粒重越大，皮层和胚所占比例越小，出糙率越高。

表 2-7 稻谷千粒重与出糙率的关系

千粒重/g	25.58	25.39	25.08	23.32	21.65	21.43	20.51
出糙率/%	82.57	82.46	81.90	81.07	80.21	79.72	79.50

(6) 容重

单位容积内粮食的质量称为容重，以 g/L 或 kg/m^3 为单位。容重和相对密度正相关，相对密度越大，籽粒成熟、饱满、干燥，容重越大。另外，容重还与粮食的品种、类型、水分及含杂量有关。影响容重的另一因素是粮堆的孔隙度（孔隙所占粮堆体积分数）。同一个粮食品种，孔隙度小，意味着单位容积内装的粮食越多，容纳的重量越大，容重越大。表面光滑的精米，孔隙度较小，它比带壳的稻谷容重要大，稻谷及其产品的平均容重如表 2-8 所示。

表 2-8 稻谷及其产品的容重（平均值）

品种	容重/(kg/m^3)	品种	容重/(kg/m^3)
籼稻谷	550	籼米	780
粳稻谷	580	粳米	800
籼糙米	750	小碎米	365
粳糙米	770	米糠	274

(7) 散落性

粮食是一种散粒体，在自然下落形成粮堆时，容易向四面流散形成一个圆锥体，这种特性称为粮食的散落性。散落性的大小，通常用静止角或自流角来表示。静止角又叫自然坡角，它是稻谷自然流散成圆锥体粮堆时，圆锥体的斜边与水平面之间的夹角。静止角越大，粮食的散落性越小；静止角越小，散落性越大。散落性的大小与粮食的粒形、粒度、含水量、含杂量等因素有关，如水分为13.7%的稻谷，静止角为36.4°；水分18.5%时，静止角则达到44.3°。一般稻谷的静止角为35°～55°，糙米为27°～28°，白米为23°～33°。自流角是表示散落性的另一指标，它指谷粒在不同材料的斜面上，开始流动的极限角度。自流角受谷粒本身特性和斜面材料光滑程度的影响很大，材料表面越光滑，自流角越小。

(8) 胚乳结构

胚乳是米粒的主体，占米粒的绝大部分，与大米品质密切相关，通常说的米质就是指胚乳的性质。胚乳有两种结构：角质胚乳和粉质胚乳。它与粮食品种、生长条件、成熟度有关。成熟度高，胚乳内淀粉粒间蛋白质较多，结构紧密，胚乳坚硬透明，断面光滑，呈蜡质状的称为角质胚乳；反之，蛋白质含量较低，胚乳结构疏松，透光性差，断面粗糙不平的，则为粉质胚乳。对粮食籽粒而言，角质部分占本粮粒二分之一以上的籽粒为角质粒，角质部分不足本粮粒二分之一（含二分之一）的籽粒为粉质粒。角质部分和粉质部分的化学成分略有不同，角质胚乳蛋白质含量较高，淀粉含量较低（表2-9）。

表2-9 大米的角质与粉质部分的化学成分

单位：以干基计，%

名称	粗蛋白质	无氮抽出物	粗脂肪	粗纤维	灰分
角质胚乳	12.5	85.81	0.37	0.76	0.56
粉质胚乳	9.46	88.79	0.46	0.79	0.50

此外，胚乳的结构与相对密度有一定的关系，在其他条件相同的情况下，角质率高的相对密度大，见表2-10。

表2-10 糙米相对密度与角质率的关系

角质率/%	95.34	95.00	84.00	61.30
相对密度	1.397	1.395	1.379	1.352

(9) 爆腰率

米粒的腰部有纵横裂纹的称为爆腰粒。大米中爆腰的粒数占总粒数的百分比称为爆腰率。爆腰粒产生的原因是米粒受热或脱水不均匀或受到外力的作用。爆腰对大米食用品质和加工品质都有不良影响，应避免爆腰发生。

2. 大米的化学组成与性质

大米的化学性质是指大米所含有的各种化学成分在大米的储藏、蒸煮、加工等过程中所表现出的属性，涉及大米中化学组成的性质及变化。

大米籽粒的化学物质主要有水分、淀粉、蛋白质、脂肪、矿物质、维生素、纤维素等，各组分的含量因品种和生长条件的不同而存在较大的差异，并且籽粒部位不同，含量也不相同（表 2-11、表 2-12）。

表 2-11　不同品种大米主要化学成分含量　单位：%

名称	水分	蛋白质	脂肪	淀粉	灰分	纤维素	支链淀粉/直链淀粉比
早籼米	14.0	7.8	1.3	75.1(29.3)	1.0	0.4	2.41
晚籼米	13.8	8.1	1.2	74.9(22.8)	0.9	0.3	3.39
粳米	14.3	7.1	1.4	75.7(15.8)	0.9	0.4	5.33

注：括号中为大米淀粉中直链淀粉的质量分数。

表 2-12　稻谷各部分主要化学成分含量　单位：%

名称	水分	蛋白质	脂肪	淀粉	粗纤维	灰分
稻谷	11.68	8.09	1.80	73.41	8.89	5.02
糙米	12.2	7.6～10.4	1.8～2.8	74.5～83.4	0.2～0.9	1.1～1.8
大米	12.4	6.5～9.6	0.3～1.1	86.9～89.8	0.4～1.0	0.5～1.9
皮层	13.5	13.1～15.2	17.5～21.7	40.9～49.1	9.6～13.1	9.6～12.2
米胚	12.4	18.4～22.0	16.6～24.7	39.5～55.5	2.0～3.8	6.1～10.0
米糈	12.8	12.8～16.4	8.8～15.3	53.7～71.3	2.1～5.3	5.0～9.3
米糠	13.50	14.80	18.20	44.10	9.00	9.40
稻壳	8.49	3.56	0.93	68.43	39.05	18.59

（1）水分

大米中的水分有两种存在状态，即自由水（游离水）和结合水（束缚水）。自由水存在于大米籽粒细胞间隙的毛细管中，具有普通水的性质（如 0℃结冰、100℃沸腾、导电、可溶解电解质等），大米中这部分水分含量随外界湿度的升高而升高，对大米安全储藏影响较大，但通过干燥可使含量降低。结合水与细胞中的蛋白质、糖类等极性分子通过吸附作用结合，性质稳定，不具有普通水的物理特性，常规的干燥方法不能除去，所以，干燥的粮食中只含有结合水，生理活性很弱，具有稳定的储藏特性，结合水又称为安全水分。

水分是大米发霉变质的主要原因，水分通过影响微生物生长、大米酶活、氧化反应等影响大米质量，大米水分活度高，呼吸作用旺盛，消耗营养成分产水产热，水分和温度相互促进加速稻谷的陈化过程以及霉变。同时高水分活度为害虫微生物提供了更有利的生存条件，因此大米水分要严格控制在安全水分以内。

（2）淀粉

大米中的淀粉主要分布于胚乳，约占糙米干重的72%～82%、精米干重的90%。根据分子结构不同，淀粉可以分为直链淀粉和支链淀粉。大米中的直链淀粉和支链淀粉的含量因品种、气候等因素的不同而不同，一般可根据直链淀粉和支链淀粉的含量将大米区分为糯米和非糯米。糯米含有较高的支链淀粉（约99%），非糯米可以根据所含直链淀粉的多少，区分为低直链淀粉大米（直链淀粉含量为9%～20%）、中直链淀粉大米（直链淀粉含量为20%～25%）及高直链淀粉大米（直链淀粉含量>25%）。

米粉一般采用中、高直链淀粉含量的籼米。研究认为，直链淀粉对于米粉的成型起着至关重要的作用，随着直链淀粉含量的升高，米粉密度增大，口感变硬。支链淀粉含量对于米粉的质构同样不可忽视，含量适当时，米粉韧性好，不易断条；含量过高时，原料在糊化过程中迅速吸水膨胀，黏性很强，米粉容易并条、韧性差、易断条。因此，米粉的原料大米常常采用早籼米和晚籼米配合使用。

① 大米淀粉的结构　淀粉结构复杂，大体可分为6个结构层次（图2-3）。一级结构是单个的淀粉线性分子链，由若干个脱氢葡萄糖单元通过α-1,4糖苷键连接。支链淀粉的链长分布是其特征结构，由大米的基因类型决定；支链淀粉根据链的类型又可以分为A、B、C链。二级结构是完全分支的单个淀粉分子，其线性分支通过α-1,6糖苷键连接在一起，形成支链淀粉和直链淀粉。“淀粉结构”一般是指淀粉的一级结构和二级结构。三级结构描述了淀粉分子的构象，包括以下特征：淀粉链聚集，缠绕成螺旋结构；螺旋聚集形成晶体；最后，晶体形成交替的非晶体和晶体片层，所以淀粉颗粒被认为是半结晶体。四级结构为生长环结构，由多个半晶片和非晶片交替组成。五级结构为淀粉颗粒结构和形态，也包括生长环。大米淀粉颗粒是已知存在于谷物中的最小颗粒，大小在3～8μm之间。不同水稻基因型间淀粉粒大小存在一定差异。大米淀粉颗粒表面光滑，但呈棱角状和多边形。一些水稻突变体中淀粉的大小和形状与普通水稻中淀粉的大小和形状不同。例如，含糖突变体的淀粉颗粒表面粗糙，比野生型更不规则。颗粒松散的包装，看起来像集群，有些有孔和裂缝。垩白突变体垩白部分的淀粉颗粒是圆形的，比半透明部分的淀粉颗粒略小，呈多边形。高直链淀粉突变体的淀粉呈不规则的圆形，在胚乳细胞中相对松散。六级结构是指淀粉颗粒与蛋白质、脂质和非淀粉多糖相互作用形成的大米籽粒。

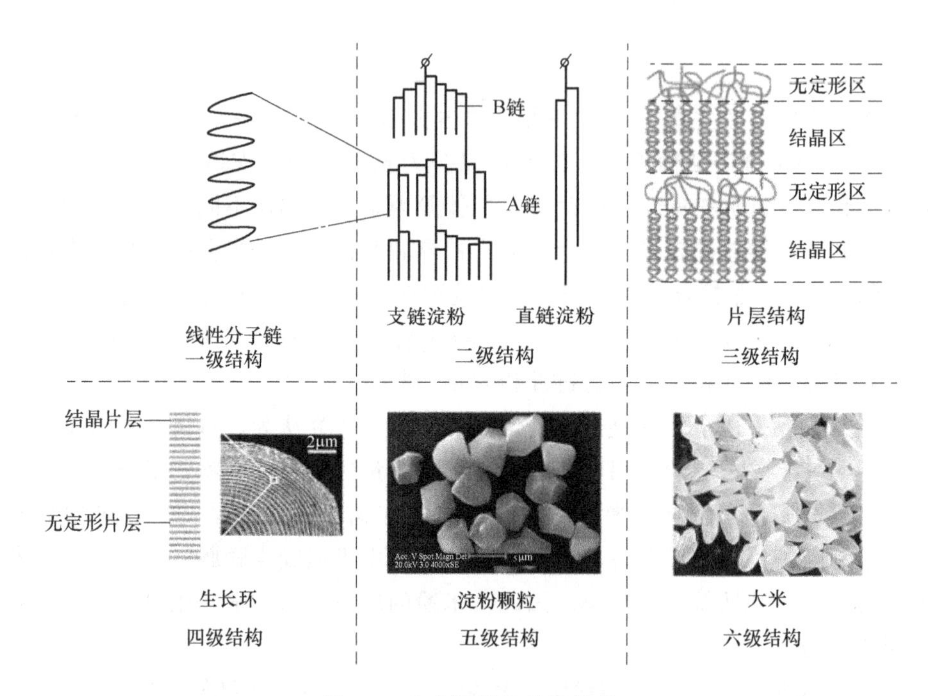

图 2-3　大米淀粉的分级结构

② 大米淀粉的理化性质　淀粉粒的相对密度约为1.5，不溶于冷水。与大米淀粉制备米粉有关的理化性质，主要是淀粉粒的溶胀和糊化作用、凝胶作用、老化作用和消化作用。

a. 淀粉粒的溶胀和糊化作用　淀粉粒不溶于冷水，若在冷水中，淀粉粒因其相对密度大而沉淀。但若把淀粉的悬浮液加热，达到一定温度时（一般在55℃以上），淀粉粒溶胀至原来体积的数百倍，悬浮液变成黏稠的胶体溶液。这一现象称为“淀粉的糊化”，也称为 α 化。淀粉粒突然膨胀的温度又称为“糊化温度”，因淀粉粒大小不同，待所有淀粉粒全都膨胀又有另一个糊化过程温度，所以糊化温度有一个范围，不同来源的淀粉糊化温度范围不同。

淀粉糊化的本质可以分为三个阶段。第一阶段：水分子由淀粉粒的孔隙进入淀粉粒内部，与无定形部分的极性基相结合，或被吸附。这一阶段，淀粉粒内层虽有溶胀，但悬浮液黏度变化不大，淀粉粒外形未变，在偏光显微镜下观察，仍可看到偏光十字，淀粉内部晶体结构没有变化，此时取出淀粉粒干燥脱水，仍可恢复成原来的淀粉粒。这一阶段的变化是可逆的。第二阶段：当水温达到开始糊化温度时，淀粉粒突然膨胀，大量吸水，淀粉粒的悬浮液迅速变成黏稠的胶体溶液。这时若用偏光显微镜进行观察，偏光十字全部消失。若将溶液迅速冷却，也不可能恢复成原来的淀粉粒。这一变化过程是不可逆的。偏光十字的消失，意味着晶体崩解，微晶束结构破坏。所以，淀粉糊化的本质是水分子进入微晶束结构，拆散淀粉分子间的缔合状态，淀粉分子或其聚集体经高度水化形成胶体体系。由于糊化，晶体结构解体，变成混乱无章的排序，所以糊化后的淀粉无法恢复到原有的晶体状态。第三阶段：淀粉糊化后，如果继续加热，使温度进一步升高，则会使膨胀的淀粉粒继续分离支解，淀粉粒成为无定形态状，溶液的黏度继续增高。

与淀粉加工品质有很大关系的是糊化后的淀粉性质。为了表示淀粉糊化的性质及其在不同温度下的黏度的变化，一般采用布拉邦德黏度仪、快速黏度分析仪（RVA）或其他黏度计测定，记录淀粉随着温度升高、保持一段时间、然后降低的黏度连续变化情况，测定方法详见第七章。

在米粉的加工工艺中，蒸片和复蒸等工艺是大米淀粉的糊化。影响大米淀粉糊化特性的因素主要有淀粉的结构和组成、水分与温度、pH、蛋白质、盐类、糖类、脂类等。淀粉的分子聚合度（DP）、分子大小和直链淀粉与支链淀粉比例的不同，淀粉分子间的氢键作用强度不同，其糊化难易程度各异。一般淀粉分子较小，直链淀粉含量高，氢键作用强，破坏这些氢键所需能量则大，糊化温度高。淀粉含水量越高，水分子与淀粉分子接触越完全，温度最佳，淀粉越易糊化。研究表明，淀粉含水量在30%以下时，在常压下，即使加温，淀粉粒也不易膨胀糊化。淀粉含水量在60%～65%并采用喷射加水时，能促进淀粉糊化。若采用挤压法，将挤压受热温度提高到120～200℃，压力达到3～10MPa，淀粉含水量降到20%～30%，经十几秒时间，就能糊化。pH＜4或pH≥10时，淀粉易糊化，pH4～7时，对淀粉糊化几乎无影响。内源性的大米蛋白质的组成以及外源添加的蛋白质对大米淀粉的糊化性质有影响，蛋白质含量越高，糊化温度越高。某些盐类能在室温下促进淀粉糊化，如硫氰酸钾、水杨酸钠、氯化钙等溶液。某些盐又能阻止淀粉糊化，如一定浓度的硫酸盐和磷酸盐等。D-葡萄糖、D-果糖、蔗糖、瓜尔胶等均能抑制淀粉的糊化膨胀，其糊化温度随着糖浓度的增大而增高。可能原因是糖类物质覆盖淀粉颗粒抑制了直链淀粉的溶出以及支链淀粉的膨胀。脂类与直链淀粉形成包合物或复合体，而抑制淀粉粒膨胀和糊化。大米淀粉中含脂肪量较高，糊化温度要高些。

b. 淀粉的凝胶作用　大米经适当糊化后，能形成具有一定弹性和强度的半透明凝胶，凝胶的黏弹性、强度等特性对米粉的口感、速食性能以及凝胶体的加工、成型性能等都有较大影响。与面条不同，大米不含面筋，米粉的柔韧性主要来源于大米淀粉糊化后形成的凝胶。因此，米粉的品质主要取决于大米淀粉凝胶的品质。

凝胶是胶体质点或高聚物分子互相连接形成的多维网状结构，它是胶体的一种特殊存在形式，性质介于固体与液体之间。一方面，凝胶不同于液体，凝胶体中的质点互相连接，而且显示出固体的力学性质，如具有一定的弹性、强度等。另一方面，凝胶与真正的固体不完全一样，其结构强度有限，易于遭受变化，如施加一定外力、升高温度等，往往能使其结构破坏，发生变形，甚至产生流动。即凝胶既有固体的弹性，又有液体的黏性，是一种黏弹性体。

动态流变仪是检测大米直链淀粉糊化和回生的有力工具，通过测定储藏模量G'的变化可以反映其黏弹性的变化，从而测定其糊化和回生。大米在升温糊化阶段，随着温度升高，淀粉体系储藏模量G'也略有升高，到糊化温度（60～70℃）时，淀粉体系G'快速升高，到达一定高度后又快速下降。这可从淀粉的糊化过程得到合理解释。在糊化温度时，淀粉粒大量吸水膨胀，直链分子从淀粉粒中渗析出来形成凝胶包裹淀粉粒，淀粉体系强度和刚性显著增加，故G'值升高。随着温度的进一步升高，直链间的迁移能力增强，凝胶网络中的部分氢键断裂，同时，膨胀的淀粉粒间的碰撞加剧，部分淀粉粒破裂，因此，凝胶体系刚性和强度下降，G'值降低。在随后的降温过程中，随着温度降低，直链淀粉的淀粉分子相互缠绕并趋于有序化，链和链之间的氢键进一步形成；同时，作为填充物的淀粉粒之间的碰撞变缓。淀粉凝胶体系的强度和刚性逐步增大，G'值逐步升高。重新加热升温，膨胀水化的淀粉粒的运动又加剧，部分氢键断裂，淀粉凝胶体系的强度和刚性逐步降低，G'值逐步下降。直链淀粉含量越高，这种不可逆性越强。直链双螺旋片段的解链温度超过100℃，重新加热到100℃不能破坏其结构。因此，这种不可逆性应该是降温过程中形成了直链双螺旋片段所引起的。

有关报道认为淀粉的胶凝，主要是直链淀粉分子的缠绕和有序化，即糊化后从淀粉粒中渗析出来的直链淀粉，在降温冷却的过程中以双螺旋形式互相缠绕形成凝胶网络，并在部分区域有序化形成微晶。也有人认为，糊化后的淀粉糊可以看作渗析出来的直链分子形成的凝胶网络包裹着充分水化膨胀的淀粉粒，淀粉粒内为支链淀粉聚集区。因此，淀粉凝胶的强度应该与直链凝胶网络和水化膨胀的淀粉粒强度有关。

大米淀粉胶凝的速度和凝胶强度主要与淀粉中的直链淀粉含量有关，直链淀粉含量高的淀粉胶凝速度快，凝胶强度大；大米淀粉的胶稠度和淀粉粒的膨胀度等指标对其凝胶特性影响并不显著。支链淀粉形成的凝胶其强度随温度的变化是可逆的，随着淀粉中直链淀粉含量的增加，这种变化的不可逆性增强。直链淀粉含量低的稻米倾向于软胶凝度；大多数直链淀粉含量中等的样品具有硬胶凝度；所有直链淀粉含量高的样品也具有硬胶凝度。随着直链淀粉含量的升高，稻米强烈地倾向于硬胶凝度，两者之间呈正相关。

直链淀粉具有易于形成结构稳定的凝胶特性，但只有当 DP＞250，浓度＞1.0%时才会形成凝胶，DP＜110 时加热也不会形成凝胶，只会形成沉淀；链越长，形成的凝胶越密实。沉淀的短直链全部形成双螺旋且结晶，而凝胶则由螺旋交联的网状结构组成。研究认为是淀粉糊液中直链分为多聚物富集区和多聚物缺乏区所致。大米直链淀粉的糊化浓度为 1.0%左右，只有大于此浓度才能形成糊液，而质量浓度＞2.0%的直链淀粉糊液则很难区分糊化的各个阶段。用动态流变仪测定大米直链淀粉糊后发现其储藏模量 G'在几小时内就能达到最大值。根据相关理论，G'在起始阶段迅速升高是由链间交联所导致的三维网络结构的建立，其后 G'的稳定是由于已形成的密集网络对分子链扩散，交联产生阻滞，使链间重排与进一步交联变得缓慢。进一步研究后发现，直链淀粉糊变硬还与其分子长度有关，链长较短的直链更易快速达到最大 G'值，DP 在 250～1100 之间的直链淀粉糊，100min 内都可达到最大值，且链长越短，达到 G_{max}'的时间越快，而 DP（2550～2800）非常大的 G'发展则十分缓慢。通过 X-衍射研究后发现，＞80%的直链结晶发生在储藏模量 G'达到了最大稳定值之后，2d 之内结晶也完全形成。加热到 90℃时，仅 25%的结晶消失，估计此部分应为直链与脂质的复合物。

大米直链淀粉的含量和凝胶体的耐热性、强度和胶凝速度显著正相关，表明随着直链淀粉含量的增加，凝胶的强度和耐热性增大，胶凝速度加快。大米淀粉的脂类含量、胶稠度和膨胀力与胶凝特征指标没有显著相关，说明淀粉的胶稠度指标并不能反映其形成的凝胶强度，而应该是强度和黏度，即流动性的综合反映。同时，淀粉粒的膨胀能力与凝胶强度和胶凝速度没有显著相关，说明淀粉粒的膨胀能力不是凝胶特性的主要影响因素。

c. 淀粉的老化作用　完全糊化的淀粉，在较低温度下自然冷却或缓慢脱水干燥，就会使在糊化时已破坏的淀粉分子氢键再度结合，部分分子重新变成有序排列，结晶沉淀，这种现象被称为“老化”（回生，或β化、凝沉）。老化结晶的淀粉称为老化淀粉。老化淀粉难以复水，因此，蒸煮熟后的米粉会变硬而难以消化吸收。

老化与淀粉的种类、含水量、温度、酸碱度、共存物等都直接相关。直链淀粉分子在糊化液中空间障碍小，易于取向，也易老化。但其中分子量大的，取向困难；分子量小的，易于扩散，均不易老化；分子量适中的易于老化。研究人员考察了不同品种大米制作的米粉回生动力学后发现直链淀粉含量越高，米粉糊化后的回生速率越快。因此，虽然大米的回生主要由支链的回生决定，但直链淀粉的含量和链长也影响着大米的回生速率，这可能是回生的直链晶体成为了支链结晶的晶种。回生的大米直链淀粉由结晶区和无定形区组成，结晶区可以抗酸解和酶解，是一种发展潜力很大的抗性淀粉。经研究后发现，回生的直链淀粉结晶区占25%～60%，晶体融化温度为130～160℃，通过3C-NMR分析后发现双螺旋含量为60%～95%，平均晶体结晶尺寸为7.3～9.3nm。用高效离子交换色谱测定回生的大米直链晶体片段DP在10～100之间，比我们通常认为的DP在20～65范围更广。大米直链淀粉的糊化和回生与脂质含量有很大关系。测定直链淀粉含量高的大米（19.5%～28.3%）中直链与脂质的复合率达到19.4%～30.2%，其结晶融化温度在80～120℃，X-衍射晶型为V型。大米中所存在的脂质主要为油酸，外源脂的结晶融化温度比内源脂的结晶融化温度低。因此，加入油酸等脂质可以抑制直链和直链的结晶。此外，月桂醇等醇类也可和大米直链淀粉形成复合物，其复合物的融化温度为90～110℃，添加月桂醇后直链的回生速率可以显著降低。多糖和单糖对大米直链淀粉的影响则未见报道。

糊化淀粉含水量高，容易发生老化作用，含水量在10%以下的干燥状态，老化速度很慢。水分含量在60%时，大米支链淀粉的重结晶程度最高（$\Delta H=8.24J/g$），即回生程度最大。水分含量60%以上时，随着水分含量的增加，虽然淀粉分子的迁移速度增加，但是由于浓度降低，淀粉分子之间的交联机会减少，因而回生程度逐步降低。同时，由于参与结晶层的水分子增多，重结晶的融化温度也逐步降低。水分含量为80%时，重结晶的融化热焓降至5.30J/g；水分含量低于60%时，重结晶热焓也略有下降；水分含量为50%时，重结晶热焓为7.53J/g。

糊化淀粉在温度为2～4℃时最易老化。如温度在60℃以上或－20℃以下时，淀粉不易老化，但当温度恢复到常温时，老化现象仍会发生。所以，冷冻淀粉质食品一定要速冻，否则在冷冻初期就可能使部分淀粉老化而降低品质。另外，淀粉糊的液温下降和干燥速率对淀粉老化的影响也很大。若缓慢冷却和缓慢干燥，等于给糊化淀粉分子时间取向排列而促进老化。相反，则可以抑制老化。

淀粉的老化还受到无机盐化合物的抑制，其强弱顺序：$CNS^- > PO_4^{3-} > CO_3^{2-} > I^- > NO_3^- > Br^- > Cl^-$，$Ba^{2+} > Ca^{2+} > K^+ > Na^+$。此外，与脂肪共

存的糊化淀粉易老化，而含有亲水性基团磷酸根的糊化淀粉不易老化。表面活性剂（如单甘酯等）可与直链淀粉的螺旋环嵌合而抑制老化。pH 在 5～7 时，老化速度快，而在偏酸或偏碱性时，因带有同种电荷，老化减缓。

脂类和乳化剂可抑制老化；多糖（果胶例外）、表面活性剂或具有表面活性的极性脂类添加到面包和其他食品中，可延长货架期。经完全糊化的淀粉，在较低温度下自然冷却或慢慢脱水干燥，会使淀粉分子间发生氢键再度结合，使淀粉乳胶体内水分子逐渐脱出，发生析水作用。这时，淀粉分子则重新排列成有序的结晶而凝沉，淀粉乳老化回生成凝胶体。简单地说，淀粉老化是糊化淀粉分子形成有规律排列的结晶过程。

变性淀粉，比如磷酸酯淀粉、醋酸酯淀粉、羟丙基淀粉等，由于引入了亲水性较强的磷酸根基团、乙酰基和羟丙基，增加了淀粉分子的亲和力，降低了淀粉的糊化温度，减慢或抑制了老化。酸解淀粉与交联淀粉则相反，它提高了淀粉的糊化温度，加速了老化进程。不同的改性方法和改性程度对老化有不同的影响，因此在米粉加工中要注意合理选择与控制，使用适度的变性淀粉。

（3）蛋白质

大米中的蛋白质含量为 7%～10%，含量差异与大米的品种、生长环境等有关。蛋白质在大米籽粒中的分布极不均匀，糠层和米粞约占蛋白质总量的 19.4%，胚约占 9.9%，胚乳约占 70.1%。大米蛋白质按其溶解性可分为清蛋白、球蛋白、醇溶蛋白和谷蛋白四类。稻米各组分蛋白质平均含量见表 2-13。

表 2-13 稻米各组分蛋白质平均含量 单位：%

名称	清蛋白	球蛋白	醇溶蛋白	谷蛋白
大米	5	9	3	83
米糠	37	36	5	22
米粞	30	14	5	51
米胚	24	14	8	54

大米胚乳内部结构紧密，蛋白体与淀粉颗粒包络结合，二硫键和疏水基团交联聚集在分子间。根据蛋白体存在状态可分为 PB-Ⅰ型和 PB-Ⅱ型，电镜观察可以看到 PB-Ⅰ型结构紧密呈片层的颗粒状，直径在 0.5～2μm 之间；PB-Ⅱ型质地均匀不分层呈椭球形，直径在 4μm 左右。醇溶蛋白主要是 PB-Ⅰ型，球蛋白与谷蛋白主要是 PB-Ⅱ型。清蛋白和球蛋白对大米的生理活动具有重要影响，在稻米的生长期具有关键作用；醇溶蛋白和谷蛋白是大米的储藏蛋白。

人们曾经以为，疏水性使蛋白质在蒸煮过程中吸水形成障碍，低蛋白的大米品种可以制造风味良好、柔韧且内聚力强的米粉。但有人发现用转谷氨酰胺酶处理使大米分离蛋白发生交联时，米粉的蒸煮损失可以降低54.8%、浊度降低66.6%，说明蛋白质的组成和结构对米粉质构品质形成的影响差别很大。进一步研究发现大米蛋白可以有效限制水分在大米淀粉凝胶微结构中的流动和迁移，延缓老化。米粉在挤丝过程中，淀粉凝胶在氢键、疏水键及少量二硫键的定向拉伸下形成线状结构，发酵后籼米中的60kDa淀粉粒结合蛋白（starch granule-associated proteins，SGAPs）强化了这种作用，理论上位于淀粉粒通道的蛋白质（starch granule-channel proteins，SGCPs）比位于淀粉粒表面的蛋白质（starch granule-surface proteins，SGSPs）对米粉凝胶性质的作用更为关键。因此，蛋白质的结构及其与淀粉和水分之间的相互作用可以对米粉的品质有不可忽略的影响。

（4）脂类

脂类又称脂质，指用非极性溶剂（如氯仿或乙醚）从生物细胞或组织中提取的、不溶于水的油性有机物。大米脂质主要由游离脂和结合脂组成。游离脂吸附在淀粉颗粒表面，结合脂位于淀粉颗粒内部，因此稻米中的脂类分别称为非淀粉脂和淀粉脂。甘油三酯、磷脂质和糖脂是非淀粉脂质的主要成分，而溶血磷脂酰胆碱（LPC）、溶血磷脂酰乙醇胺（LPE）和游离脂肪酸是淀粉脂质的主要成分。

虽然与淀粉和蛋白质相比，脂质只占0.3%～1.0%，在大米生产或米制品加工中，通常会忽略这一指标。但是研究表明，脂质对大米的储藏品质、食用品质等有较大影响；另外，天然淀粉中直链淀粉-脂质复合物抑制淀粉的膨胀作用，使淀粉的糊化温度升高，同时改善米粉的口感、咀嚼性、硬度等特性。

（5）纤维素与半纤维素

纤维素是植物组织中的一种结构性多糖，由D-葡萄糖以β-1,4糖苷键连接而成的直链分子，属同质多糖，是构成细胞壁的主要成分。稻谷含纤维素10.5%，其中稻壳中的含量达30%～40%，皮层23.75%，糊粉层6.41%，胚2.46%，而胚乳中几乎不含纤维素（0.15%）。

半纤维素也是组成植物细胞壁的主要成分之一，是葡萄糖、果糖、木糖、甘露糖和阿拉伯糖等聚合而成的异质多糖，不溶于水，溶于4%的NaOH溶液。通常大米中的半纤维素以多缩戊糖的含量来表示。糙米所含多缩戊糖的比例分别为：糠层43%，胚8%，米粞7%，胚乳42%。

（6）矿物质

稻谷的矿物质主要存在于稻壳、胚和皮层中，胚乳中的含量极低。糙米中灰分分布：米糠含51%、胚含10%、米粞含11%、白米含28%。磷、镁、钾在糙米中所占数量较大。白米中钙和磷，胚中钾和镁，米糠中镁、钾、硅和磷较多。稻壳的主要矿物质元素为硅。

（7）维生素

大米中的维生素主要是水溶性的B族维生素，也含少量的维生素A，但不含维生素C和维生素D。所有的维生素主要分布于糊粉层和胚中，糙米中维生素含量比白米高。随着加工精度的提高，大米中维生素的含量逐渐降低。

四、稻谷陈化对大米理化性质的影响

美国谷物化学家协会（AACC）定义：储藏是从稻谷收割到大米消费之间一个必不可少的过程。稻谷在储藏期间会发生一系列物理化学和蒸煮特性的变化，这种变化称为陈化，变化过程称为陈化作用。与新鲜米相比，陈化米具有不同的特性，包括化学成分、理化特性、感官评价和蒸煮品质等。

稻谷的陈化与储藏的时间、温度、相对湿度（RH）及其交互作用有关。一般在常温下储藏半年到一年、在高温下储藏1～3个月就会使稻谷陈化。储藏时间与温度较相对湿度对稻谷陈化的影响更大。时间、温度、相对湿度对稻谷储藏过程中总淀粉、直链淀粉、支链淀粉含量变化的作用不显著；对谷蛋白、清蛋白、球蛋白含量影响大小依次为温度＞时间＞相对湿度，温度对球蛋白和清蛋白的影响显著，三因素对谷蛋白的影响都不显著；对粗脂肪和脂肪酸含量影响大小依次为时间＞温度＞相对湿度，时间和温度对脂肪酸值的影响显著，三因素对粗脂肪含量的影响都不显著。稻谷的储藏温度越高、相对湿度越大，稻米糊化特性等理化性质的变化速率越快，在常温25℃下储藏的稻谷品质变化趋势虽然与高温36℃下的一致，但变化时间点明显滞后，变化缓慢。

1. 稻谷陈化期间的化学成分变化

（1）淀粉

研究表明，籼稻在（36±2）℃、RH85%的条件下储藏0～3个月，总淀粉、直链淀粉和支链淀粉的含量没有显著变化。但某些稻谷品种比如丰优22在15～30℃下储藏0～6个月，直链淀粉含量总体呈缓慢上升的趋势，变化幅度均小于3%。糙米在（32±2）℃、RH65%的条件下储藏9个月后，总淀粉和支链淀粉的含量缓慢降低、直链淀粉含量升高。虽然淀粉含量只有微小的变化，但在陈化过程中由于酶的微弱活性作用，淀粉结构发生了变化，出现还原糖含量增加，非还原糖含量降低；支链淀粉的平均链长显著降低，链长分布改变；淀粉颗粒的晶型不变，但是结晶度改变的现象。

（2）蛋白质

稻谷在储藏过程中，蛋白质的总含量没有显著变化，但可溶性氮含量以及谷蛋白和醇溶蛋白含量降低。清蛋白、球蛋白、谷蛋白的高分子量亚基含量增多，低分子量亚基含量减少。大分子肽增加，小分子肽减少。由于陈化作用，非淀粉粒蛋白与淀粉的相互作用增加。淀粉外围蛋白质的巯基（—SH）被氧化成二硫键（—S—S—），—S—S—与只有单分子层水膜保护的淀粉外围蛋白质的间距减小，易与蛋白质结合，从而增加肽键的交联度，蛋白质的溶解度降低，在淀粉周围形成坚固的网络结构，限制了淀粉的吸水膨胀，导致米饭不易蒸煮，硬度大、黏性低。此外，蛋白质和氨基酸的巯基因被氧化成二硫键而减少，香味成分降低，出现陈米味，而陈米的主要气味物质是羰基化合物。

（3）脂肪

稻谷在储藏过程中，脂肪极易受温度和氧气的影响而加速稻谷的陈化，导致米饭的风味变差，白度降低。脂肪在氧化作用下，脂肪氧化酶作用脂肪酸产生羰基化合物，主要是醛类和酮类。脂肪在脂肪酶水解作用下形成游离脂肪酸，与直链淀粉形成螺旋状复合物，抑制淀粉吸水膨胀，使米饭的黏性低、硬度大。在稻谷陈化过程中，低水分含量的稻谷脂肪以氧化作用为主，高水分含量的稻谷脂肪以水解作用为主。

（4）微量成分

稻谷在储藏过程中，结合态酚酸通过酶促和非酶促反应被释放出来，破坏了新米细胞壁原有的结构。此外，阿魏酸、对羟基苯甲酸、香草酸、丁香酸、咖啡酸、香豆酸的浓度均有增加，酚酸浓度的变化对稻米的食用品质也造成相应影响。

（5）酶类

稻谷中含淀粉酶、蛋白酶、脂肪酶、脂肪氧化酶等多种生物酶。很多学者认为，是酶促反应导致了稻谷的陈化。储藏初期，内源性淀粉酶活性高，将淀粉缓慢水解形成糊精等黏度较高的水解物，但进一步的储藏则会迅速降低内源淀粉酶的活性。新收获的稻谷中含有较高活性的 α-淀粉酶和过氧化氢酶，而随着稻谷储藏时间的延长，这些酶的活性减弱直至丧失。陈米蒸煮品质下降、缺乏黏软口感而不如新米好吃的原因之一就是陈米的 α-淀粉酶活性丧失。淀粉合成酶的不同亚型控制直链淀粉和支链淀粉的含量和结构，其中淀粉合成酶SSⅡa 可以延长 α-葡聚糖的单位链长但不影响分支状况，淀粉粒合成酶 GBSSⅠ可以延长直链淀粉和支链淀粉的外链长度，研究已证实稻谷在储藏过程中，淀粉的颗粒形貌、结晶度以及分子结构发生改变，这从另一个角度说明了淀粉合成酶和淀粉水解酶在这个过程中发生了变化。此外，蛋白酶、脂肪酶和脂肪氧化酶，在储藏过程中的活性也呈上升趋势，且相同条件下，脂肪酶活性增加速率更快，约是脂肪氧化酶的10～20倍。

2. 稻谷陈化期间的理化特性变化

(1) 糊化特性

研究表明，早籼稻和晚籼稻在(36±2)℃、RH85%的条件下储藏0～3个月，回生值和糊化温度变化均显著增大。粳稻和籼稻在20℃和35℃、RH60%的条件下储藏0～6个月，稻米的峰值黏度、热糊黏度、冷糊黏度和回生值增大，崩解值降低，其中热糊黏度和冷糊黏度与蒸煮米饭的品尝值极显著负相关。粳稻在4～40℃下储藏0～4个月，粳米的峰值黏度增大，储藏温度越高，变化越显著，而不管在何种储藏温度下，粳米的崩解值均降低、回生值均增大，崩解值与米饭的硬度和黏度显著相关。

(2) 热特性

淀粉颗粒在糊化过程中，从悬浮液到溶胶再到凝胶，网络结构的破坏与加强，出现热特性的变化，可以通过示差扫描量热仪(DSC)来测定，包括相变起始温度(To)、峰值温度(Tp)、最终温度(Tc)以及糊化焓(ΔH)。稻谷的储藏显著影响相变峰值温度和峰宽的变化，大米在37℃下储藏12个月比在4℃下储藏的Tp和Tc更高，表明稻米在37℃下储藏的相变从有序到无序的状态更加困难。在高温下储藏的米粒形成更有序的结构，使得在糊化过程中，淀粉颗粒的溶胀、破坏以及淀粉成分的浸出量变少。这些变化对稻米的蒸煮过程有显著影响，陈化米由于对水热的破坏有更大的抵抗力，因此需要更长的蒸煮时间。

总体来讲，稻谷陈化是一个复杂过程，淀粉、蛋白质、脂肪、微量成分以及各种酶类或多或少发生改变，引起分子间的相互作用变化，进一步影响稻谷的理化特性，改变大米的加工性质。图2-4为稻谷陈化过程的示意图。

3. 稻谷陈化对米粉品质的影响

稻谷需经过陈化才能达到米粉制作品质的要求。研究表明，籼稻在(36±2)℃、RH85%的条件下加速储藏0～3个月，随着时间的延长，制备的鲜湿米粉咀嚼性、弹性增大，黏性、蒸煮损失降低，提高了产品的食用品质。籼稻在室温下储藏0～18个月制备的米排粉，拉伸性、抗剪切性、弯曲性提高，黏性、碎粉率、断条率、汤汁沉淀和吐浆值降低。延长储藏时间可以降低米排粉的黏性，增加硬度和筋道感。

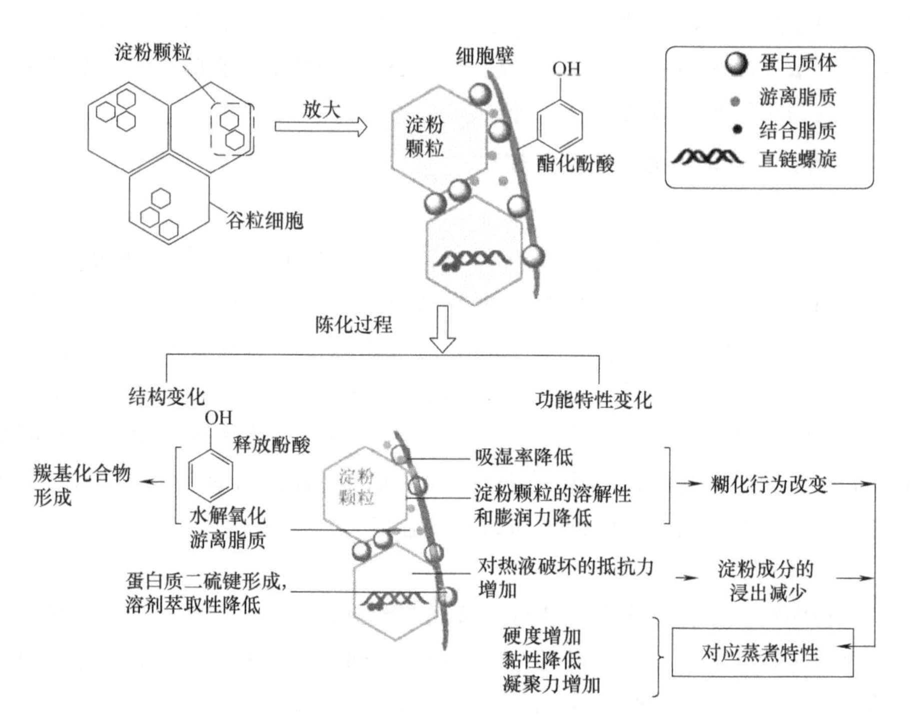

图 2-4　稻谷陈化过程的示意图

五、大米理化性质对米粉品质的影响

一般情况下，米粉加工的原料籼米要满足表 2-14 的质量标准。此外，原料中淀粉的含量和结构、胶稠度和糊化特性等理化性质对米粉的品质亦有很大影响。

表 2-14　籼米的质量标准（GB/T 1354—2018《大米》）

项目			一级	二级	三级
碎米	总量/%	≤	15.0	20.0	30.0
	其中：小碎米含量/%	≤	1.0	1.5	2.0
加工精度			精碾	精碾	适碾
不完善粒含量/%		≤	3.0	4.0	6.0
水分含量/%		≤		14.5	
杂质	总量/%	≤		0.25	
	其中：无机杂质含量/%	≤		0.02	
黄米粒含量/%		≤		1.0	
互混率/%		≤		5.0	
色泽、气味				正常	

1. 淀粉的含量和结构

淀粉的含量和结构与米粉品质具有显著相关性。直链淀粉含量与鲜湿米粉的咀嚼性极显著正相关，与黏性极显著负相关（$p<0.01$）。相对结晶度与鲜湿米粉的黏性极显著正相关（$p<0.01$）。支链淀粉的短链（DP6～12）与米粉的黏性极显著正相关（$p<0.01$）；中链（DP13～24）与米粉的弹性显著负相关（$p<0.05$）；长链（DP37～60）与米粉的蒸煮损失极显著负相关（$p<0.01$），与黏性显著负相关（$p<0.05$）（表 2-15）。因此，直链淀粉的含量、淀粉结构共同决定了鲜湿米粉的蒸煮和质构特性。

表 2-15 淀粉含量和结构与鲜湿米粉品质的相关性

淀粉含量和结构	蒸煮损失	咀嚼性	弹性	黏性
直链淀粉含量	−0.274	0.407**	−0.042	−0.610**
相对结晶度	0.190	−0.110	0.150	0.565**
Fa(DP6～12)	0.314	−0.193	0.165	0.562**
Fb_1(DP13～24)	0.263	0.043	−0.410*	−0.198
Fb_2(DP25～36)	0.145	0.056	−0.377	−0.234
Fb_3(DP37～60)	−0.688**	0.193	0.294	−0.467*

注：1. *代表显著（$p<0.05$），**代表极显著（$p<0.01$）。

2. Fa，支链淀粉的短链；Fb_1，支链淀粉的中链；Fb_2，支链淀粉的中长链；Fb_3，支链淀粉的长链。

研究不同品种大米配比后直链淀粉含量对米粉延伸性的影响也发现，中高直链淀粉含量的籼米比直链淀粉含量偏低的粳米适合加工米粉，但用单一品种的早籼米或晚籼米会导致产品品质不理想，或脆或黏软（表 2-16）。因此将早、晚籼米按一定比例搭配，使直链淀粉含量在 21%～25%，采用精白大米，并将大米粉碎或磨浆过 120 目，加工的米粉产品口感好、韧性强。

表 2-16 不同大米原料配比对米粉产品延伸率的影响

早籼米∶晚籼米	直链淀粉含量/%	口感	米粉延伸率/%
4∶1	24.24	好	102.38
3∶1	24.16	好	110.56
1∶1	23.77	脆	98.05
1∶3	23.37	黏、软	85.62
早籼米	24.55	脆	80.56
晚籼米(余红)	22.98	黏、软	50.28
粳米	20.38	黏	15.80

2. 胶稠度

大米粉或大米淀粉制成的米粉糊或米粉胶的黏滞性，即胶稠度，是评价米饭或大米凝胶冷却后的延展性指标，在米粉的性质上表现为米粉复水后的黏弹性：米胶长度 40mm 以下为硬胶稠度；41～60mm 为中等胶稠度，即黏性较大。不同品种大米的胶稠度如表 2-17 所示。

表 2-17 不同品种大米的胶稠度

品名	早籼米	晚籼米	粳米	粳糯米
胶稠度/mm	35	52	75	71

结果表明，早籼米的胶稠度最小，属硬胶稠度，即早籼的黏性小，所以单独用早籼米为原料做米粉易碎、冷却后易断条。如果按一定比例加入含支链淀粉高的晚籼米调配，即可达到改善米粉质量的目的。研究报道，支链淀粉含量高有利于淀粉颗粒晶体化，支链淀粉之间的长链相互作用，淀粉凝胶黏性增强，使米粉产生黏结力；直链淀粉则因其链短且相互作用不强烈，致使淀粉凝胶脆弱，但能使米粉具有一定的保形力和抗拉力。

3. 糊化特性

籼米品质与鲜湿米粉品质密切相关（表 2-18）：籼米的峰值黏度、热糊黏度、冷糊黏度、回生值、咀嚼性、弹性、膨润力与鲜湿米粉的蒸煮损失极显著负相关（$p<0.01$），而崩解值、黏性、溶解性与鲜湿米粉的蒸煮损失极显著正相关（$p<0.01$）。籼米的热糊黏度、冷糊黏度、回生值、糊化温度、咀嚼性、弹性、膨润力与鲜湿米粉的咀嚼性极显著正相关（$p<0.01$），而崩解值、溶解性与鲜湿米粉的咀嚼性极显著负相关（$p<0.01$）。籼米的冷糊黏度、回生值、糊化温度、咀嚼性、弹性与鲜湿米粉的弹性呈正相关，而崩解值、溶解性与鲜湿米粉的弹性呈负相关。籼米的峰值黏度、热糊黏度、冷糊黏度、回生值、咀嚼性、弹性、膨润力与鲜湿米粉的黏性极显著负相关（$p<0.01$），而崩解值、黏性、溶解性与鲜湿米粉的黏性极显著正相关（$p<0.01$）。因此，籼米粉的冷糊黏度与鲜湿米粉的黏性相关性最高，相关系数达 0.882；表明冷糊黏度是预测鲜湿米粉品质的最适指标，可以用于区分和选择适合米粉加工的大米原料。

表 2-18 籼米品质与鲜湿米粉品质的相关性

籼米品质	蒸煮损失	咀嚼性	弹性	黏性
峰值黏度	−0.447**	0.300	0.068	−0.727**
热糊黏度	−0.639**	0.569**	0.215	−0.851**
冷糊黏度	−0.719**	0.465**	0.359*	−0.882**
崩解值	0.607**	−0.696**	−0.417**	0.572**

续表

籼米品质	蒸煮损失	咀嚼性	弹性	黏性
回生值	−0.756**	0.425**	0.601**	−0.683**
糊化温度	−0.240	0.721**	0.825**	−0.030
咀嚼性	−0.487**	0.655**	0.571**	−0.576**
弹性	−0.578**	0.622**	0.412**	−0.626**
黏性	0.462**	−0.205	−0.128	0.698**
溶解性	0.641**	−0.712**	−0.541**	0.724**
膨润力	−0.421**	0.400**	0.051	−0.419**

注：*代表显著（$p<0.05$），**代表极显著（$p<0.01$）。

第二节　米粉加工常用辅料

水是米粉加工不可替代的辅料，占产品的14%～70%，工艺用水也涉及洗米、浸泡、磨浆、蒸料、锅炉用水等多个方面。水质的好坏直接影响成品的质量。淀粉或蛋白质等原料为降低成本或改善品质也常常作为米粉辅料应用，但这部分辅料均可以替代。

一、水

天然水通常在杂质、微生物、硬度等方面不符合软饮料用水的要求，因此，必须经处理后才能满足食品加工要求。软水的处理通常包括混凝、过滤、软化（石灰软化、电渗析、反渗透、离子交换等）、消毒等步骤。

1. 天然水的分类及其特点

（1）地表水

地表水来自江、河、湖泊和水库等，这类水溶解矿物质较少，硬度一般在1.0～8.0mmol/L，但常含有黏土、砂、水草、腐殖质、钙、镁盐类和其他盐类及细菌等。

（2）地下水

地下水通常指井水、泉水、地下河水，其中含有较多的矿物质，如铁、镁、钙等，硬度、碱度都比较高。

（3）自来水

自来水一般已在水厂进行过一定的处理，水中的杂质及细菌指标已符合饮用水标准。

2. 天然水中的杂质

天然水中的杂质按其微粒的大小可分为三类：悬浮物、胶体、溶解物。

(1) 悬浮物

天然水中凡是粒度大于 0.2μm 的杂质统称为悬浮物，这类物质使水质呈浑浊状态，在静置时会自行沉降。悬浮物质主要包括泥沙、虫类、藻类及微生物等。

(2) 胶体

胶体物质的大小为 0.001～0.2μm，它具有两个重要特性：光照时散射而发生丁达尔现象；另外，因吸附水中大量离子而带有电荷，使颗粒之间产生斥力而不能相互黏结，颗粒始终稳定在微粒状态而不能自行下沉，即具有胶体稳定性。

(3) 溶解物

这类杂质的大小在 0.001μm 以下，以分子或离子状态存在于水中。溶解物主要为：

① 溶解盐类　包括 NaCl、Na_2S 以及 Ca^{2+} 和 Mg^{2+} 等的碳酸盐、硝酸盐、氯化物等，它们构成水的硬度和碱度，能中和饮料中的酸味剂，使饮料的酸碱比失调，影响质量。

② 溶解气体　如 CO_2、O_2、N_2、Cl_2、H_2S 等的存在会影响产品的风味和色泽。

3. 混凝和过滤

(1) 混凝

混凝包括凝聚和絮凝两种过程。凝聚是指胶体被压缩双电层而脱稳的过程，絮凝则指胶体脱稳后（或由于高分子物质的吸附交联作用）聚结成大颗粒絮状物的过程。凝聚是瞬时的，只需将化学药剂扩散到全部水中即可。絮凝则与凝聚作用不同，它需要一定的时间去完成。但一般情况下两者也不易截然分开，因而把能起凝聚和絮凝作用的药剂统称为混凝剂。

水处理中大量使用的混凝剂可分为两类，一种是可离解为带正电荷的水溶性有机物，最好是聚合物，因为这些聚合物每个分子上带有很多电离空穴，这些阳离子被吸附于带负电荷的颗粒表面，以中和相互排斥的表面电荷；另一种是无机阳离子，当这种离子被吸附于粒子表面后，就会发生水解，生成不溶性的沉淀物，它在沉淀中将会捕集其他粒子。一般地表水的悬浮颗粒表面起主导作用的电荷是负电荷，所以，常加入能够吸附在带电荷颗粒表面上的阳离子，

如 Al^{3+}、Fe^{2+}、Fe^{3+}，以促使在简单离子间发生电荷中和。铝盐混凝剂有明矾、硫酸铝、碱式氯化铝等。铁盐混凝剂包括硫酸亚铁、硫酸铁及三氯化铁三种。

为了提高混凝效果，加速沉淀，有时需加入一些辅助药剂，称为助凝剂。助凝剂本身不起凝聚作用，仅用来帮助絮凝。常用的助凝剂有活性硅酸、海藻酸钠、羧甲基纤维素（CMC）、黏土以及化学合成的高分子助凝剂，包括聚丙烯胺、聚丙烯酰胺（PMA）、聚丙烯等。使用助凝剂还可保证在较大的 pH 范围内获得良好的混凝效果。另外，助凝剂的使用还有助于消除沉淀池出水时携带的针絮状体或有助于提高现有澄清设备的处理能力。

（2）过滤

天然水经过混凝沉淀处理后，仍然需要进行过滤，才可达到要求。原水通过粒状过滤材料（简称滤料）层时，其中一些悬浮物和胶体物被截留在孔隙中或介质表面，这种通过粒状介质层分离不溶性杂质的方法称为过滤。当今的过滤不再仅仅是除去水中的悬浮杂质和胶体物质，采用最新的过滤技术，还能除去水中异味、颜色、铁、锰及微生物等物质，从而获得品质优良的水。

过滤材料不同，过滤效果也不同。细砂、无烟煤常在结合混凝、石灰软化和水消毒的综合水处理中做初级过滤材料；原水水质基本满足软饮料用水要求时，可采用砂滤棒过滤器；为了除去水中的色和味，可用活性炭过滤器；要达到精滤效果，可以采用微孔滤膜过滤器。在过滤的概念中，甚至可以将近年来发展起来的超滤和反渗透列入，这两种方法将在后面介绍。

4. 石灰软化

硬度大的水（一般是地下水），未经处理不能作为洗涤和冷却等生产用水，不然会产生大量水垢，使清洁的玻璃瓶发暗，堵塞洗瓶机的喷嘴和降低换热器的传热效果等，因此使用前必须进行软化处理，使原水中的硬度降低。

硬度是指水中存在的金属离子沉淀肥皂的能力，一般是指水中钙、镁离子盐类的含量。硬度可分为碳酸盐硬度（暂时硬度）、非碳酸盐硬度（永久硬度）和总硬度。碳酸盐硬度主要是指钙、镁的碳酸盐和碳酸氢盐，这类硬度经加热煮沸可除去大部分沉淀。水的硬度表示方法较多，通用单位为 mol/L。我国的表示方法与德国相同，即水中含相当于 10mg CaO，其硬度为 1°dH，1mmo/L=2.804°dH。

水的碱度取决于天然水中能与 H^+ 结合的 OH^-、CO_3^{2-} 和 HCO_3^- 的含量，以 mmol/L 表示。水中的 OH^-、CO_3^{2-} 不可能同时并存，OH^-、

CO_3^{2-}、HCO_3^- 分别称为氢氧化物碱度、碳酸盐碱度和重碳酸盐碱度，三种碱度的总量为水的总碱度。碱度过大，容易与金属离子反应形成水垢，产生不良气味，并与酸反应影响糖酸比、CO_2 的溶入量等，因此必须降低水的碱度。

天然水中的总碱度通常与该水中的暂时硬度大小相当。总碱度大于总硬度说明水中存在 OH^-、CO_3^{2-}，总碱度小于总硬度说明水中不存在 OH^-、CO_3^{2-}，总碱度等于总硬度说明水中只含有 Ca^{2+}、Mg^{2+} 的碳酸氢盐。

水的石灰软化包括石灰软化法、石灰-苏打软化法、石灰-纯碱-磷酸三钠软化法等三种方法。

5. 电渗析和反渗透

石灰软化法在对含盐量较高的水进行处理时，不易达到使用要求。在这种情况下可以使用电渗析或反渗透法，这两种方法属于膜分离技术，前者是在电场的作用下，使水中的离子分别透过阴离子和阳离子交换膜，降低水中溶解的固形物；后者利用施加一个大于原水渗透压的压力，使原水中的纯水透过反渗透膜而将水中的溶解物质阻留，以达到水纯化的目的，是生产纯净水的常用方法。在使用这两种方法时，原水必须先经过混凝、过滤等预处理才能保证设备的正常运行。

6. 离子交换法

离子交换法是利用离子交换剂，把原水中不需要的离子暂时占有，然后再将它释放到再生液中，使水得到软化。离子交换树脂在水中是解离的，原水中含有的阳离子和阴离子通过阳离子树脂层时，阳离子被树脂所吸附，树脂上的阳离子 H^+ 被置换到水中；水中阴离子被阴离子树脂所吸附，树脂上的阴离子 OH^- 被置换到水中。也就是水中溶解的阴阳离子被树脂吸附，离子交换树脂中的 H^+ 和 OH^- 进入水中，从而达到水质软化的目的。

$$RSO_3^- H^+ + Na^+ \longrightarrow RSO_3Na + H^+$$

$$R{\equiv}N^+ OH^- + Cl^- \longrightarrow R{\equiv}NCl + OH^-$$

离子交换剂的种类很多，按来源不同可分为矿物质离子交换剂，如泡沸石；碳质离子交换剂，如磺化煤；有机合成离子交换树脂等三大类。前两类一般用于水质的软化处理，如锅炉用水、冷却水及洗瓶水的水质软化。饮料生产用水的水处理都采用有机合成离子交换树脂。它是一种球形网状固体的高分子共聚物，不溶于酸、碱和水，但吸水膨胀。树脂分子含有极性基团和非极性基团两部分，膨胀后，极性基团上可扩散的离子与溶液中的离子起交换作用，而非极性基团则为离子交换树脂的骨架。

7. 水的消毒

在水的前期处理过程中，大部分微生物随同悬浮物、胶体等被除去，但仍然有部分微生物存在于水中。为了达到软饮料用水的微生物指标要求，确保消费者的健康，应对经化学处理的水进行消毒。其是指杀灭水中的致病菌及有害微生物，防止水传染病的危害，但水的消毒不能做到杀死全部微生物。目前国内外常用的水的消毒方法有氯消毒、臭氧消毒及紫外线消毒。

(1) 氯消毒

当在不含氯的水中加入氯后，即发生下列反应：

$$Cl_2 + H_2O \longrightarrow HOCl + H^+ + Cl^-$$

$$HOCl \longrightarrow H^+ + OCl^-$$

HOCl 为次氯酸，OCl^- 为次氯酸根，HOCl 和 OCl^- 都有氧化能力，但 HOCl 是中性分子，可以扩散到带负电荷的细菌表面，并渗入细菌体内，借氯的氧化作用破坏菌体内的酶而使细菌死亡；OCl^- 带负电荷，难以靠近同样带负电荷的细菌，所以虽有氧化能力，但消毒作用仅为 HOCl 的 1/8。由于氯气与水反应生成的次氯酸在解离时受环境 pH 影响较大，一般情况下在 $pH<7$ 时，杀菌作用较强。

目前常用的氯消毒剂主要有漂白粉、次氯酸钠及氯胺，通常根据水质的好坏选择加氯方法，原水水质好，有机物含量少，可在过滤后加氯；反之，在过滤前加氯，一般总投氯量为 0.5～2.0mg/L。

(2) 臭氧消毒

臭氧是一种不稳定的气态物质，在常温下是略带蓝色的气体，通常看上去是无色的。而液态臭氧是暗蓝色的，在水中易分解为氧气和一个原子的氧，它比氧易溶于水，但由于只能得到分压低的臭氧，所以水中的臭氧浓度都比较低。原子氧是一种强氧化剂，能与水中的细菌以及其他微生物或有机物作用，使其失去活性。因此，臭氧是很强的杀菌剂，其瞬间的灭菌性质优于氯。同时能够除去水臭、水色以及铁和锰，不产生二次污染。臭氧已被广泛用于水的消毒。

(3) 紫外线消毒

当微生物受紫外光照射后，微生物的蛋白质和核酸吸收紫外光谱能量，导致蛋白质变性，引起微生物死亡。紫外光对清洁透明的水具有一定的穿透能力，所以能用于水消毒。紫外线杀菌不改变水的物理化学性质，杀菌速度快、效率高、无异味，因此得到广泛的应用。

8. 水处理的工艺流程

水处理的目的是利用化学或物理方法，将水中的各种悬浮物质、胶体物质、可溶性杂质以及微生物除去，以降低水的硬度、浊度、碱度和色度等理化指标，同时达到饮用水的卫生指标。总之，经处理的水必须符合饮用水的水质标准。

大型饮料厂对水质要求极为严格，工艺方面必须根据当地水质情况设计合理而又有适当容量的水处理设备，以保证饮料用水质量。图 2-5 为产水 $60m^3/h$ 的水处理系统及 $30m^3/h$ 软化水处理系统的流程图。该系统包括两个处理部分，第一部分包括加药絮凝系统、多介质过滤器、活性炭过滤器、除碱器、脱气塔、加药杀菌系统、活性炭二次过滤器、终端微过滤器等设备。第二部分为软化水系统，包括活性炭过滤器、软化器和投氯杀菌水箱。

原水为自来水，在投入次氯酸钙后，贮存在原水箱内，然后由三台水泵分别送至两个系统的过滤器。多介质过滤器的主要作用是滤去原水中的悬浮物和胶体。活性炭过滤器的作用是吸附水中有机物和余氯。除碱塔内部装有弱酸树脂的离子交换柱，其作用是将原水中的钙、镁离子除掉，以达到水质要求。脱气塔与弱酸柱组成一个除碱系统，除了可除尽水的碳酸盐碱度，同时可除去水中碱度，使出水总含盐量降低。由第二次活性炭过滤后的水进入微过滤器，进一步滤除水中余氯，保证水质合格。

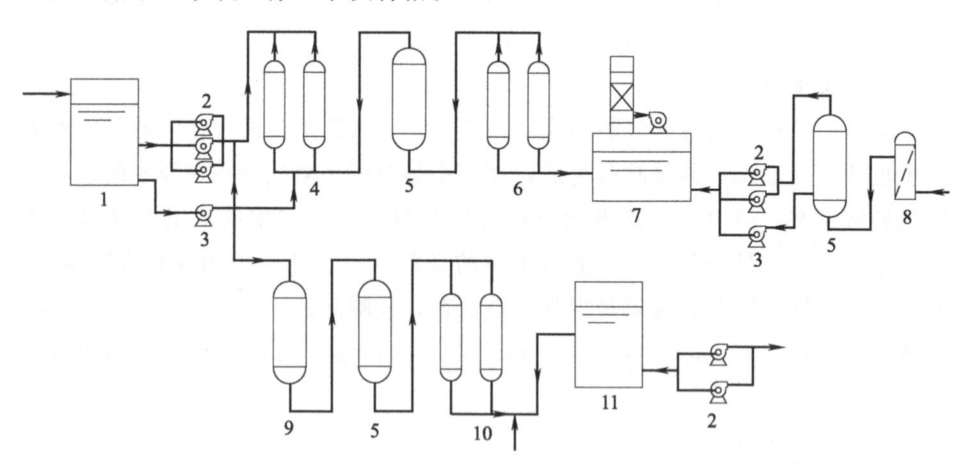

图 2-5 水处理系统及软化水处理系统的流程图

1—原水箱；2—输送泵；3—反洗泵；4—多介质过滤器；5—活性炭过滤器；6—除碱塔；7—脱气塔；8—微滤塔；9—砂滤塔；10—软化器；11—贮水箱

9. 米粉加工中的工艺用水

米粉加工中的原料清洗、浸泡、磨浆、熟化工艺以及添加剂的溶解都会用到水。其中，清洗是为了除去米粒中的糠皮、砂石等杂质和部分细菌；浸泡是使大米淀粉充分吸水湿润，米粒结构变得疏松，易于粉碎，且磨出的粉细腻均匀，为淀粉的糊化提供条件；磨浆是使大米淀粉颗粒破碎变小，吸水更加均匀，糊化更加完全；熟化是作为传热的介质，使大米淀粉受热糊化。并且，水还能使添加剂均匀地分散到原料大米粉之中。

10. 米粉加工对水质的要求

米粉加工对水质有一定的要求。目前，我国还没有制定相应的米粉加工用水质量标准，各地米粉厂用水，都是采用符合我国《生活饮用水卫生标准》(GB 5749—2006) 的自来水。表 2-19 是我国生活饮用水的水质标准。

水的色度和浊度高低，表明水中存在各种溶解和悬浮的杂质的多少，影响米粉的色泽、口感等。当铁盐和锰盐的含量超过一定限度时（试验证明分别为 0.3mg/L 和 0.1mg/L)，会产生一种令人讨厌的沼泽水味，并且，铁、锰等金属离子会造成淀粉糊化后变黄变褐色。

表 2-19 生活饮用水常规指标及限值 (GB 5749—2006)

指标	限值
1. 微生物指标[①]	
总大肠菌群/(MPN/100mL 或 CFU/100mL)	不得检出
耐热大肠菌群/(MPN/100L 或 CFU/100mL)	不得检出
大肠埃希氏菌/(MPN/100mL 或 CFU/100mL)	不得检出
菌落总数/(CFU/mL)	100
2. 毒理指标	
砷/(mg/L)	0.01
镉/(mg/L)	0.005
铬/(六价)/(mg/L)	0.05
铅/(mg/L)	0.01
汞/(mg/L)	0.001
硒/(mg/L)	0.01
氰化物/(mg/L)	0.05
氟化物/(mg/L)	1.0
硝酸盐(以 N 计)/(mg/L)	10(地下水源限制时为 20)
三氯甲烷/(mg/L)	0.06
四氯化碳/(mg/L)	0.002
溴酸盐(使用臭氧时)/(g/L)	0.01
甲醛(使用臭氧时)/(mg/L)	0.9
亚氯酸盐(使用二氧化氯消毒时)/(mg/L)	0.7

续表

指标	限值
氯酸盐(使用复合二氧化氯消毒时)/(mg/L)	0.7
3. 感官性状和一般化学指标	
色度(铂钴色度单位)	15
混浊度(散射混浊度单位)/NTU	1(水源与净水技术条件限制时为3)
臭和味	无异臭、异味
肉眼可见物	无
pH	不小于6.5且不大于8.5
铝/(mg/L)	0.2
铁/(mg/L)	0.3
锰/(mg/L)	0.1
铜/(m/L)	1.0
锌/(mg/L)	1.0
氯化物/(mg/L)	250
硫酸盐/(mg/L)	250
溶解性总固体/(mg/L)	1000
总硬度(以 $CaCO_3$ 计)/(mg/L)	450
耗氧量(COD_{Mn} 法,以 O_2 计)/(mg/L)	3(水源限制,原水耗氧量>6 mg/L时为5)
挥发酚类(以苯酚计)/(mg/L)	0.002
阴离子合成洗涤剂/(mg/L)	0.3
4. 放射性指标②	指导值
总α放射性/(Bq/L)	0.5
总β放射性/(Bq/L)	1

① MPN表示最可能数;CFU表示菌落形成单位。当水样检出总大肠菌群时,应进一步检验大肠埃希氏菌或耐热大肠菌群;水样未检出总大肠菌群,不必检验大肠埃希氏菌或耐热大肠菌群。

② 放射性指标超过指导值,应进行核素分析和评价,判定能否饮用。

水的硬度,对米粉加工也有诸多不利影响,主要表现:加速淀粉粒的氧化;使淀粉的亲水性能变劣;影响淀粉的糊化,加速淀粉回生。因此,米粉加工用水应尽可能使用软水。

二、淀粉类辅料

淀粉类辅料在米粉中常用于改善品质、降低成本。目前,粉头子和玉米淀粉作为辅料已在米粉中普遍使用,豆类淀粉、薯类淀粉也时有使用,葛根淀粉、芭蕉芋淀粉等小品种淀粉仅见研究报道。

1. 粉头子

前一天生产的米粉及其副产物统称粉头子,是一种俗称,实际上是已经熟化的大米粉。在米粉生产中,添加部分粉头子,可以增加产品的吸水性和强度,提高米粉质量;此外,还利用了副产物,提高了产品得率。因此,基本每个米粉厂都添加粉头子。添加时，先将粉头子用水泡透变软后加入原料罐，搅拌均匀，磨浆后再开始蒸粉，添加量在5%～30%之间。

2. 玉米淀粉

玉米淀粉是工业化和市场化程度较高的淀粉产品，化学组成见表2-20，因价格实惠、淀粉和直链淀粉含量与籼米接近而被广泛应用于米粉加工。适量添加玉米淀粉可以提升产品品质：添加量<5%能使鲜湿米粉白度和吸水性增加，断条率下降，熟化时间缩短，回生速度加快；添加量在15%～60%，鲜湿米粉的硬度和弹性下降，蒸煮损失和断条率迅速上升；添加量>60%，鲜湿米粉基本不能成型；但是在直条米粉或干米粉中，作为辅料添加并没有限量。

表2-20　玉米淀粉的化学组成

组成	淀粉	水分	蛋白质	脂肪	灰分	粗纤维	pH	直链淀粉	支链淀粉
含量/%	88	11	0.35	0.04	0.1	0.1	5	28	72

注：直链淀粉与支链淀粉为占淀粉的质量分数。

玉米淀粉改善米粉品质的主要原因：玉米淀粉纯度高，绝大部分是淀粉和水分，这样能改善淀粉凝胶特性，如洁白度好、韧性好；玉米淀粉颗粒比大米淀粉大，糊化温度低（表2-21），相同条件下，添加玉米淀粉的大米粉熟化更快；玉米淀粉含直链淀粉比例高，淀粉凝胶回生更快。

表2-21　几种淀粉的颗粒大小和糊化温度

种类	淀粉粒大小/μm	糊化温度/℃		
		起始温度	峰值温度	最终温度
大米淀粉	3～8	68	74.5	78
玉米淀粉	5～25	62	67	70
马铃薯淀粉	15～100	58	62	66

3. 小麦淀粉

小麦淀粉是从小麦粉中提取的淀粉，含有A淀粉和B淀粉两种颗粒。根据国家标准《食用小麦淀粉》(GB/T 8883—2017)，小麦淀粉分为优级品、一级品和二级品，感官指标和理化指标应符合表2-22、表2-23；安全指标应符合GB 31637的规定。

表 2-22 食用小麦淀粉感官要求

项目	指标			
	小麦 A 淀粉			小麦 B 淀粉
	优级品	一级品	二级品	
外观	白色粉末			白色或淡黄色粉末
气味	具有小麦淀粉固有的气味，无异味			

表 2-23 食用小麦淀粉的理化要求

项目		指标			
		小麦 A 淀粉			小麦 B 淀粉
		优级品	一级品	二级品	
水分/%	≤	14.0	14.0	14.0	14.0
酸度(干基)/°T	≤	2.00	2.56	3.50	6.00
灰分(干基)/%	≤	0.25	0.30	0.40	0.40
蛋白质(干基)/%	≤	0.30	0.40	0.50	3.00
脂肪(干基)/%	≤	0.07	0.10	0.15	0.45
斑点/(个/cm^2)	≤	1.0	2.0	3.0	6.0
细度[150μm(100 目)筛通过率(质量分数)]/%	≥	99.8	99.0	98.0	90.0
白度(457nm 蓝光反射率)/%	≥	93.0	92.0	91.0	70.0

小麦淀粉添加到米粉中有降低成本、改善产品品质的作用。研究报道，添加 10%的小麦淀粉，可以改善加工适应性差的早籼米制备的鲜湿米粉品质，降低其蒸煮损失，提高感官评分，使其接近优质原料生产的米粉。

4. 马铃薯淀粉

马铃薯淀粉颗粒较大，粒径 35～105μm。直链淀粉含量高，其黏性取决于直链淀粉的聚合度，峰值黏度比大米淀粉黏性高，淀粉的膨胀效果很好，吸水能力强，糊浆透明度高。在方便面的生产中得到了较好的应用，对方便面的复水性、口感、蒸煮损失、断条率均有显著改善。在米粉加工中按照 1∶1 的比例添加可以缩短蒸煮时间，提高蒸煮品质、透明度和滑爽性，延缓老化速率，并降低断条率。

5. 变性淀粉

为改善淀粉性能、扩大应用范围，利用物理、化学或酶法处理，在淀粉分子上引入新的官能团或改变淀粉分子大小和淀粉颗粒性质，从而改变原淀粉的天然特性（如糊化温度、热黏度及其稳定性、冻融稳定性、凝胶力、成膜性、透明性等），使其更适合于特定应用的要求。这种经过二次加工，改变性质的淀粉统称为变性淀粉，如交联木薯淀粉、酸变性淀粉、交联玉米淀粉等。变性淀粉添加到米粉中具有以下作用：

① 抗老化作用　变性淀粉延长了淀粉的老化时间，使产品较长时间储藏仍保持良好的口感与质构，延缓米粉老化变硬现象。

② 赋予方便米粉良好的口感　淀粉引入亲水基，具有吸水性增强、糊化后黏度高的特点。如果再引入交联键，会增强淀粉颗粒间的强度，适当控制淀粉颗粒受热后的膨胀程度，双重变性共同作用，使淀粉颗粒受热既充分吸水，又保持颗粒完整。处于这种状态的淀粉可以赋予方便米粉弹韧、有咬劲的口感。

③ 提高米粉表面光洁度，改善色泽　变性淀粉经过酸、碱处理，水洗后，去除呈色物质，有效改善色泽。变性淀粉结合了大量的亲水基团，在加工过程中可使米粉吸收更多的水分，从而使米粉表面更细腻，在自然光的照射下更白、更亮。

④ 赋予方便米粉良好的加工性　变性淀粉具有优良的亲水性，在帮助米粉均匀吸水的同时亦可增强米粉的机械加工性能。淀粉经交联后，交联键使得淀粉颗粒对热、酸和剪切有更好的耐受性。同时交联淀粉糊丝相对较短，改善淀粉经稳定化变性处理黏度过高的特点，更有利于机械加工。

6. 绿豆淀粉

绿豆淀粉因直链淀粉含量高、颗粒膨胀性受限、吸水性小、凝胶稳定性高、色泽白而有光泽等特点，被认为是一种比较适合做米粉的淀粉原料。在米粉中加入5%的绿豆淀粉可以增加总的直链淀粉含量，增强米粉的凝胶性，降低蒸煮损失，提高蒸煮品质和质构品质，获得良好的感官评价。

7. 豌豆淀粉

豌豆淀粉主要是从豌豆蛋白提取的副产品。因此，与玉米、小麦和马铃薯淀粉相比，被认为是一种相对便宜的淀粉来源。豌豆淀粉主要应用于工业，由于其功能特性较差，在食品中的应用较少；但在大米粉中添加豌豆淀粉可制作品质合格的米粉。

8. 木薯淀粉

木薯淀粉具有成本低、淀粉糊澄清度高等优点，是制作米粉的理想原料。以木薯淀粉和籼米为原料，添加复合菌（乳酸菌和酵母菌），并对其限制性发酵，可以增强米粉的营养因子，获得断条率低、复水性好、食味品质佳的直条米粉。

9. 芭蕉芋淀粉

芭蕉芋淀粉颗粒粒径大，糊化温度低，糊透明度好，支链淀粉含量高，成膜性好，分子量也很大，与马铃薯淀粉接近。这些特点决定了芭蕉芋淀粉非常适合加工粉丝。芭蕉芋淀粉的添加使米粉的理化性质发生显著变化，并显著改善米粉的食用品质。

三、蛋白质类辅料

大米蛋白能与淀粉发生相互作用，形成网状结构，在糊化过程中作为天然屏障对淀粉颗粒具有保护作用。当温度改变时，高蛋白质含量的大米有利于增加大米的耐热能力，保持米粉凝胶的硬度和黏性。但大米自身蛋白质含量有限，因此可通过添加其他蛋白质以改善米粉的品质。

1. 大豆分离蛋白

大豆分离蛋白是以大豆为原料，采用碱提酸沉、膜分离或离子交换等技术获得的一种蛋白质含量为90%以上的功能性食品添加剂，主要由清蛋白和球蛋白组成，其中清蛋白约占5%，球蛋白约占90%，营养丰富、不含胆固醇，是植物蛋白中为数不多的可替代动物蛋白的品种之一。大豆分离蛋白具有优良的吸水性、持水性和凝胶性质，用于米粉可增强鲜湿米粉内部的网络交联、降低断条率，增加营养价值，提高产品品质。

2. 玉米醇溶蛋白

玉米醇溶蛋白是玉米的主要储藏蛋白，室温下不能被拉伸成长纤维和薄片，但能够在玻璃化转变温度以上形成黏弹性网络。因此可以利用玉米醇溶蛋白的黏弹性特性，作为无麸质面团中的面筋替代品，改善米粉凝胶性差的缺点。在大米淀粉中添加玉米醇溶蛋白，可制备出凝胶网络良好的米粉。

3. 其他蛋白

其他蛋白类辅料，如乳清蛋白、蛋清蛋白、大豆浓缩蛋白、米糠浓缩蛋白等亦有报道可以强化米粉的营养价值，缩短蒸煮时间，5%左右的添加量可以降低蒸煮损失。其中蛋清蛋白有潜力提高无麸质米粉的蒸煮特性；米糠浓缩蛋白同谷氨酰胺转氨酶一同使用，可以增加米粉的糊化稠度和弹性，改善米粉质地。

第三节 米粉加工常用添加剂

根据《中华人民共和国食品安全法》(2015年）的规定，食品添加剂，指为改善食品品质和色、香、味以及为防腐、保鲜和加工工艺的需要而加入食品中的人工合成或者天然物质，包括营养强化剂。《食品安全国家标准　食品添加剂使用标准》（GB 2760—2014）的术语和定义中指出“食品添加剂是为改善食品品质和色、香、味，以及为防腐、保鲜和加工工艺的需要而加入食品中的人工合成或者天然物质。食品用香料、胶基糖果中基础剂物质、食品工业用加工助剂也包括在内。”食品添加剂中的最大使用量是指“食品添加剂使用时所允许的最大添加量”。最大残留量是指“食品添加剂或其分解产物在最终食品中的允许残留水平”。食品工业用加工助剂是指“保证食品加工能顺利进行的各种物质，与食品本身无关。如助滤、澄清、吸附、脱模、脱色、脱皮、提取溶剂、发酵用营养物质等”。食品工业用加工助剂一般应在食品成品中除去而不应成为最终食品的成分，或仅有残留。

米粉加工中，为防腐、保鲜和加工工艺的需要而加入一些食品添加剂可以改善和提高米粉品质，常见的添加剂及相关研究报道如下。需要说明的是：米粉的添加剂一直是企业和监管部门非常关注的敏感问题，本书介绍的各种添加剂主要是研究报道，不代表国家安全标准《食品安全国家标准　食品添加剂使用标准》（GB 2760—2014）允许使用；但可以申请并经食品安全国家标准制定部门批准后使用。

一、盐类

1. 食盐

食盐在米粉加工中偶有使用，作用机理目前尚不明确，但对米粉晾干有益。食盐添加量根据生产季节的不同控制在0.5%～1.0%，盐类溶于水，电离出的阴离子和阳离子与水相互作用影响淀粉-水分子的结合程度，影响淀粉分子间的静电斥力从而引起淀粉糊化特性的改变，造成淀粉凝胶结构的致密程度改变，进而影响米粉的食用品质。过量使用会减少米粉凝胶的拉伸强度和弹性模量，使米粉条变脆，且在潮湿季节易吸潮。添加方式：配成溶液或在拌粉时加入。

2. 磷酸盐类

食品加工中常用的磷酸盐有正磷酸盐、焦磷酸盐、聚磷酸盐和偏磷酸盐等。正磷酸盐中常见的如磷酸氢二钠及磷酸二氢钠。磷酸氢二钠（$Na_2HPO_4 \cdot 12H_2O$）为无色结晶，相对密度1.52，熔点34.6℃，易溶于水，不溶于乙醇；水溶液呈碱性，3.5%的水溶液pH为9.0～9.4。磷酸二氢钠（$NaH_2PO_4 \cdot$

$2H_2O$）为白色结晶或粉末，无臭，微具潮解性，加热到100℃就失去结晶水，易溶于水，几乎不溶于乙醇，水溶液呈酸性。焦磷酸盐中常见的为焦磷酸钠（$Na_4P_2O_7 \cdot 10H_2O$），无色或白色结晶，溶于水，不溶于乙醇。聚磷酸盐中常见的是三聚磷酸钠（$Na_5P_3O_{10}$），为白色颗粒或粉末，有潮解性，易溶于水，水溶液呈碱性，1%水溶液的pH为9.5左右。在水溶液中水解，其水解速率因温度和pH而异。1%的水溶液，在100℃加热6h，水解约为50%，水解产物为焦磷酸盐和正磷酸盐。偏磷酸盐中常见的是六偏磷酸钠（$(NaPO_3)_6$），为玻璃状无定形固体，无色或白色，溶于水。

米粉加工中，添加的复合磷酸盐主要是磷酸氢二钠或焦磷酸钠。两者均为白色粉末，易溶于水，也是一种食品营养强化剂。其作用机理是随着温度的升高，复合磷酸盐能促进淀粉的可溶性物质渗出，增强淀粉间的结合力。磷酸根离子具有螯合作用，能使淀粉分子、蛋白质分子螯合成更大的分子，增加米粉的筋力和韧性，降低断条率，并可增加米粉光泽。添加方式一般是用冷水溶解后在拌粉时加入，添加量为0.1%～0.4%。过量使用会使米粉条变成微黄或黄色。

3. 焦亚硫酸钠

焦亚硫酸钠在米粉加工中，常作为漂白剂使用，作用原理是使其在酸性条件下释放出SO_2，对大米某些天然色素漂白。干法加工，泡米时加入0.5%的焦亚硫酸钠，用醋酸调节pH；泡米后用清水漂洗，确保残留的SO_2浓度<20μL/L。湿法加工，磨浆时加入0.5%的焦亚硫酸钠，用醋酸调节其pH。

二、食用酸

1. 乳酸

方便鲜湿米粉中常用于调节酸度以辅助杀菌。乳酸学名为2-羟基丙酸，分子式为$C_3H_6O_3$，结构简式为$CH_3CH(OH)COOH$，是一种可食用酸，澄明无色或微黄色糖浆状液体，味微酸，有吸湿性，水溶液显酸性。相对密度约为1.206（20℃），熔点18℃，沸点122℃（15mmHg），解离常数pK_a=4.14（22.5℃），可与水、乙醇任意混合。乳酸的技术要求必须符合《食品安全国家标准　食品添加剂　乳酸》（GB 1886.173—2016）的要求（表2-24、表2-25）。

表 2-24 乳酸作为食品添加剂的感官要求（GB 1886.173—2016）

项目	要求		检验方法
色泽	无色至淡黄色	白色至淡黄色	取适量液体试样和固体试样置于清洁、干燥的烧杯或白瓷盘中，在自然光线下观察其色泽和状态，并嗅其气味
状态	透明液体	结晶性颗粒	
气味	无异味，或略带特征性气味		

表 2-25 乳酸作为食品添加剂的理化指标（GB 1886.173—2016）

项　　目		指　　标
乳酸含量，质量分数/%		标示值的 95.0～105.0
L-乳酸占总乳酸含量，质量分数/%	≥	97
灼烧残渣，质量分数/%	≤	0.1
氯化物（以 Cl 计），质量分数/%	≤	0.002
硫酸盐（以 SO_4 计），质量分数/%	≤	0.005
铁盐（以 Fe 计），质量分数/%	≤	0.001
氰化物/(mg/kg)	≤	1
柠檬酸、草酸、磷酸、酒石酸		通过试验
还原糖		通过试验
易炭化合物		通过试验
铅(Pb)/(mg/kg)	≤	2.0
砷(As)/(mg/kg)	≤	1.0

2. 醋酸

主要成分为食用醋酸，含量在 5%～30%之间。醋酸主要用于调节 pH，使米粉有膨松感。大米粉浆由于酸度的提高，糊化后可加速老化过程。

三、食用胶

食用胶作为增稠剂主要起稳定成品形态、改善成品质量的作用。常见的增稠剂有魔芋粉、羧甲基纤维素钠、海藻酸钠等。它们都具有较强的亲水性，易与大米中淀粉、蛋白质等成分共溶，对蒸煮后的大米粉团起着良好的增稠及软胶化作用。在米粉加工中，通过添加天然胶可以克服大米淀粉加工困难以及改善大米淀粉的凝胶质量和功能，其改善效果取决于添加胶体的种类和用量。一般选用凝胶性较强的食用胶来增强米粉的凝胶品质，如瓜尔胶等。

1. 瓜尔胶

主要成分是半乳甘露聚糖，是一种来源稳定、价格便宜、黏度高、用途广、安全性高的天然食品增稠剂。瓜尔豆胶是一种能溶于水的胶体多糖，也是一种冷水溶胀高聚物，分散于冷水中，约 2h 后呈现很强的黏性。在米粉中添加瓜尔豆胶可以降低蒸煮损失，增加米粉的蒸煮重量、硬度和咀嚼性。

2. 刺槐豆胶

白色或微黄色粉末，颗粒或扁平片状，无臭或稍带臭味，在冷水中能分散，部分溶解，形成溶胶，80℃完全溶解。在食品工业中主要作增稠剂、乳化剂和稳定剂。刺槐豆胶添加到米粉中可以防止米粉粘黏，提高米粉的透明度、弹性、咀嚼性和柔韧性。

3. 卡拉胶

白色或浅褐色颗粒或粉末，无臭或微臭，口感黏滑；具有良好的凝胶特性，可以改善食品的持水性、黏弹性、稳定性；溶于80℃左右的热水，形成黏性、透明或轻微乳白色的易流动溶液。在大米淀粉中添加卡拉胶可降低米粉糊化的峰值黏度和回生值，有利于降低米粉的黏度、延长老化时间、改善加工性能。

4. 可得然胶

由葡萄糖结构单元以β-L,3-D葡萄糖苷键连接而成的线性大分子，是一种无味、无毒、低热量膳食纤维，具有良好的凝胶特性，可以改善食品的持水性、黏弹性、稳定性。在人体中调节肠内微生物菌群组成，参与盲肠内脂肪新陈代谢和微生物群的调节，提高人体免疫力；通过与胆固醇结合，降低血清胆固醇的水平，预防心脑血管疾病。在米粉中添加可改善米粉的凝胶性，提高产品品质，降低断条率。

5. 黄原胶

黄原胶是一种微生物代谢产生的多糖胶质，类白色或淡黄色粉末，可溶于水，具有双螺旋结构。黄原胶有用量少、黏度高的特点，具有独特的流变性、触变性和假塑性：a. 具有良好的溶解性，在冷、热水中都有较高的溶解性；b. 黏性好，在低浓度下具有高黏度，而且对热不敏感；c. 具有优良的冻融稳定性，不产生脱水收缩现象；d. 与水等溶剂结合力强，保水能力好，在米制品加工或储藏中能防止水分渗出；e. 含黄原胶的产品具有高的耐热、耐酸性和较好的口感；f. 在米制品中加入黄原胶后，不会改变其色、香、味。黄原胶在米制品加工中已成为重要的稳定剂、悬浮剂、乳化剂、增稠剂和黏合剂，一般添加量≤0.5%。

四、酶制剂

1. 异淀粉酶

异淀粉酶（isoamylase）只能水解支链淀粉分枝点的α-1,6糖苷键，对于

直链结构中的 α-1,4 糖苷键不能水解。它只水解糖原或支链淀粉分枝处的 α-1,6 糖苷键，从而切下整个侧支，形成长短不一的直链淀粉。因此，用于米粉加工中可调节米浆中直链淀粉含量，增加直链淀粉的比值，改善米粉的品质。

2. β-淀粉酶

β-淀粉酶（β-amylase），系统名称为 β-1,4-葡聚糖麦芽糖水解酶。β-淀粉酶活性中心含有巯基（—SH），因此，一些氧化剂、重金属离子以及巯基试剂均可使其失活，而还原性的谷胱甘肽、半胱氨酸对其有保护作用。β-淀粉酶是一种外切型淀粉酶，作用于淀粉时从非还原性末端依次切开相隔的 α-1,4 糖苷键，水解产物全为麦芽糖，同时将麦芽糖分子中 C1 的构型由 α 型转变为 β 型。β-淀粉酶不能水解支链淀粉的 α-1,6 糖苷键，也不能跨过分支点继续水解，故水解支链淀粉不完全，残留下大分子的 β-极限糊精。β-淀粉酶水解直链淀粉时，如淀粉分子由偶数个葡萄糖单位组成，则最终水解产物全部是麦芽糖；如淀粉分子由奇数个葡萄糖单位组成，则最终水解产物除麦芽糖外，还有少量葡萄糖。β-淀粉酶水解淀粉时，由于从分子末端开始，总有大分子存在，因此黏度下降很慢，用于处理糊化后的米片具有非常显著的抗老化效果。

3. α-淀粉酶

α-淀粉酶（α-amylase），系统名称为 1,4-α-D-葡聚糖水解酶，别名为液化型淀粉酶、液化酶、α-1,4-糊精酶。FAO/WHO 规定，ADI 无特殊限制。在高浓度淀粉保护下 α-淀粉酶的耐热性很强，在适量的钙盐和食盐存在下，pH 为 5.3～7.0 时，温度提高到 93～95℃仍能保持足够高的活性。α-淀粉酶的主要功能是水解淀粉分子链中的 α-1,4-糖苷键。在米浆中加入 α-淀粉酶可以降低米浆的黏度，提高其透光度。

4. 谷氨酰胺转氨酶

谷氨酰胺转氨酶又称转谷氨酰胺酶（glutamine transaminase）是由 331 个氨基组成的分子量约 38000 的具有活性中心的单体蛋白质，可催化蛋白质多肽发生分子内和分子间的共价交联，从而改善蛋白质的结构和功能。将谷氨酰胺转氨酶用于米粉，可以显著增强米粉糊化的稠度和弹性，改善产品的质构性质。

五、乳化剂

乳化剂对淀粉凝胶和谷类食品的糊化性能和结构的影响已经得到了广泛的研究。对于米制品，乳化剂能渗入淀粉结构内部，促进内部交联，降低产品黏度，防止淀粉老化，起到提高产品加工性能、延长保质期和改善风味等作用。常用于乳化剂的添加剂有单硬脂酸甘油酯、蔗糖脂肪酸酯、卵磷脂和酪蛋白酸酯等。

1. 单硬脂酸甘油酯

简称单甘酯。微黄色蜡状固体，不溶于水，与热水强烈振荡混合时可分散在水中，是油包水型乳化剂；因本身的乳化性很强，也可作为水包油型乳化剂。常温以β态晶体存在，这种构型较难变为活化态，不易与淀粉、蛋白质作用，在水中加热到一定程度后，会由β态转变为α态，极易与淀粉、蛋白质作用达到改善食品品质的目的。研究报道，米粉加工中添加单甘酯，能使大米淀粉表面均匀地分布有单甘酯的乳化层，迅速封闭大米淀粉粒对水分子的吸附能力，阻止水分进入淀粉，妨碍了直链淀粉溶出，有效地降低大米的黏度。还有单甘酯能与直链淀粉不可逆地结合形成复合物，对防止方便米粉老化、缩短复水时间有益。

添加方式：冷水浸透后加热至糊状，拌粉时加入。添加量为0.3%～0.6%。过量则会使米粉条变黄，筋力差。

2. 大豆卵磷脂

大豆卵磷脂是大豆油生产过程的副产物，具有十分独特的功能和作用。在食品中具有乳化、湿润、稳定、脱模、分离调解、抗氧化等作用。在米粉加工中，卵磷脂与直链淀粉络合，影响米粉的糊化特性及流动性质，防止米粉的老化。

3. 蔗糖脂肪酸酯

蔗糖脂肪酸酯是一种性能优良的非离子表面活性剂，蔗糖部分为亲水基，长链脂肪酸部分为亲油基。蔗糖脂肪酸酯对人体无害，在人体内可转化为人们吸收的蔗糖和脂肪酸。可与糊化溶出的直链淀粉结合形成络合物，抑制米粉老化，其络合能力优于大豆卵磷脂，劣于单甘酯。近年来有研究表明在发芽糙米粉中添加蔗糖脂肪酸酯可显著抑制米粉的老化，添加量为0.8%时效果最好。

六、非淀粉多糖

1. 羟丙基甲基纤维素

羟丙基甲基纤维素（hydroxypropyl methylcellulose，HPMC）是通过在纤维素链上添加甲基和羟丙基而获得，是一种具有高表面活性的聚合物。

HPMC具有多种功能，如乳化性、保水性、易凝胶化等。由于HPMC随着温度而发生凝胶-溶胶相变，所以它能够在疏水官能团相互作用的基础上形成网状结构，并在一定温度范围内保持凝胶状态，使HPMC成为米粉加工中面筋的合适替代品。在米粉中添加HPMC可以降低米粉的断条率，降低黏度，提高质构和感官特性。

2. 壳聚糖

壳聚糖是一种无毒无害、易降解的添加剂，具有良好的成膜性，可涂抹在食品表面抑菌隔氧，以通过延缓食品的失重和腐败来延长食品的保质期。壳聚糖还有包埋作用，与具有生物活性的物质复合，使其包埋于壳聚糖内更持久地发挥其活性作用。因此，壳聚糖用于米粉加工中主要是防腐作用。此外，添加壳聚糖可以降低米粉的酸度和白度，延缓米粉凝胶的硬度和黏度的增加，降低黏附性和弹性。

3. 膳食纤维

膳食纤维包括纤维素、β-葡聚糖、半纤维素，是一种既不能被胃肠道消化吸收，也不能产生能量的多糖。因此，曾一度被认为是一种“无营养物质”而长期得不到重视。然而，随着营养学和相关科学的深入发展，人们逐渐发现膳食纤维可降低冠心病、糖尿病、肥胖和某些形式癌症的风险，被营养学界补充认定为第七类营养素。在米制食品中添加膳食纤维能增加产品的黏度，改善产品品质。

4. 海藻酸钠

海藻酸钠也称褐藻酸钠，其水溶液具有较高的黏度，被用作食品的增稠剂、稳定剂、乳化剂等。海藻酸钠是一种功能性膳食纤维，添加到米粉中可降低蒸煮损失和可溶性淀粉的流失，提高米线表面的光洁度。海藻酸钠连续相包封了淀粉颗粒，能延缓米团的体外消化和血糖指数的升高，有助于糖尿病患者的血糖控制。

5. β-葡聚糖

β-葡聚糖是葡萄糖结构单元以β-糖苷键连接而成的一类非淀粉类多糖，广泛存在于高等植物、大型真菌、藻类、酵母和细菌等生物体中。室温下，米粉和香菇β-葡聚糖的混合物具有较高的吸水指数和膨胀力。添加香菇β-葡聚糖的米粉延展性和硬度都得到提高。此外，香菇β-葡聚糖降低了米粉的膨化指数和蒸煮损失，对改善米粉的蒸煮品质起到积极作用。

七、天然抗氧化剂

1. 多酚

多酚类化合物存在于植物性食物中，但在不同食物中的含量和结构差异很大，受植物成熟程度、品种、加工过程及储藏条件等诸多因素影响，对心血管病、癌症和衰老等慢性病具有积极的预防作用。多酚类物质多具有抗氧化和抗菌作用，可用作调味剂和食品防腐剂，还可以防止食物变硬。如茶多酚对大米淀粉的回生具有显著的抑制作用，柿子汁（富含鞣酸）可提高米粉的多酚类物质、抗氧化性维生素和膳食纤维的含量，改善米粉微结构的紧致性和均匀性。

2. 叶黄素

主要来源于玉米麸皮或者玉米淀粉加工副产物。叶黄素属于类胡萝卜素的叶黄素家族，是视网膜黄斑区域的主要色素，在促进眼睛健康、降低与年龄有关的白内障风险中起重要作用。叶黄素必须由饮食提供，因此叶黄素在人体中的水平取决于饮食摄入量。添加玉米麸皮可以丰富米粉的色泽，提高玉米黄色素的含量。

第三章
鲜湿米粉

第一节　鲜湿米粉的发酵与保鲜

鲜湿米粉一般是指水分含量在60%～80%之间的米粉，本书还包括水分含量在40%～50%之间的半干米粉。鲜湿米粉加工工艺总体可以概括为：原料大米→浸泡→清洗→破碎→熟化→成型→产品。根据浸泡时发酵与否可以细分为发酵米粉和非发酵米粉，根据成型方式可以分为榨粉和切粉，根据外观形状可以分为圆粉、扁粉。但不管根据哪种方法分类，水分含量引起的米粉保鲜问题，以及浸泡时发酵与否对米粉食味品质的决定性影响都是控制其加工品质的关键问题，因此了解鲜湿米粉的发酵和保鲜机理对于提升其加工品质具有十分重要的意义。

一、鲜湿米粉的发酵

鲜湿米粉根据浸泡时发酵与否可以分为发酵米粉和非发酵米粉。发酵米粉一般经过24～72h的浸泡发酵，原料大米在发酵过程中因微生物的繁殖代谢发生一系列生化变化，经挤压后形成柔韧筋道的口感，食味品质极具地方特色，比如广西桂林米粉、湖南常德米粉、云南过桥米线等，以下相关研究主要以湖南常德米粉为例。

1. 自然发酵过程中菌群结构的动态变化

原料大米在清理后放入浸泡罐，开始自然发酵。在大米发酵的初始阶段，发酵液中的微生物主要来自发酵罐、原料大米、自来水及人工带入等，菌群结构复杂，因此大米开始放入发酵罐时（发酵0d）物种的丰度较高。随着发酵时间的延长，优势发酵菌群逐渐占据主要地位，抑制了其他微生物的生长，物种丰度逐渐降低。其中，乳杆菌属是大米发酵各个阶段的主要菌属，分别在大米发酵 0、1、2、3、3.5d 中占 97%、90.62%、99.53%、99.52% 和 99.58%。除占绝对优势的乳杆菌外，其他菌属均不多，发酵 0d 时，短芽孢杆菌属（*Brevibacillus*）占 0.61%，厌氧芽孢杆菌属（*Anoxybacillus*）占 0.3%，未知菌属（unclassified）占 0.19%，其他菌属占 2.51%（0.1%以下菌属的总和）；各种菌在生长 1d 后出现更为复杂的情况，不动杆菌属（*Acinetobacter*）变为 4.55%、*Vogesella* 菌属为 1.74%、丛毛单胞菌属（*Comamonas*）为 0.40%、气单孢菌属（*Aeromonas*）为 0.2%、埃希氏菌属（*Escherichia*）为 1.56%、短芽孢杆菌属（*Brevibacillus*）为 0.14%、*Gulbenkiania* 菌属为 0.12 %，以及其他菌属 0.67%。在后续的 2、3、3.5d 中，随着时间的延长，除了少量的乳球菌属和未知菌属之外，乳杆菌属逐渐占主导地位，均在 99.5%以上。

在所有发酵液中总共获得的 1212 个 OTU 中，有 815 个属于乳杆菌属，通过 RDP SeqMatch 可将这 815 个 OTU 归类为 33 种乳杆菌。其中发酵乳杆菌（*Lactobacillus fermentum*）、德式乳杆菌（*Lactobacillus delbrueckii*）、唾液乳杆菌（*Lactobacillus salivarius*）及瑞士乳杆菌（*Lactobacillus helveticus*）等 4 种乳杆菌是主要菌种，共占 85%以上。唾液乳杆菌在大米发酵 0d 占有较大比例，约 34.13%。瑞士乳杆菌在大米发酵 1d 和 2d 中的占比较大。发酵乳杆菌和德式乳杆菌在大米整个发酵过程中都是主要的微生物菌种，在发酵 3.5d 时，这两种乳杆菌在所有乳杆菌中占 91.23%。

2. 自然发酵过程中原料大米的组成结构变化

淀粉：在浸泡发酵的 24h 内，大米中总淀粉及直链淀粉含量呈上升趋势，总淀粉从干基含量的 74.39% 增加至 80.87%，直链淀粉从干基含量的 20.47%增加至 25.26%，之后趋于稳定。发酵不改变大米淀粉的晶体结构，但改变了淀粉颗粒的结晶度，导致发酵 72h 后，相对结晶度从原料大米的 26.56%增加至 33.63%。此外，支链淀粉的平均聚合度下降、平均链长变短，直链淀粉的平均链长增加，使淀粉颗粒大小更均匀，有利于淀粉糊化，形成致密的凝胶。

蛋白质：在浸泡发酵的 24h 内，大米中的蛋白质从干基含量的 9.72%降低至 4.78%，降幅达 50% 以上，之后趋于稳定。留下的主要是 60ku 和 13.5ku 的蛋白亚基条带，其中，60ku 亚基一般是淀粉粒合成酶（granule-bound starch synthase，GBSS）。实际上，淀粉合成酶系列在谷物加工中常常表现为淀粉粒结合蛋白（starch granule-associated proteins，SGAPs），与直链淀粉紧密结合在一起影响谷物的基本性质，降低淀粉糊的黏度，通过增加淀粉凝胶的硬度而降低由剪切引起的淀粉破损等。并且清蛋白、球蛋白、谷蛋白的含量均在发酵过程中降低，只有醇溶蛋白含量没有显著变化。研究表明，蛋白组分可以显著影响大米淀粉的凝胶特性和质构特性，进而影响米制产品的口感，清蛋白、球蛋白的含量与淀粉凝胶强度呈正相关，且清蛋白含量的减少可以降低凝胶的黏性，在大米自然发酵过程中，蛋白组分的改变对米粉的品质会有重要的影响。

脂肪：在浸泡发酵的24h内，大米中的脂肪含量从干基的1.82%下降至1.39%，下降幅度达24%。浸泡时由于发酵过程中的微生物作用致使脂肪含量降低。脂肪含量的降低纯化了淀粉，有利于制备出高品质的米粉产品。

灰分：大米中的灰分在浸泡发酵过程中持续下降，在发酵24h的降幅最大，干基含量从0.58%下降至0.27%，在随后的72h发酵过程中，干基含量从0.27%下降至0.14%。说明在发酵过程中，大米蛋白质和脂肪被微生物降解，使原来蛋白质、脂肪与淀粉形成结合物中结合的矿物质释放而溶出。灰分含量的降低可以提高米粉产品的白度和透明度，赋予米粉更好的外观。

3. 自然发酵过程中大米的理化特性变化

糊化特性：原料大米的糊化特性对米粉产品的品质有着重要的影响，与米粉的咀嚼性、弹性、黏性等质构指标显著相关。研究表明，大米发酵后的峰值黏度、热糊黏度、冷糊黏度、崩解值、回生值和糊化温度均有所下降。但由于大米品种和发酵条件的不同，也有研究者发现发酵后大米的峰值黏度、热糊黏度及冷糊黏度上升，并认为峰值黏度的升高与发酵过程中蛋白质的分解有关。因此，发酵后大米糊化特性的改变应该是淀粉和蛋白质等物质变化共同作用的结果，应具体情况具体分析。

热特性：大米在发酵过程中，微生物产生的酸和酶破坏了淀粉无定形区的结构，水分更易渗透到淀粉颗粒内部，淀粉分子的水合能力增强，导致起始温度、峰值温度、最终温度降低，糊化焓和糊化范围增大，大米更易糊化。但也有研究报道，由于酸和酶水解了淀粉的无定形区，微晶减弱，无定形区和结晶区的协同熔化被破坏，并且随着无定形区的降解，水分吸收和淀粉颗粒的膨胀减小，导致起始温度、峰值温度、最终温度升高，糊化范围变窄。因此，大米发酵后热特性的变化与很多因素有关，大米品种、发酵条件是重要的影响因素。

4. 自然发酵对米粉品质的影响

一般情况下，自然发酵使鲜湿米粉的蒸煮品质、食用品质和风味得到大幅提高，表现在蒸煮损失率和断条率降低；拉伸力、硬度、弹性、咀嚼性、回复性和内聚性增大，黏性降低，有纯正的米香味或者醇香味。但是自然发酵往往因为原料大米的带菌情况、环境气候的变化等因素而滋生大量的腐败菌或者异味菌等杂菌，使米粉产生馊味、腐败、黑色、红色、长霉等情况，品质得不到保障，因此这种情况下，可以采用纯种发酵的方式恢复发酵液的健康菌群结构。

5. 鲜湿米粉的纯种发酵及其对产品品质的影响

对比研究了乳酸菌、酵母与自然发酵对鲜湿米粉品质的影响。结果表明，*Lactobacillus plantarum* YI-Y2013 发酵 36～48 h 时，鲜湿米粉的拉伸力、硬度、弹性、内聚力、咀嚼性、回复性和吸水率最高，蒸煮损失最低。*L. fermentum* CSL30 发酵 48 h 时，鲜湿米粉的拉伸力、弹性、内聚力、回复性、吸水率和蒸煮损失仅次于 *L. plantarum* YI-Y2013，而硬度、黏性、咀嚼性最低。自然发酵的鲜湿米粉在发酵 60h 时，鲜湿米粉的拉伸力、硬度和咀嚼性较好，质构特点和蒸煮性质居中。*Saccharomyces cerevisiae* CSY13 发酵使鲜湿米粉具有明显的风味特征，但黏度较高、内聚力低。*Trichosporon asahii* CSY07 发酵对鲜湿米粉的拉伸力、质构特点和蒸煮性质的影响均不如自然发酵，但对风味的影响仅次于 *S. cerevisiae* CSY13。植物乳杆菌 YI-Y2013 可以产生纯正的米香味，*S. cerevisiae* CSY13 则有利于产生醇香味。总体来讲，纯种发酵均可以使鲜湿米粉的食用和风味品质在更短时间内达到最佳状态。

二、鲜湿米粉的保鲜

鲜湿米粉的水分含量高且水分活度大，微生物繁殖速度快，极易腐败变质，具体表现在米粉发酸、变色、表面黏着，同时伴随着刺激性的不良气味，部分米粉甚至出现霉变现象，高温季节存放时间常常不到 24h，因此鲜湿米粉的保鲜是产品品质保证的前提。

1. 鲜湿米粉的品质劣变规律

酸度：食品中的酸度是指该食品所含酸性成分的总量，是衡量米粉口味的重要指标之一。研究报道，鲜湿米粉的 pH 随储藏时间的延长而显著减小，且储藏温度越高，米粉的 pH 变化越大；鲜湿米粉在不同温度下储藏 48h 的酸度总体上呈下降趋势，最终在 37℃下储藏的样品超过标准值 2.0，但 4℃下储藏的样品酸度无明显变化。这可能是由于微生物利用米粉内的糖类代谢产酸，降低了米粉的 pH，而 4℃的低温环境对微生物的代谢活动起到了抑制作用。

颜色：米粉的颜色一般用色度表示。色度指标包括 L^* 值（亮度）、a^* 值（红蓝）和 b^* 值（黄绿）。正常鲜湿米粉白度高、透明度好、明亮有光泽；28℃下储藏后米粉的 L^* 值和 a^* 值逐渐下降，b^* 值先升高后略有降低；而 4℃下储藏的米粉 L^* 值无显著变化，a^* 值呈降低趋势，b^* 值呈增加趋势。这是因为米粉的外观受内部淀粉与蛋白质之间相互作用的影响，相互作用较弱会导致米粉透明度降低，表面发暗。同时微生物代谢产生色素等有色物质，使米粉色泽加深，出现异色。

质构：质构特性包括硬度、弹性、咀嚼性等，是评价米粉食用品质的常用指标之一，一般受纤维素、蛋白质、淀粉-蛋白质网络等组分的影响。常温下储藏的鲜湿米粉由于芽孢杆菌、乳酸菌等优势腐败菌的大量繁殖，分解了米粉中的淀粉颗粒及蛋白质等组分，破坏了米粉稳定的内部结构，导致直链淀粉的浸出和蛋白质的溶解。同时鲜湿米粉水分含量高，储藏期间易发生老化回生，造成其质构品质下降，从而出现易断条、难糊化等问题。研究表明，4℃下储藏的米粉随时间的延长逐渐变硬，弹性和黏性降低，咀嚼性增大；而在 25℃和 37℃下鲜湿米粉的硬度、弹性、黏性和咀嚼性均有不同程度的降低。

感官：食品的感官评价指标包括气味、色泽、组织形态及口感。鲜湿米粉储藏过程中的感官分值随储藏时间的延长而显著下降，但不同温度下鲜湿米粉的劣变现象不完全相同。研究表明，4℃下储藏的米粉从 18h 开始出现明显的碎粉，米粉变硬，弹性降低，口感较差，但色泽和气味上无明显变化；而 25℃下的米粉较 4℃下口感更佳，但色泽发黄、刺激性气味重，且米粉间出现粘连现象。这是由于低温加速了淀粉的老化，鲜湿米粉内部的结晶网络紧缩使其失水，进而导致米粉的品质下降。当环境温度高于 20℃时，米粉的老化过程减缓，但微生物的大量繁殖使得鲜湿米粉出现酸败、发霉等问题。

2. 鲜湿米粉品质劣变的影响因素

初始菌含量及其生理活动：微生物是引起食品腐败变质的主要原因之一。鲜湿米粉含水量高，营养物质丰富，在加工和储藏过程中极易受到外界微生物污染，导致成品鲜湿米粉并非无菌状态。在适宜的环境下，米粉中的微生物开始活跃，迅速生长繁殖并引起鲜湿米粉的腐败变质。研究报道，微生物含量的超标及其生理活动是鲜湿米粉品质劣变的主要原因，初始菌含量越多，米粉品质的劣变速度越快，货架期越短。因此通过适当的杀菌处理降低米粉初始菌含量，可以有效延缓米粉的品质劣变。

含水量：含水量是影响食品及其成分品质的重要参数之一，其对几乎所有食品和原料的质量，尤其是保质期起着非常重要的作用。鲜湿米粉的含水量一般高达60%～80%，属于高水分食品。含水量对米粉品质的影响可分为两方面。一是含水量会影响米粉的糊化与老化，进而改变米粉的凝胶品质和储藏品质。含水量低于10%时，淀粉老化速率最慢；处于30%～60%之间时，淀粉易发生老化；高于70%时，其老化现象稍慢。二是含水量与微生物的生长繁殖及代谢活动密切相关，其微小的变化即能导致微生物生长速率的较大波动。含水量与水分活度一般呈正相关，有研究证实，降低水分活度能显著延长微生物的生长延滞期，进而影响其对数期，最终导致微生物的生长速度降低。不同水分活度对微生物的影响如下：水分活度大于0.9时细菌才能生长繁殖，大于0.87时酵母菌开始繁殖，大于0.8时霉菌开始繁殖。因此，合理控制鲜湿米粉的含水量对于延缓米粉老化、抑制微生物的生长繁殖均具有重要意义。

储藏温度：除初始菌含量和含水量外，鲜湿米粉在储藏过程中的品质劣变也与其储藏温度密切相关。一方面，储藏温度会影响米粉的老化速率。研究发现，淀粉类食品在2～4℃之间最易发生老化，4℃下的米粉变硬速度加快，更易形成凝胶结构。而当储藏温度高于60℃或低于－7℃时，则不易发生老化。另一方面，储藏温度的改变还会影响微生物的生长繁殖速率，进而引起食品的品质变化。低温下微生物生长繁殖缓慢，食品不易腐败；较高温度下微生物繁殖速度加快，引起食品腐败变质。

3. 鲜湿米粉的品质劣变机制

微生物种类及其变化：不同微生物在鲜湿米粉储藏期间的代谢活动及代谢产物各不相同，因此会对米粉的品质造成不同程度的影响，如乳酸菌等产酸菌会导致米粉发生酸败，而大肠杆菌、芽孢杆菌等产气菌则会使米粉出现异味。随着鲜湿米粉储藏时间的延长，由于生长环境的变化和菌相之间的拮抗作用，微生物的种类和数量也在不断改变，进而引起米粉品质的变化。借助传统微生物表型鉴定和现代微生物基因型鉴定技术，可以确定鲜湿米粉储藏过程中的微生物变化及优势腐败菌种类。研究表明，引起鲜湿米粉变质的优势腐败细菌是芽孢杆菌属、葡萄球菌属及肠杆菌属等，优势腐败霉菌主要为白曲霉和毛霉。

淀粉的老化：淀粉老化是糊化淀粉在冷却或储藏时直链淀粉和支链淀粉重新形成有序结构的过程。淀粉老化后吸水能力下降，水分析出散失，淀粉链重新由无定形态变为晶体，韧性减弱，强度上升。研究报道，老化引起的淀粉分子结构和理化性质变化，使小支链淀粉分子簇的比例增加，支链淀粉的平均分子大小和链长减少，长支链淀粉向短支链转移，分子降解。米粉的生产主要依靠淀粉的α化，由于米粉直链淀粉含量高，糊化温度高，冷却后部分淀粉由α态转变为β态，米粉黏度回升，易发生老化。

水分分布和迁移：水分是控制米粉品质的关键因素之一，影响着米粉的糊化和凝胶品质，同时也与淀粉的老化相关。储藏期间鲜湿米粉的含水量及其水分分布会发生明显变化，进而影响鲜湿米粉的感官品质。有研究显示，老化过程中米粉的含水量重新分布，水分子的流动性发生变化，一部分水分子流动性降低，另一部分水分子流动性增大，同时淀粉结晶将一些水分子包含到晶体结构中，导致水流动性降低。目前，关于米粉储藏过程水分的分布变化及迁移规律的相关报道较少，但与鲜面条的情况类似，即面条在储藏过程中的水固相互作用减弱，面条的内部结构遭到破坏，水分分布变得不均匀，并向表面迁移；大麦鲜面条中，水的形态主要为弱束缚水，微生物对蛋白质和淀粉结构的破坏促进了强束缚水向弱束缚水和游离水的转化，从而影响面条的蒸煮品质和表观品质。

4. 鲜湿米粉的保鲜技术研究进展

(1) 鲜湿米粉的微生物防控

① 物理杀菌　物理杀菌保鲜技术是指利用高温、微波、辐照、臭氧等方式处理食品，以降低食品中初始菌的含量。物理杀菌的优势在于杀菌效果好，安全性高，但容易对米粉的品质造成不同程度的影响。

高温杀菌是食品加工与保藏中用于改善食品品质、延长食品储藏期重要的处理方法之一。它是利用高温使微生物中的蛋白质以及酶类发生凝固或变性，从而杀死微生物，是食品中应用广泛而有效的灭菌方法。鲜湿米粉的热力杀菌工艺不宜采用高温高压，以免米粉再次糊化，导致米粉容易变烂且粘连结团。90℃常压杀菌 60min 或 95℃加热 30min 可使鲜湿米粉维持其品质且保鲜效果显著。

微波杀菌是利用微波热效应和非热效应之间的相互作用，通过其透射性使微生物蛋白质变性和细胞膜破裂，失去生理功能，丧失繁殖能力，达到杀菌的目的。微波杀菌时间短、传热效率高，能够较好地保持食品原有风味和营养成分，提高食品的安全性。微波杀菌与高温杀菌相比，可深入到食品内部而不靠食品本身的热传导进行加热，加热均匀，表里一致。鲜湿米粉经 30～55s 的微波杀菌后，在 28℃下储藏三天，菌落总数和感官评分均未超出标准，但处理 60s 时的米粉感官品质有所下降，可能是长时间的微波加热破坏了淀粉的凝胶结构。

臭氧具有强氧化作用，是最有效的抗菌剂之一，臭氧分子能够破坏微生物细胞的细胞壁、细胞膜、线粒体及细胞核等重要组成部分，从而导致微生物裂解死亡。臭氧作为气体，扩散性好，在杀菌后会还原成氧，无任何残留物，是无污染的绿色环保型灭菌剂。通过臭氧处理鲜湿米粉，可对其表面进行氧化并穿透细菌的细胞壁和破坏细胞膜，抑制、钝化、杀灭代谢过程中的生物酶、细菌、霉菌的活性，抑制新陈代谢和生长发育，从而延长鲜湿米粉的货架期。

② 化学抑菌　化学抑菌主要通过添加化学保鲜剂或利用化学方式对米粉进行处理，从而抑制食品中微生物的生长繁殖。由于该方法无需设备，经济便捷，因此目前广泛应用于鲜湿米粉的保鲜。

双乙酸钠（sodium diacetate，SDA）：双乙酸钠的价格低、用量低、毒性小，在美国、日本、德国等国家普遍使用，1985 年联合国粮农组织（FAO）和世界卫生组织（WHO）批准双乙酸钠在谷物食品中作防霉保鲜剂使用，1989 年我国正式批准将其作为粮食、食品、饲料等物质的防霉剂、防腐剂和保鲜剂。实验证明，双乙酸钠对黄曲霉、烟曲霉、黑曲霉、灰绿曲霉、白曲霉、绳状青霉菌及微小根毛菌有较强的抑制效果，其效果优于苯甲酸钠和山梨酸钾，对大肠杆菌、李斯特菌、革兰氏阴性菌等细菌也有一定的抑制作用，因为双乙酸钠在酸性条件下能产生乙酸，当乙酸透过细胞壁时，可使细胞内蛋白质变性而起抑制作用。双乙酸钠在体内的最终代谢产物为二氧化碳和水，无残留、无任何毒副作用。研究已证实，双乙酸钠能显著降低鲜湿米粉中的霉菌总数，当米粉的 pH 为 5.0～5.5，双乙酸纳的添加量为 0.06％～0.08％，能使鲜湿米粉的保质期达到 6d。

脱氢醋酸钠（sodium dehydroacetate）：脱氢醋酸钠是联合国粮农组织（FAO）和世界卫生组织（WHO）认可的一种安全型食品防腐保鲜剂。脱氢醋酸钠在酸性或碱性条件下都有效，是一种广谱型防腐防霉剂。脱氢醋酸钠的最大特点是抗菌范围广，其抑菌机理是其通过渗透进入微生物的细胞壁，干扰细胞内各种体系而产生作用，主要抵抗易在饲料、食品、饮料中繁殖而引起腐败变质的细菌、酵母菌、霉菌等微生物，特别是假单胞菌、葡萄球菌和大肠杆菌。耐光耐热性好，受酸碱度影响较小，有效使用浓度较低，水溶液稳定，不会在加工过程中受热分解，或随水蒸气挥发。

单辛酸甘油酯（mono-caprylin glycerate，CMG）：单辛酸甘油酯对革兰氏细菌、霉菌、酵母、金黄色葡萄球菌等都有很好的抑制作用，且稳定性好，具有高效、低毒等优点而受到广泛关注，对许多引起食品腐败的细菌及致病菌有抑制作用，且在较宽的 pH 范围内都有抑菌效果。此外，单辛酸甘油酯作为防腐剂进入人体后，在脂肪酶的作用下分解为甘油和脂肪酸，甘油降解后进入TCA循环，二者彻底氧化分解为二氧化碳和水，且供给身体能量，所以在人体内，单辛酸甘油酯等不会产生不良的蓄积性和特异性反应，是安全性很高的物质。

酸杀菌：利用有机酸，如醋酸、乳酸、柠檬酸、苹果酸等进行酸浸杀菌，酸浸对改善米粉品质和杀菌均有一定效果，大米淀粉在酸性条件下水解糊化，形成凝胶网络结构可吸附水分子，从而达到一定保水效果；同时酸液可提高米粉表面 H^+ 浓度，降低表面 pH，抑制微生物生长。研究表明，采用乳酸、苹果酸、柠檬酸混合调配成2%左右的溶液，将成品的pH控制在4.2～4.3，酸液温度为25～30℃，酸浸时间为1.5～2.5min，能有效抑制鲜湿米粉中微生物的生长。但单用酸液进行防腐保鲜，米粉保鲜时间短且有酸味。添加盐类可增强米粉体系的离子强度，延长保鲜时间、提高保鲜效果，其中乳酸/醋酸钠体系的保鲜效果要优于乳酸/乳酸钠体系。

③ 生物抑菌　生物抑菌是指利用天然生物保鲜剂对食品中的腐败微生物进行抑制，主要包括植物源、动物源、微生物酶制剂、微生物菌制剂及其代谢产物等保鲜剂。由于生物保鲜剂具有安全、无毒的特点，近年来已成为食品保鲜的热点。研究表明，ε-聚赖氨酸能有效降低储藏期间湿米粉中的菌落总数，经0.12% ε-聚赖氨酸与0.20%醋酸的复配溶液浸泡后的湿米粉保质期可延长至10d。将壳聚糖溶液（0.50g壳聚糖/100mL乙酸）添加到米粉中，米粉在5d内的储藏品质也能得到提升且不影响米粉的凝胶质地。姜黄素亦可以使25℃下储藏的小米鲜面条菌落总数减少，货架期由20h延长到30h，同时小米鲜面条在储藏期的感官接受程度显著提高。

溶菌酶是一种广谱型抗菌剂，能对多种微生物起作用，是无毒、无害、安全性很高的高盐基蛋白质。溶菌酶专一地作用于肽多糖分子中乙酰胞壁酸与乙酸氨基葡萄糖之间的 β-1,4键，从而破坏细菌的细胞壁，使细菌溶解死亡；也可以直接破坏革兰氏阳性菌的细胞壁，达到杀菌的作用，对于某些革兰氏阴性菌也起作用。溶菌酶作为天然保鲜剂，在食品防腐保鲜方面广泛应用，但在一定用量范围内，难以单独抑制住所有微生物的生长，可通过与其他保鲜剂相互协调达到抑菌效果。有研究表明，采用0.04%溶菌酶、0.04%双乙酸钠、0.03%单辛酸甘油酯进行复配时，对鲜湿米粉具有较好的保鲜效果。溶菌酶与乳酸链球菌素、纳他霉素、甘氨酸复配可使鲜湿米粉在37℃储藏14d后仍具有良好的品质。

ε-聚赖氨酸作为一种天然的营养型生物防腐剂，具有抑菌效果好、抑菌谱广的优点，对酵母菌、霉菌、革兰氏阳性菌、革兰氏阴性菌、噬菌体都有良好的抑制作用，而且还具有耐高温、对人体无毒副作用等特点。由于ε-聚赖氨酸能在人体内分解为赖氨酸，可完全被人体消化吸收，而赖氨酸又是人体所必需的 8 种氨基酸之一，允许在食品中强化使用。日本、美国、韩国等国家已先后批准其作为食品添加剂使用，在我国，《食品安全国家标准　食品添加剂使用标准》（GB 2760—2014）中将ε-聚赖氨酸及其盐酸盐列入食品添加剂范畴。利用 0.12% ε-聚赖氨酸和 0.20%醋酸复配对鲜湿米粉进行浸泡处理，可使鲜湿米粉在储藏 10d 内能保持较好的品质、菌落总数水平较低。

纳他霉素和乳酸链球菌素：纳他霉素是一种由纳他链霉菌受控发酵生成的天然抗真菌化合物，既可以抑制各种霉菌、酵母菌的生长，又能够抑制真菌毒素的产生，少量纳他霉素就能抑制导致食品腐败的霉菌和酵母菌，是目前世界上唯一获准使用的一种高效、安全、无毒、无副作用又不影响食物口感、色泽及风味的天然食品防腐剂，但其对细菌不产生抑制作用。乳酸链球菌素，简称 Nisin，是由乳酸链球菌在代谢过程中产生的具有杀菌作用的多肽物质，其由 34 个氨基酸残基组成，是一种高效且无毒副作用的天然防腐剂，乳酸链球菌素的抗菌谱较窄，只能够有效抑制由细菌引起的食品腐败。因此，将纳他霉素和乳酸链球菌素进行复配可达到更好的抑菌效果。

④ 包装抑菌　包装是隔绝外界污染，延长食品保质期的重要手段之一。真空包装、气调包装、抗菌包装等技术已广泛应用于食品的长期保鲜中。虽然还没有应用到米粉中的研究报道，但 70%CO_2＋30%N_2 气调包装可以使生湿面的货架期由 2d 延长到 3d。鲜湿米粉在冷却、包装等工序会再次染菌，大多数微生物的生长繁殖需要氧气，如果环境中的氧气含量降低到一定程度，其繁殖速度便会下降，甚至停止活动，使食品得到较好的保鲜储藏效果。常用的以降低氧含量而达到抑菌目的的包装技术主要有真空包装、气调包装和脱氧包装。真空包装通过抽出空气，维持袋内高度减压状态，降低包装内的氧气含量，抑制微生物生长。鲜湿米粉包装一般采用低真空包装，包装材料选用透气性差、耐热、拉伸性和抗延伸性强的材料，包装时注入一滴大豆色拉油，以防止杀菌时米粉条结团、粘条。气调包装（MAP）技术采用具有气体阻隔性能的包装材料，通过改变包装内的气体环境，达到抑菌并延长食品货架期的效果，通常充入 CO_2、N_2、O_3 等气体，可通过调节鲜湿米粉包装袋内 CO_2、N_2、O_3 气体的组合和体积分数实现有效的抑菌效果。而脱氧包装则是利用脱氧剂除去包装袋中的氧气，使袋中的氧气含量急剧降低甚至达到无氧的状态，以抑制大部分菌的生长，还能有效保持食品的品质和营养价值。随着保鲜技术

的发展，许多新型包装技术也逐步应用于食品保鲜中，如抗菌包装就是使用具有杀菌作用的包装材料，或在包装材料中添加抗菌剂，抑制储藏过程中食品微生物的生长。

近年来，由于单一保鲜技术的效果有限，因此复合保鲜技术成为食品工业中的发展热点。复合保鲜技术也称栅栏技术，即将多种单一保鲜技术联合起来应用于食品的保鲜，以达到协同增效的目的。鲜湿米粉含水量高，在保鲜过程中可以结合影响比较大的栅栏因子：水分活度调节剂、防腐剂、杀菌工艺、包装方式等，联合应用后可以获得较好的保鲜效果。

(2) 鲜湿米粉的抗老化研究

鲜湿米粉的含水量一般为60%～80%，处于淀粉基食品易老化的水分区间内（30%～70%），因此在储藏过程尤其是低温环境下极易发生老化回生，导致米粉逐渐变硬，断条率上升，复水性变差。抑制淀粉老化的手段包括物理法和添加抗老化助剂。物理法抗老化主要是通过控制淀粉类食品的储藏条件（温度或水分）或是对其进行高温高压等处理来达到延缓老化的效果。由于物理法对食品本身的品质影响较大，因此不适用于鲜湿米粉的抗老化。抗老化助剂包括酶制剂、乳化剂、食品胶、变性淀粉等，是目前用于鲜湿米粉抗老化的最有效的手段。

① 酶制剂　淀粉酶、脂肪酶等酶制剂对于淀粉的老化均能起到抑制作用。研究表明，添加剂中，生物酶制剂处理后的方便米粉的抗老化能力最强，采用0.1%浓度的酶制剂，55～60℃下处理30min后的方便米粉可保存11个月不老化。麦芽糖淀粉酶酶解后的米粉抗老化能力提升，但断条率增加，韧性降低。

② 乳化剂　乳化剂是能够改善乳浊液中各种构成相之间的表面张力，使之形成均匀稳定的分散体系或乳浊液的物质。乳化剂可通过与直链淀粉形成直链淀粉-乳化剂-脂质复合物，破坏了直链淀粉-脂质复合物的形成，阻碍了直链淀粉结晶，进而抑制淀粉老化。研究表明，单甘酯、蔗糖酯能有效延缓发酵型鲜湿米粉的老化；0.1%的单硬脂酸甘油酯、硬脂酰乳酸钙钠和蔗糖脂肪酸酯等3种乳化剂对小米馒头亦具有良好的抗老化作用。

③ 食品胶　食品胶常用于食品的增稠、增黏及稳定，常见的食品亲水胶体有黄原胶、卡拉胶、环状糊精等。亲水胶体主要通过影响直链淀粉-直链淀粉和支链淀粉-支链淀粉之间的相互作用，阻碍淀粉分子间氢键的结合，进而抑制淀粉老化。研究表明，黄原胶能通过氢键与直链淀粉作用，同时其充分水合后形成的黏稠凝胶可以抑制水分的流失，进而延缓淀粉的老化。0.24%卡拉胶、0.17%海藻酸钠、0.13%黄原胶组合亦可将－4℃下储藏的苦荞冻糕货架

期延长至14d。

④ 变性淀粉　变性淀粉指天然淀粉经物理、化学或酶等方式改性后的产物，包括淀粉衍生物、淀粉分解产物及交联淀粉。变性淀粉中常含有醋酸根、羟丙基等改性亲水基团，这些基团具有很好的持水性，能够控制食品储藏期间水分的渗出与流动，同时通过干扰淀粉羟基间氢键的缔合延缓淀粉的老化。研究表明羟丙基二淀粉磷酸酯（HPDSP）对鲜湿方便米粉有抗老化的作用，HPDSP能显著降低米粉老化特征峰强度与相对结晶度，降低回生焓。

⑤ 其他添加剂　除上述几类抗老化助剂外，某些蛋白质、磷酸盐和多糖类物质也具有一定的抗老化作用。研究发现大豆分离蛋白可赋予米粉蜂窝状多孔结构，抑制米粉储藏期间的水分迁移，延缓湿米粉中的淀粉老化。还有研究发现，普鲁兰多糖可降低淀粉的重结晶度，抑制淀粉老化；大豆低聚糖及其成分也能有效延缓大米凝胶的老化，延长其货架期。

总之，微生物的生长繁殖和淀粉的老化回生是鲜湿米粉储藏品质劣变的主要原因。微生物代谢产物的积累引起米粉酸败、发霉、出现异味，淀粉的老化问题则导致米粉变硬、断条率上升。目前，对鲜湿米粉保鲜的研究主要集中于保鲜剂的添加和杀菌工艺的改进，机理尚不明确，保鲜能力有限。若深入研究储藏期间米粉的微生物腐败机理和米粉分子结构的微观变化，针对性建立鲜湿米粉保鲜体系。通过多种保鲜手段联合作用，降低米粉中微生物及自身组分变化的负面影响，将可以进一步提高鲜湿米粉的储藏品质。

第二节　鲜湿米粉的加工工艺

一、圆粉

挤压法制备圆粉一般有两种工艺：一种是原料发酵、磨浆、蒸片后高水分挤压，制得的米粉具有柔软的口感和韧性；另一种是原料浸泡、磨粉后低水分自熟挤压，制得的米粉有咬劲、口感稍硬。

（一）发酵法制备圆粉

1. 工艺流程

发酵法制备圆粉的工艺流程一般是：原料大米→浸泡发酵→清洗→磨浆→拌料混匀→摊浆→蒸片→挤丝→水煮→复蒸→水洗→沥水→成品，流程图见图3-1。

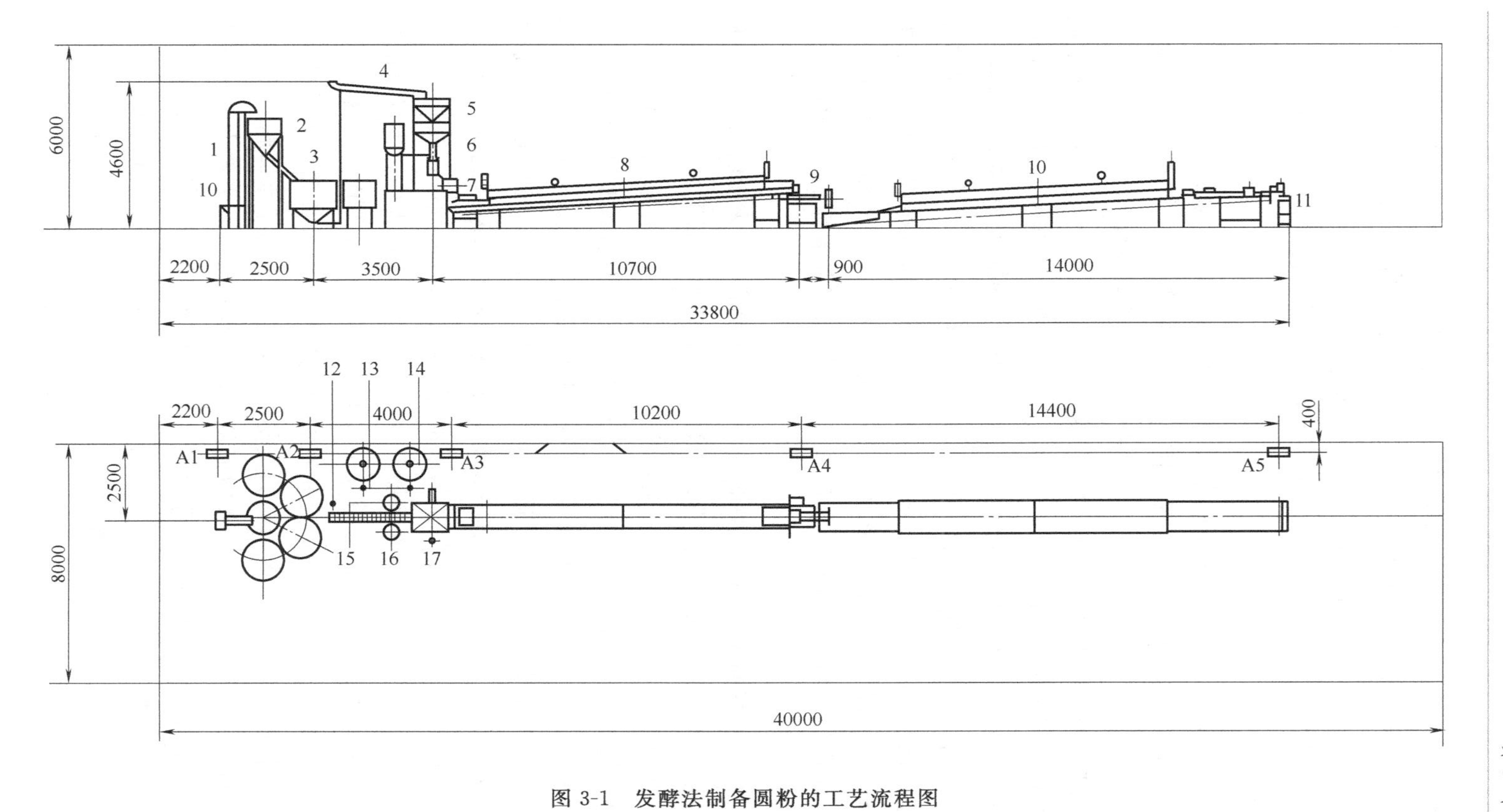

图 3-1 发酵法制备圆粉的工艺流程图

1—提升机；2—储米罐；3—泡米发酵罐；4—除砂槽；5—沥水储米斗；6—磨浆机；7—搅拌机；8—蒸片机；9—挤丝机；10—蒸粉机；11—切断机；12—管道泵；13—不锈钢泵；14—储水罐；15—辅料添加罐；16—定量加水罐；17—粉头子螺旋输送机

清理干净的大米加水浸泡发酵，通过射流洗米，进入除砂槽中除砂，磨浆。磨浆后的米浆平铺在输送带上，进入蒸片机进行第一次熟化，熟化度在75%左右，然后，进入挤丝机挤压成型，挤丝水煮后的米粉进入蒸粉机进行第二次熟化，熟化度达90%以上，冷水冷却，沥水、切断、包装，得到成品。

2. 操作要点

大米：选择储藏9个月～3年的早籼米，比如余赤米、余红米、金优等，原料要求纯度必须高，其他品种互混率低于8%。或者储藏2年以上的早籼米（如浙富802）与当年晚籼米、余红米等按一定比例混匀投料。

浸泡发酵：配米时要求混合均匀，浸泡料水比为1∶1.4。一般采用常温浸泡自然发酵，夏天需3～4d，冬天5～6d。若热水浸泡可缩短自然发酵时间，夏天1～2d，冬天3～4d。冷水发酵更好，尽量少洗，可保留较好的发酵香味。洗米过度，米粉会泛白，缺少光泽。发酵过程中若杂菌太多，则会出现粉脆易断、筋力差、酸臭味等各种现象。纯菌种控制发酵可以抑制杂菌的繁殖。发酵完成米香味纯正，起线（手捏大米易破碎），发酵液有一定的黏稠性，pH为4.1±0.3。发酵完成后在浸泡罐中用射流洗米法除去米粒表面的黏附物质，进入磨浆机进行磨浆。

清洗：将浸泡好的大米用自来水冲洗几次，将发酵大米表面的附着物以及浸泡水等冲洗干净，同时去砂、除石，放置5min，将水分沥干。

磨浆：浆要求较细，过80目，无颗粒感。磨浆时一般会添加粉头子，粉头子需提前浸泡1d（可用冷水），让其完全软化，在使用前再加温水捣碎后添加，均匀性更好，添加后米浆的水分含量控制在50%～55%。添加粉头子对米粉的质构强度产生影响，一般桂林米粉制作时加入30%，而常德米粉添加量在10%～20%之间，这可能是桂林米粉比常德米粉软的原因之一。也可以根据大米原料的不同，来调整粉头子的添加比例：如果米质较硬，则粉头子的添加量多一些；如果米质较软，则添加量少一些。在粉碎过程中，大米可能全部或部分发生淀粉损伤、糊化、淀粉分子裂解及蛋白质变性等现象。其中，淀粉损伤是最常见的。淀粉损伤是指淀粉在力或化学试剂等外界条件的作用下，淀粉粒表面结构被破坏。干磨大米粉的损伤淀粉含量明显高于水磨粉，损伤淀粉随浸泡时间的延长而略有下降。长时间的浸泡使水分渗透到米粒内部，结构疏松，有利于水分对淀粉的保护。干磨大米粉的损伤淀粉为6%～8%，而湿磨大米粉损伤淀粉为1%～2%。干磨的出粉温度为38～43℃，而湿磨的出粉温度为20℃。这是由于大米的质量热容约为0.2kJ/(kg·K)，比水的质量热容4.2kJ/(kg·K)小，摩擦产生的大部分热量被水所吸收。浸泡使大米表面产生裂纹，导致大米在外力作用下更容易被粉碎。

拌料混匀：将过滤后的米浆加入辅料、添加剂等，浓度调至17～27°Bé。为防止米浆沉淀，储浆罐中应安装搅拌装置，使浆液一直处于均匀状态。

摊浆：将调制好浓度的米浆均匀地涂布在蒸粉机的帆布输送带上。

蒸片：输送带上的米浆经蒸汽熟化，大米淀粉的糊化度达到70%～80%，片的厚度一般为（3.7±0.1）mm，蒸汽压力0.25～0.35MPa，温度92～95℃，保持100～120s。

挤丝：采用单螺杆挤压机将米片挤出，挤压只起成型作用，不糊化淀粉，要求米粉断条少、表面光滑。挤压机的筛孔直径一般为1.7～2mm。挤丝孔压力应控制在一定范围内，否则压力过大，米粉会较硬、变脆；压力过小，则米粉质构不紧实，水煮时易膨化、易断条、软漂浮。挤压机设有阻力板，可增加对米片的搓揉，增加米片黏度；但米粉过软易断时，应去掉挡流板。

水煮：从挤压机出来的米粉，直接进入95～100℃的沸水中煮10～20s，进一步熟化米粉，并使米粉吸水、分散不黏结。

复蒸：蒸粉的目的是使米粉二次熟化，一般是在0.08～0.1MPa的压力下保持110～180s。

水洗：用水清洗米粉5～30min，去除表面的淀粉，并使米粉温度降至室温；同时使米粉充分吸水至63%～74%。吸水后的米粉韧性好，延伸率在160%以上，出粉率225%左右。

3. 产品的质量标准

鲜湿圆粉的产品质量标准应符合以下规定。

（1）感官要求

应符合表3-1的规定。

表3-1 感官要求

项目	要求	检验方法
色泽	具有产品应有的色泽	将样品置于洁净白瓷盘中，在自然光下观察色泽、组织形态、杂质，嗅其气味，口尝其滋味
组织形态	具有产品应有的形态，无霉变	
滋味、气味	具有产品应有的滋味、气味，无酸味、霉味及异味	
杂质	无正常视力可见外来杂质	

（2）理化指标

应符合表3-2的规定。

表 3-2 圆粉的理化指标

项目		产品	检验方法
水分/(g/100g)		64.0～74.0	GB 5009.3
酸度(0.1mol/LNaOH 计)/(mL/10g)	≤	3.0	GB 5009.239
铅(以 Pb 计)/(mg/kg)	≤	0.16	GB 5009.12
黄曲霉毒素 B_1/(μg/kg)	≤	5.0	GB 5009.22

(3) 微生物限量

应符合表 3-3 的规定。

表 3-3 微生物限量

项目	采样方案①及限量/(CFU/g)				检验方法
	n	c	m	M	
菌落总数	5	2	10^4	10^5	GB 4789.2
大肠菌群	5	2	10	10^2	GB 4789.3 平板计数法

①样品的采集及处理按 GB 4789.1 执行。

致病菌限量应符合表 3-4 的规定。

表 3-4 致病菌限量

项目	采样方案①及限量/(CFU/g)				检验方法
	n	c	m	M	
沙门氏菌	5	0	0/25g	—	GB 4789.4
金黄色葡萄球菌	5	1	100	1000	GB 4789.10 第二法

①样品的采集及处理按 GB 4789.1 执行。

(4) 净含量及允许短缺量

按《定量包装商品计量监督管理办法》执行。按 JJF 1070 的规定进行检验。

(5) 生产加工过程卫生要求

生产过程中的卫生要求应符合 GB 14881 的规定。

(二)自熟机制备圆粉

1. 工艺流程

原料大米→浸泡→清洗→沥水→磨粉、过筛→拌料混合→自熟挤丝→切断→时效处理→水洗搓丝→水煮→成品。

2. 操作要点

原料大米：选用早籼米，或早籼米和晚籼米按一定比例配米。

浸泡：一般 2～3h。

清洗：清洗大米以除尘除杂。

沥水：将大米中的水分沥干。

磨粉：将沥干水分的大米粉碎。

过筛：将大米粉过 60 目筛。

拌料混合：将大米粉、辅料、添加剂和水按比例混合，含水量为 38%～40%。

自熟挤丝：采用螺杆自熟挤压机，将大米粉先糊化，然后挤成丝。

切断：按一定长度用滚刀切断，同时风冷。

时效处理：在室温密闭静置 5～12h，使米粉增加韧性，易搓散。

水洗搓丝：将时效处理米粉在水中搓散。

水煮：使米粉进一步吸水膨胀并熟化，一般 90～95℃、15min。

二、扁粉

扁粉是熟化后切条成型，形状扁平条状的米粉，在湖南又称为切粉；各地因风俗习惯或地方特色又分为广东的沙河粉，湖南的扁粉、宽粉、米面，云南的饵丝等；广义上的扁粉还包括卷筒型米粉。扁粉食用方便，口感清爽滑溜，有米香味，熟化度高，比其他米制品更容易消化吸收；产品加工工艺简单，设备结构紧凑，占地面积少，结合各地的杂粮资源和饮食文化特点演变成各种花色品种。

（一）扁粉

1. 工艺流程

扁粉的工艺流程一般是：原料大米→浸泡→清洗→磨浆→筛滤→拌料混匀→摊浆→蒸片→风冷→切条→成品。

2. 操作要点

原料大米：选用早籼米，或早籼米和晚籼米按一定比例配米。

浸泡：一般 2～3h。

清洗：清洗大米以除尘除杂。

磨浆：浸泡好的大米用磨浆机先粗磨，再精磨成 17～20°Bé 的米浆，米浆过 80～100 目的筛绢，滤去粗粒和麸皮；然后用泵输送到立式米浆储罐中，为了避免米浆沉淀，储罐上装有叶片式搅拌器。

米浆细度是影响米粉熟化和韧性的主要指标之一。一般来说，米浆越细，挤压产品的膨胀率、吸水性、水流性和糊化度越好，米粉产品表面越光滑，韧性越好。不同粒径大小的米粉颗粒对米粉质量指标的影响如表 3-5 所示。

表 3-5　米粉颗粒大小对米粉质量的影响

颗粒大小/目	断条率/%	光滑度
60	2	表面粗糙
120	不断条	表面洁白光滑

拌料混匀：将过滤后的米浆加入辅料、添加剂等，浓度调至 17～27°Bé。为防止米浆沉淀，储浆罐中应安装搅拌装置，使浆液一直处于均匀状态。

摊浆：经粉层厚薄调节器，将调制好浓度的米浆均匀地涂布在蒸粉机的帆布输送带上。

蒸片：均匀涂布的米浆随浆料带进入蒸浆机蒸熟，温度 100～105℃，压力 0.25～0.35MPa，时间 100～120s。

风冷：风冷至 40℃左右。

切条：蒸熟的粉片冷却后按一定长度和宽度切断，一般宽度 3～6mm、厚度 1～2mm、长度 200～500mm 左右，不同产品略有差异。

3. 产品的质量标准

扁粉的感官要求、微生物限量、致病菌限量、净含量及加工过程卫生要求同圆粉，理化指标中水分含量略有区别，见表 3-6。

表 3-6　扁粉的理化指标

项　　目		产品	检验方法
水分/(g/100g)		60.0～70.0	GB 5009.3
酸度(0.1mol/LNaOH 计)/(mL/10g)	≤	3.0	GB 5009.239
铅(以 Pb 计)/(mg/kg)	≤	0.16	GB 5009.12
黄曲霉毒素 B_1/(μg/kg)	≤	5.0	GB 5009.22

（二）卷筒型米粉

卷筒型米粉多为手工粉，工艺流程与扁粉基本一致，但磨浆常采用石磨，蒸浆采用不同形状的蒸锅，加工成不同形状的产品，一般工艺流程为：原料大米→浸泡→清洗→粗磨浆→精磨浆→筛滤→蒸浆→冷却→成型→成品。

1. 卷粉

云南等地特色。原料籼米充分浸泡，用石磨/机械磨磨成米浆，过滤后蒸制。蒸制时，先在圆形蒸盘底部刷薄油，再勾上适量米浆，荡匀，放入蒸笼高温蒸数十秒，浆熟透后取下冷却，卷好剥离，切条后即成卷粉，加配菜食用。

2. 肠粉

肠粉源于广东罗定，是广东著名的传统特色小吃之一。肠粉按酱料和配菜等地理特色区分为广州的西关肠粉，普宁肠粉，揭阳小巷里的潮汕肠粉，云浮的河口肠粉，梅州的客家肠粉，郁南的都城肠粉、澄海肠粉、饶平肠粉、惠来肠粉等。工艺基本同卷粉，米浆蒸熟后剥离成方块状，加酱料和配菜，卷好如肠状食用。

3. 烫皮

烫皮是赣南客家人的特色食品，粉皮的一种。原料可以采用籼米或粳米，米浆加蔬菜等不同辅料蒸熟后剥离取下冷却，加配菜卷好食用；也可以直接干制成无定形片状，便于存放销售。

三、半干米粉

半干米粉是水分含量和保质期介于鲜湿米粉和干米粉之间的一种米粉，水分含量多在40%～50%，在常温下就能保存。半干米粉具有比鲜湿米粉保质期长、成本低，比干米粉口感和风味好、复水烹饪时间短、食用方便的优点。因此，随着需求的增长，半干米粉的市场份额逐渐扩大。

目前，半干米粉有两种工艺：第一种前段与直条米粉生产工序相同，在第一次时效处理后进行保鲜处理，水分含量约40%～50%，保质期15～180d；第二种使用的是调浆工艺，通过电加热使米浆糊化，然后通过螺旋轴挤压，时效处理后进行保鲜处理，水分含量大约在40%～50%，保质期15～180d。

1. 工艺流程

工艺一：原料大米→清洗→浸泡→沥水→粉碎→混合→榨粉→时效处理→洗粉切断→计量包装→杀菌→冷却→保温→成品。

工艺二：原料大米→清洗→浸泡→磨浆→调浆→电热挤压→时效处理→复蒸→洗粉切断→计量包装→杀菌→冷却→保温→成品。

根据以上生产工艺，配置的主要设备是：斗式提升机、洗米浸泡机、粉碎机、混合机、榨粉机、鼓风机、时效处理房、蒸粉机、包装封口机、杀菌设备、工业锅炉等。

2. 操作要点

前处理：工艺一的半干米粉从大米配比至榨粉、时效处理，都与直条米粉生产完全相同；工艺二的半干米粉除磨浆、调浆和电热挤压工艺，其他也基本相同。两种工艺都是挤压出合格的米粉再进行时效处理。

复蒸：时效处理后的米粉经蒸粉机复蒸 2～3min，用蒸汽直接通入蒸粉机内，蒸汽与米粉直接接触，有利于米粉短时变柔韧。根据产品的粗细或产品堆积的厚度进行适当调整。蒸粉温度控制在 80～90℃为宜。

洗粉切断：将复蒸后的米粉放入水中冷却、洗粉 3min 左右，洗粉水温 30～40℃，按照产品设计重量计算确定长度标准后定长切断，米粉长度根据实际需要确定，一般为 230～300mm。也可以先切断后洗粉。洗粉水温和洗粉时间要控制好，确保完成这个工序后米粉的水分含量在 40%左右。当水分含量偏高或偏低时，可适当缩短或者延长米粉洗粉时间来达到控制成品水分的目的。如在洗粉水中加入 1%的食用级乳酸，有利于半干米粉延长保质期。

计量包装：根据市场需求，在洁净环境下将一定量的米粉装入蒸煮袋，计量后用包装机封口，包装时尽量减少袋内空气，但不需要真空。

杀菌：使用网带把包装袋全部压在水中，使包装袋内中心温度大于 75℃，保持 20～25min。

冷却：用循环冷却水冷却包装袋，使包装物中心温度快速降到 40℃左右，将包装袋外表面水分吹干以减少嗜热菌存在的风险。

检验：所有产品 37℃保温 7d，对封口、霉变、胀包及杂质逐包检查，剔除不符合标准的产品，复检后的产品包装组合即为成品。

第三节　鲜湿米粉常用设备

鲜湿米粉根据其通用工艺流程：原料大米→浸泡→清洗→破碎（磨浆/磨粉)→熟化→成型（挤压/切条)→产品，加工所需主要设备有浸泡罐、磨浆机或磨粉机等破碎设备、储浆罐、蒸浆机、挤压机、切条机等。

一、浸泡-洗米罐

原料大米提升至罐中开始浸泡或发酵，浸泡或发酵完成后洗米，一般这两个工艺过程在同一个罐中完成。

1. 浸泡-洗米的作用和要求

不同米粉浸泡-洗米工艺的作用和要求不同。发酵法加工的圆粉浸泡时间长，一般 2～7d，期间经过发酵，形成了产品的特殊品质和风味，清洗工艺是为了清洗附着在米粒表面的发酵代谢产物和原料带进来的粉尘。自熟机制备圆粉属于干法加工，润米时间不能过长，高温季节一般 1～2h，低温季节 1.5～3h，浸泡至米粒结构疏松，水分分布均匀、含量不超过 30%，否则粉碎机容易堵塞筛孔。扁粉的浸泡工艺是为了软化大米籽粒以减少磨浆时破损淀粉的含量，高温季节一般 1～3h，低温季节 2～4h，浸泡后水分含量 40%左右；浸泡完成后清洗去掉米粒本身附着的粉尘。大米本身就营养丰富，虽然已去除稻壳、表皮保护层，但在水分、温度适宜时，仍然是细菌繁殖生长的良好基质。只有清洗才能保证原料符合卫生要求，因此，科学的清洗是米粉加工不可缺少的工序。清洗的要求是保证米粒表面无黏着物，米香味正常，糠皮等轻杂物基本除尽。一般生产中，以清洗后水的清澈程度来判断清洗效果。

2. 浸泡-洗米罐的设备和技术特性

目前，大米的清洗主要采用射流洗米罐和连续式喷射洗米器。

(1) 射流洗米罐

结构：如图 3-2 所示，主要由加压泵、洗米罐、溢流装置和带万向节的出口管、加压进水管等组成。如果水压足够大，则不需要加压泵。也可以将多个洗米罐串联起来实现连续多次射流洗米，比如三联射流连续洗米机就是串联了 3 个射流洗米罐连续射流洗米。

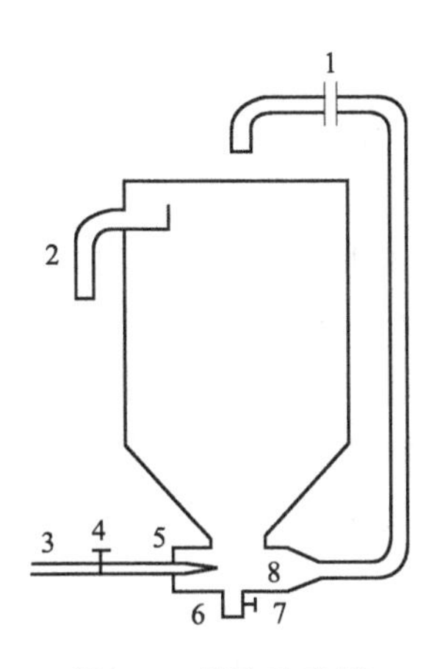

图 3-2　射流洗米罐

1—万向节；2—溢流出水管；3—加压管；4—进水阀；
5—进水管；6—放水管；7—放水阀；8—出米出水管

工作过程：把大米倒入清洗罐，装满至 2/3 处，开启自来水阀，水流经加压泵和加压进水管后，激射向出水管，产生的吸引力使桶中大米和水源源不断地流入出水管，使得米粒和米粒之间、米粒和水之间不断摩擦、翻滚，米粒表面因为压力存在，而冲刷得很干净。轻杂物在洗米罐内浮出水面，随污水一起通过溢流装置排出桶外。达到清洗要求后，转动出水管口，把水和米排入浸泡池。

特点：操作方便简单，自动化程度高，米粒在高压水流下容易冲洗干净，米粒可得到多次冲刷机会。缺点是间歇式工作，不能同时清洗。部分水可以循环使用，耗水量虽然比连续式喷射洗米器小，但仍然较大，同时需要有适当的水压，压力过小，不能工作；压力过大，易产生碎米。

(2) 连续式喷射洗米器

结构：如图 3-3 所示。

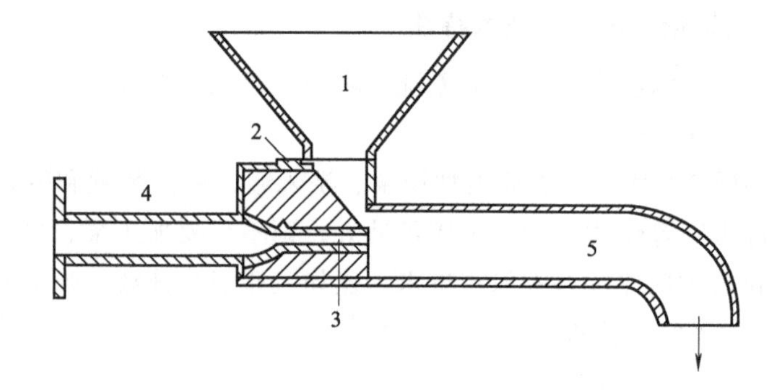

图 3-3 连续式喷射洗米器

1—料斗；2—调节门；3—加压管；4—水管；5—冲洗管

工作过程：水流经加压管加压后，携带米斗中的米粒一起喷射至出水管，流入浸米池，轻杂物随污水通过浸米池上方的溢流管排出。

特点：可以流水作业，自动化程度高，操作较为简便；但是要求具有一定的水压，米粒只有一次冲刷机会，水不能循环利用，因此耗水量大。当原料米较脏时，不能控制和保证清洗效果。

3. 影响清洗效果的因素

大米清洗效果，除了原料大米含杂质情况，还受清洗方式和设备的影响。机械洗米受水压影响较大，水压大，冲刷力量大，水流量也大，米粒洗得干净；其次还受受设备结构和操作的影响，如罐底自流角不够，洗米时桶底外周的米粒会出现滞留现象，其射流洗米罐出口管需要定时转动，使出口管对准桶内不同的方位，才能使桶内所有米粒得到相同的冲刷次数，否则只是少部分在桶中心部位的米粒循环冲洗，而桶边缘米的清洗不充分；最后，米粒流量的大小，也影响清洗效果，流量过大，也难以保证清洗充分。

4. 射流洗米罐的操作要点

① 打开射流洗米罐进水阀，再依次开启加压水泵、米仓出口，让大米流进桶内。

② 每次清洗的大米量，不得超过桶的总容积的 2/3。

③ 清洗过程中，转动出口管对准罐内不同部位，使米粒获得相同的冲刷机会。

④ 清洗过程中，应根据水量、水压的大小，用进水阀调控。

⑤ 根据水的清浊程度来判断是否继续清洗。清洗完毕后，关闭进水阀，转动出口管，对准暂存罐，开启进水阀，把米粒抽入暂存罐，准备进入磨浆工艺。

⑥ 一班生产结束后，应及时把罐的各部位冲洗干净，以备下一班次使用。

二、破碎设备

发酵法加工的圆粉和扁粉均采用磨浆工艺进行破碎，自熟机制备的圆粉一般采用粉碎机，属于干法加工，在第四章详细介绍。

磨浆工序的主要设备是磨浆机。磨浆机的主要作用是把已浸泡好的大米，加入适量的水，磨成浓度适当、粗细度适宜的米浆，对质量要求高的产品，多采用粗磨和精磨两台磨浆机串联使用。

磨浆机有砂磨和钢磨两种类型，生产中多采用砂磨机。磨浆工艺中还有一台筛滤机，筛绢孔径为 80～100 目，目的是保证米浆的粗细度，同时筛去浆液中的糠皮、糠麸等。

（1）结构

主要由料斗、机壳、调节螺母、静砂轮、动砂轮、传动机件等组成，结构如图 3-4 所示。进料机件由料斗、调节插板、下料管等组成。磨浆机件由静砂轮和动砂轮组成。调节机件由调节螺母、定位螺栓等组成。出料机件主要是指落浆槽和米浆出口。

（2）工作原理

利用动砂轮表面粗糙的锋刃飞快的转速、两个砂轮片之间的轧距，对米粒产生剪切和研磨作用。浸泡一定时间后的米粒结构疏松，进入料斗后，经过下米管通过静砂轮的中心落到动砂轮中心。由于动砂轮高速旋转产生离心作用，使米粒从砂轮片中心向边缘运动。在运动过程中，米粒不断与砂轮锋刃摩擦、碰撞、搓撕，两砂轮轧距的大小决定粉末的粗细。在磨浆过程中，水也起重要

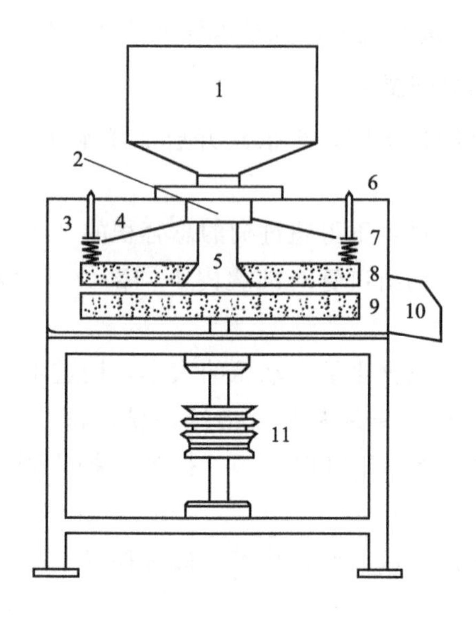

图 3-4 磨浆机的结构示意图

1—料斗；2—调节螺母；3—机壳；4—压板；5—落料管；6—定位螺栓；7—弹簧；8—静砂轮；9—动砂轮；10—流浆槽；11—皮带轮

的作用：一是和粉末混合成浆体更容易流出机外；二是降低磨浆机的温度。

(3) 主要技术参数

磨浆机的种类较多，表 3-7 是常用的两类设备的技术参数。

表 3-7 常用磨浆机的主要技术参数

技术参数	TM 型	SM 型
产量/(kg/h)	300	250
磨片直径/mm	350	300
主轴转速/(r/min)	1440	1440
电机功率/kW	7.5	7.5

(4) 操作方法

① 开机前，应检查各传动部件是否正常，磨浆机内有无金属等硬物和其他异物。

② 开启电机，设备运转正常后，开始进料，进料应保持均匀，水米比例适宜。

③ 用手指搓米浆，凭手感经验判断米浆粗细度是否合格；并用波美计测定米浆浓度是否合格。

④ 运行过程中，应经常检查粗细度，若发现米浆太粗，可调小轧距；若米浆太细，可调大轧距。如调整轧距后仍不能达到要求，有可能是砂轮片磨损情况严重，应更换新的砂轮片。

⑤ 运转过程中，如发生轴承过热等异常现象时，应立即停机，分析情况，及时采取措施。

⑥ 每班生产结束后，要用清水冲洗干净，搞好机内外清洁卫生，洗净残留米浆。

(5) 影响磨浆机性能的主要因素

泡米时间：大米浸泡时间越长，米粒结构越疏松，越有利于磨浆。由于工艺条件限制，时间又不能太长，但至少应以手指能搓碎米粒无硬心为标准；时间太短，米粒没有吸足水分，特别是中心部分未完全软化，会在磨浆过程中出现粗粒较多的现象，同时对砂轮片的磨损程度也大。

转速：是保证磨浆机产量和质量的重要因素。转速高，离心作用大，砂轮片对米粒的作用时间短，虽然产量会有所提高，但容易造成米浆粗粒多。应按照磨浆机生产厂家规定的技术要求确定转速。

砂轮片的新旧程度：在相同的轧距下，新砂轮片比旧砂轮片磨出的米浆细嫩，砂轮片工作一段时间后，其工作面会由锋利变得光滑圆钝，对米粒的剪切研磨作用变弱。因此，应定期更换砂轮片。

流量大小：进磨浆机的物料流量包括水的流量和米粒流量，更确切地说，是水米混合物的总流量。在设备运转过程中，水米之比和水米混合物总的流量都必须控制好。若进水量太大，米粒较少，会造成米浆粗粒多；若进水量太小，进米量多，又会造成米浆浓度过大，影响蒸浆。即使水米之比适宜，但水米混合物的总流量过大，也会有粗粒多的现象，反之则磨浆机产量低。当然，混合物的总流量大小还应与轧距大小相匹配。在生产过程中，只有合理地控制这些参数，才能稳定米浆浓度和粗细度，保证生产质量。

砂轮片的轧距：轧距的大小对磨浆的效率影响较大。米浆的粗细度是随着轧距的变化而变化的。轧距小，压力大，米浆细嫩；轧距大，压力小，米浆粗糙。但轧距太小，会造成产量降低，米浆温度升高。因此，要根据生产的具体情况，综合衡量考虑，调好合理的轧距，以提高磨浆机的使用效率。

三、蒸浆设备

1. 储浆罐

其是蒸浆的辅助设备，其结构如图 3-5 所示。

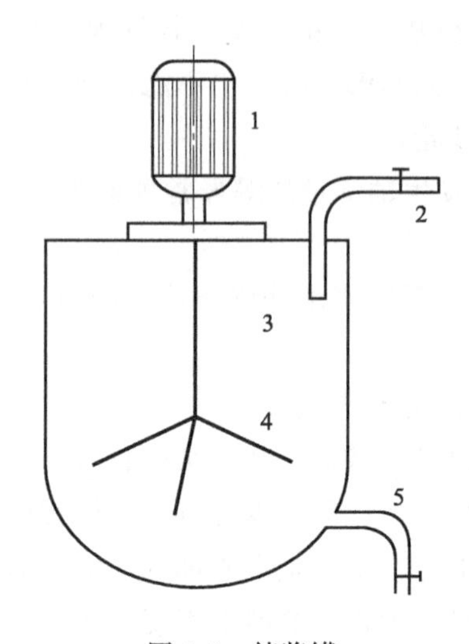

图 3-5　储浆罐

1—电机；2—进米浆管；3—罐体；4—搅拌机叶片；5—出米浆管

储浆罐由叶片搅拌机、罐体等组成。工作时米浆由上方流入罐内，叶片不停地搅拌米浆，使米浆不产生沉积，打开出料口阀门，浓度均匀的米浆流入蒸浆机的粉层厚薄调节器。储浆罐有两个作用：一是储藏一定的米浆，均衡供料，保持流水化生产连续不断地进行；二是搅拌均匀，稳定质量。

2. 蒸浆机

蒸浆机是米浆第一次熟化成米片，以及米片挤丝后复蒸的设备。

蒸浆机有常压和高压之分，高压由于有压力、效果相对好，但需要密封装置，而且只能间歇式操作，不能连续生产。目前常用的是连续式蒸浆机，在常压下连续工作。

（1）连续式蒸浆机的结构

由不锈钢输送网带、排气管、温度表、蒸槽、机架、传动机构等组成，结构如图 3-6 所示。不锈钢输送网带是米粉的承载部件，由不锈钢丝编织而成，用不锈钢链条传动，透气性良好，不会跑偏，蒸粉效果好，使用寿命也长，但造价比较高。连续式蒸浆机是在常压下工作的，因而蒸汽耗量较大，余汽必须用排气管排出车间外，否则影响生产。传动机构由电机、减速器、链条、张紧装置等组成，为无级变速传动，作用是保持蒸粉速度均匀和进出料具有连续性。因此，连续式蒸浆机的机械化程度高，劳动强度小，操作简便，产品质量稳定，卫生条件好，但耗汽量比较大。

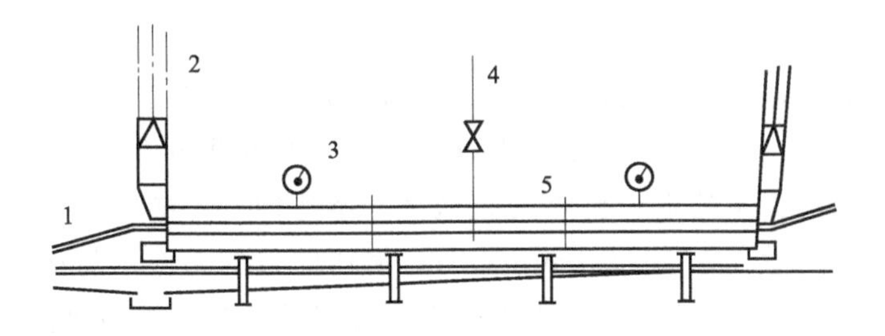

图 3-6　连续式蒸浆机

1—不锈钢输送网带；2—排气管；3—温度表；4—蒸汽管；5—蒸槽

（2）连续式蒸浆机的蒸浆过程

米粉落在不锈钢网带上，在传动机构带动下徐徐进入蒸槽，蒸汽经供气管道进入蒸槽，米粉吸收蒸汽中的水分和热能，不断糊化，直到蒸槽另一端，完成蒸浆过程。

（3）连续式蒸浆机的技术参数

连续式蒸浆机是非定型设备，多为自行设计制造。蒸槽长度约 7.5m，输送网带长度约 14m，网带速度 0.8m/min，供气气压 $6\times10^5\sim8\times10^5$Pa，温度 98～102℃，传动功率 0.75kW。

（4）影响连续式蒸浆机效果的因素

① 米浆/米粉的粗细和疏密厚薄　这是影响蒸浆效果的主要因素。米粉直径小，米浆/米粉密度稀，厚度薄，则熟化度高、蒸煮损失低、熟化效果好。

② 温度　是米浆/米粉熟化的必要条件之一，虽然大米淀粉的初始糊化温度在 60℃左右，但要使已经成型的米粉在短时间提高熟化度，需要较高的温度才能满足要求，所以实际生产中，温度通常在 98～102℃之间。

③ 米浆/米粉的水分含量高低　米粉经挤丝、水煮后，进入蒸浆机的水分含量相对高则熟化效果好。但由于受前道工序制约，水分不能太高，也不能太低。

④ 时间　米粉的复蒸时间一般保持在 120s 左右。

（5）连续式蒸浆机的操作方法

复蒸时，由于不锈钢输送网带的移行速度大小首先要由挤丝成型工序来决定，因此，操作蒸浆机时应注意与温度时间、水分及米粉条厚薄疏松等因素密切配合，灵活调节，特别要注意观察复蒸后的米粉表面的光洁透明感。

四、挤压成型设备

米粉的挤压成型设备是挤压机，又叫榨条机，是将蒸熟的米片均匀送入挤压机内，通过机内的螺旋推进器挤压米片穿过磨具的孔板而形成不同形状的米粉的设备。挤压出来的米粉要求匀直饱满、不弯曲、不结粑，富有弹性和韧性，光洁透明，直径0.5～1.2mm不等。挤压的目的是使米粉的组织结构紧密坚实，提高弹性和韧性；并利用挤压过程中产生的热能提高熟化度，确定成品米粉的直径、形状、规格。

1. 挤压机

其是圆粉生产中的主要设备，圆粉的质量和挤压机的性能密切相关。米粉挤压机是非定型设备，所以规格型号很多，按其外形，有立式和卧式之分；按螺旋轴间距，有等螺旋间距和不等螺旋间距之分；按螺旋直径，有150mm和126mm等几种。目前，立式挤压机很少使用，国内具有代表性、使用较广泛的有以下3种：

(1) DY-150型挤压机

这种挤压机因出丝部位弯曲向下，又称牛头挤压机，属卧式挤压设备。该机榨膛内径150mm，螺旋推进器长度450mm，结构如图3-7所示。DY-150型挤压机由皮带轮、变速箱、进料口、榨条膛、螺旋推进器、牛头出料榨头、出丝孔板、法兰等部分构成。蒸熟的米片由进料斗进入榨条机膛，变间距的螺旋推进器将物料推进，从出丝孔板挤出。

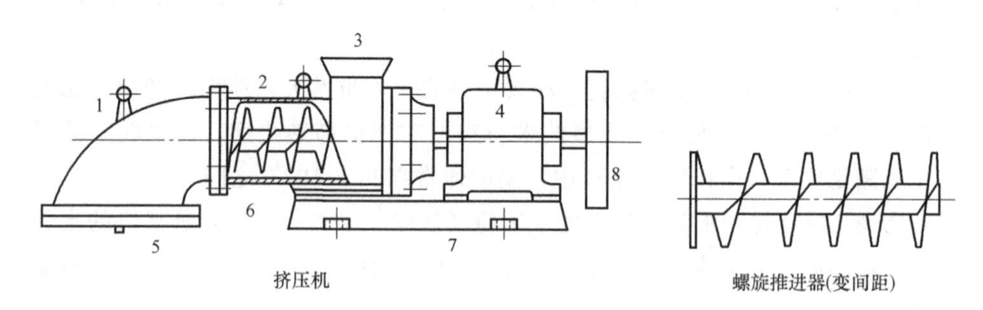

图3-7 DY-150型挤压机

1—牛头出料榨头；2—榨条膛、螺旋推进器；3—进料口；4—变速箱；5—出丝孔板；6—法兰；7—底盘；8—皮带轮

(2) FN-126型挤压机

属于卧式设备，结构如图3-8所示，由底盘、机身、机筒等组成。

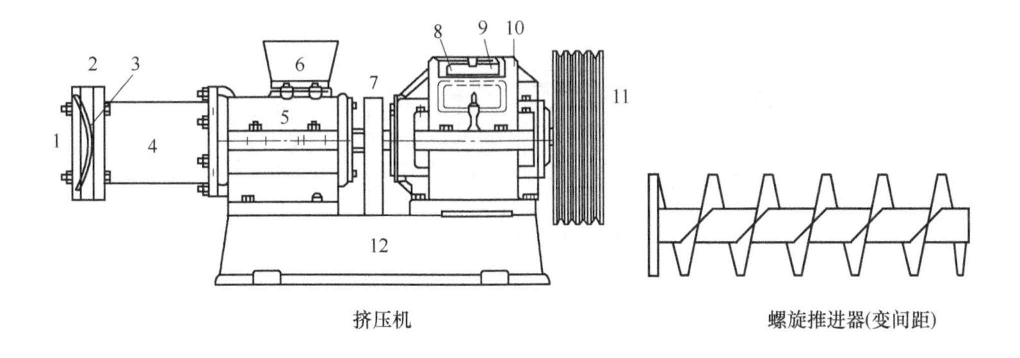

图 3-8　FN-126 型挤压机

1—压圈；2—垫圈；3—粉丝镜；4—机筒；5—机身；6—加料斗；7—齿轮罩；8—视孔盖；9—铭牌；10—齿轮箱；11—三角带轮；12—底盘

FN-126 与 DY-150 结构基本相似，不同在于：进料口设有喂料辊，喂料辊相向旋转进料；螺旋轴总长 390mm，螺旋间距相等；榨条机膛内径为 126mm；出丝头采用螺旋圆盘平装形式。

(3) FN-126S 型挤压机

由 FN-126 型改造而成，也属于卧式设备，能在一台机器上同时完成挤出生粉坯和榨条两个过程，是双头螺旋挤出式设备。其结构如图 3-9。

当物料由进料口进入 FN-126S 型挤压机内，受到机膛内不断旋转的螺旋推进器的推压作用，不断地向出丝头方向移动向出丝头聚集，至出丝筛板（也称粉丝镜）孔中挤出成型。物料在机内推进时，不断被揉搓挤压、摩擦升温，一方面进一步糊化，另一方面使物料水分和熟度均衡。如果物料水分过高，很容易糊化过度，挤出米粉条相互粘连，不易疏松成型；但如果物料水分过低，流动性小，出料孔很难排出物料。

2. 影响挤压质量的主要因素

影响挤压机工作的因素很多，除原料的性质、挤压机本身的性能外，操作人员的经验及熟练程度、操作技巧也有较大影响。

(1) 大米的性质

米粉生产的主要原料是早、晚籼米，视情况搭配粳米、淀粉等辅料使用。原料大米的支链淀粉含量高，糊化后物料的硬度小、黏性大、流动性差，挤压

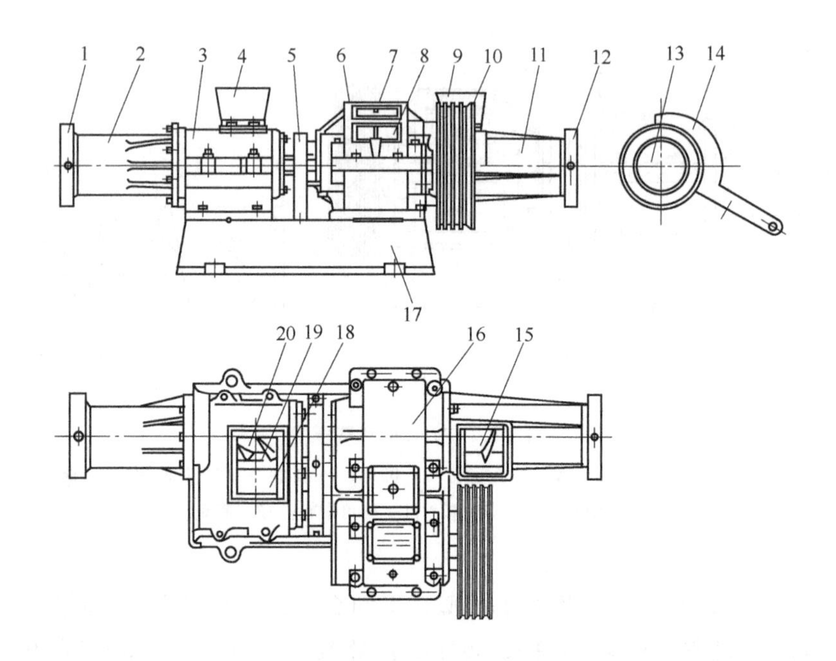

图 3-9 FN-126S 型挤压机

1—熟料机筒螺母；2—熟料机筒；3—熟料工作缸（机身）；4—熟料斗；
5—对走齿轮罩；6—视孔盖；7—透气塞；8—铭牌；9—生粒料斗；
10—三角带轮；11—生粒工作缸（机筒）；12—生粒机筒螺母；
13—年糕成型板；14—扳手；15—生粒螺旋；16—齿轮箱；
17—底盘；18—送料辊；19—括刀；20—熟料螺旋

时出丝速度慢；支链淀粉含量低，出丝速度快。

（2）进料的均衡性

均衡加料实际上是一个流量的问题。在出丝筛板孔径不变的情况下，流量大，则机膛压力大；流量小，则机膛压力小，米粉弹性、韧性差。生产时，流量均衡，米粉质量稳定。

（3）主轴转速

主轴转速是挤压机的主要性能参数，反映出螺旋推进器对物料的压力大小。转速越快，机膛内压力越大，米粉易弯曲，若再增加速度，会出现电机超负荷现象，严重的会产生出丝筛板变形破裂等事故。一般主轴转速不能大于 90r/min，相应米粉出丝速度在 1.6m/min 左右较合理。

3. 挤压机的安装、操作、保养和维修

① 机器应安装在固定的水泥基础上或角钢焊制的架子上，根据使用要求及安装尺寸，在水泥基础上预埋地脚螺栓。

② 电动机应配有滑轮，便于调整三角带的松紧度，传动中心距一般不小于 400mm，不大于 800mm。

③ 安装后应空载试机，试机前对机器要检查螺钉是否有松脱，料斗内是否有金属等坚硬物，用手拨动皮带轮旋转数圈，如无异常现象方可试机。试机时应注意有无振动、升温等异常现象。

④ 螺旋轴挤压时，电机负载变化较大，故应配置电机过载保护装置，以免损坏电机和电器。

⑤ 生产前要先清除机内残留物，在出丝头涂抹一层食用油。

⑥ 生产中如遇停电等异常情况时，应及时关闭电机开关。对机膛里的熟料采取保暖措施，防止熟料冷却发硬、堵塞出口而引起机筒爆裂等重大事故发生。若停电时间较长，应及时拆下出丝头和机筒，清除机膛内的米粿。

⑦ 生产中发现筛孔有堵塞现象，要及时更换新的筛板。换下的筛板应及时浸入水中，浸透后用通针排除堵塞物。

⑧ 人工辅助加料时应用软木类小棒作喂料工具，绝对禁止用手和铁棒直接喂料，以防发生人身和设备事故。

⑨ 运行中要经常注意变速箱和轴承的润滑情况，如发生升温异常、声音异常、缺油等现象，应立即停机检查，及时排除。

⑩ 经常检查出丝筛板等易损零部件，如有破损及时更换。

⑪ 生产结束后，要拆下出丝头，清除机内余物。

五、冷却、切条设备

1. 冷却

从蒸浆机出来的粉片或者蒸浆机出来的圆粉，均需冷却。可以用轴流排风扇风冷或者自然冷却，以吹干表面水分，降低黏度，便于成型；同时使部分淀粉回生，避免米粉过于柔软，保持其口感爽滑。

2. 切条

鲜湿米粉进入进料输送带，被输送到托辊上，由锯片（图 3-10）将其切断。生产时，锯片要经常涂刷食用油，防止米粉粘连。切断后的米粉即是成品，装入塑料箱，可上市销售。

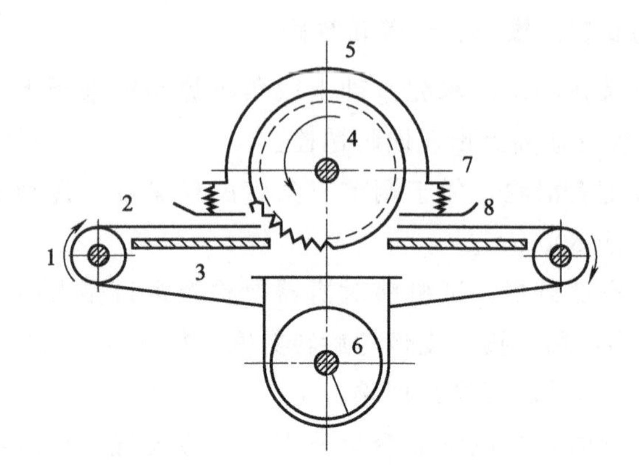

图 3-10　切条机

1—进料输送带转动轮；2—输送带；3—切断工作面板；4—锯片；5—防护罩；6—碎条输出绞龙；7—弹簧；8—压条板

第四章

干　米　粉

第一节　食品干燥原理

干米粉指水分含量≤15%的米粉，工艺流程为：原料大米→清洗→浸泡→磨粉/磨浆→配料→挤压→时效处理→干燥→产品。其中，干燥是干米粉的关键工艺之一，了解干燥原理对于干米粉的品质控制具有极其重要的意义。

一、食品干藏原理

1. 食品中水分存在的形式

食品中的水与食品中离子和离子基团、亲水性溶质、非极性物质之间存在相互作用，这些相互作用使水被缔合或束缚或结合。根据与食品组分结合能力或程度的大小，可以将食品中水的存在形式分为结合水和自由水（非结合水）。

（1）结合水或被束缚水

结合水是指不易流动、不易结冰（即使在－40℃下），不能作为外加溶质的溶剂，性质与纯水显著不同，这部分水被化学或物理的结合力所固定。可以分为化学结合水、吸附结合水、结构结合水、渗透压结合水等。

（2）自由水或游离水

其指食品或原料组织细胞中易流动、容易结冰也能溶解溶质的这部分水，又称为体相水，可以把这部分水与食品非水组分的结合力视为零。这些水分主要有食品湿物料内的毛细管（或孔隙）中保留和吸附的水分以及物料外表面附着的湿润水分，在食品加工时所表现出的性质几乎与纯水相同。

食品中水分被利用的难易程度主要是依据水分结合力或程度的大小而定，

游离水或自由水最容易被微生物、酶、化学反应所利用，而结合水难以被利用，结合力或程度越大，则越难以被利用。

2. 水分活度

衡量水结合力的大小或区分自由水和结合水，可用水分子的逃逸趋势（逸度）来反映，将食品中水的逸度与纯水的逸度之比称为水分活度（water activity，A_W），如式（4-1）。

$$A_W = f/f_0 \tag{4-1}$$

式中，f 代表食品中水的逸度，f_0 代表纯水的逸度。

食品 A_W 的大小通常取决于食品中水分存在的量、温度、水中溶质的浓度、食品成分、水与非水部分结合的强度等。

3. 水分活度与食品保藏性的关系

（1）A_W 对微生物生长的影响

研究表明，各种微生物都有自己生长最旺盛的适宜 A_W。A_W 下降，微生物的生长率也下降，最后，A_W 还可以下降到微生物停止生长的水平。

A_W 能改变微生物对热、光和化学试剂的敏感性。一般情况下，在高 A_W 时微生物最敏感，在中等 A_W 时最不敏感。A_W 与微生物生长的关系如表 4-1 所示。

表 4-1 食品的 A_W 与微生物生长的关系

A_W 范围	在此范围内的最低 A_W 一般所能抑制的微生物	在此 A_W 范围的食品
1.0～0.95	假单胞菌、大肠杆菌、变形杆菌、志贺氏菌属、克霍伯氏菌属、芽孢杆菌、产气荚膜梭状芽孢杆菌、一些酵母	极易腐败变质（新鲜）食品、罐头水果、蔬菜、肉、鱼以及牛乳、熟香肠和面包，含有约 40%蔗糖或 7%氯化钠的食品
0.95～0.91	沙门氏杆菌属、副溶血红蛋白弧菌、肉毒梭状芽孢杆菌、沙雷氏杆菌、乳酸杆菌属、足球菌、霉菌、酵母（红酵母、毕赤氏酵母）	部分干酪、腌制肉（火腿）、一些水果汁浓缩物，含有 55%蔗糖或 12%氯化钠的食品
0.91～0.87	许多酵母（假丝酵母、球拟酵母、汉逊酵母）、小球菌	发酵香肠（萨拉米）、松蛋糕、干酪、人造奶油，含有 65%蔗糖（饱和）或 15%氯化钠的食品
0.87～0.80	大多数霉菌（产生毒素的青霉菌）、金黄色葡萄球菌、大多数酵母菌属（拜耳酵母）、德巴利氏酵母菌	大多数浓缩水果汁、甜炼乳、巧克力糖浆、枫糖浆和水果糖浆、面粉、米、含有 15%～17%水分的豆类食物、水果蛋糕、家庭自制火腿、微晶糖膏、重油蛋糕

续表

A_W 范围	在此范围内的最低 A_W 一般所能抑制的微生物	在此 A_W 范围的食品
0.80～0.75	嗜旱霉菌（谢瓦曲霉、白曲霉、*Wallemia Sebi*）、二孢酵母	果酱、加柑橘皮丝的果冻、杏仁酥糖、糖渍水果、一些棉花糖
0.75～0.65	耐渗透压酵母（鲁酵母）、少数霉菌（刺孢曲霉、二孢红曲霉）	含有约10%水分的燕麦片、颗粒牛轧糖、砂性软糖、棉花糖、果冻、糖蜜、粗蔗糖、一些果干、坚果
0.65～0.60	微生物不增殖	含15%～20%水分的果干、一些太妃糖与焦糖蜂蜜
0.5	微生物不增殖	含约12%水分的酱、含约10%水分的调味料
0.4	微生物不增殖	含约5%水分的全蛋粉
0.3	微生物不增殖	含3%～5%水分的曲奇饼、脆饼干、面包硬皮等
0.2	微生物不增殖	含2%～8%水分的全脂乳粉、含约5%水分的脱水蔬菜、含约5%水分的玉米片、家庭自制的曲奇饼、脆饼干

由表4-1可见，不同类群微生物生长繁殖的最低 A_W 的范围是：大多数细菌为0.94～0.99，大多数霉菌为0.80～0.94，大多数耐盐细菌为0.75，耐干燥霉菌和耐高渗透压酵母为0.60～0.65。在 $A_W<0.6$ 时，绝大多数微生物就无法生长。

微生物在不同的生长阶段，所需的 A_W 也不一样。细菌形成芽孢时比繁殖生长时要高。例如，魏氏芽孢杆菌繁殖体生长时的 A_W 为0.96，而芽孢形成的最适宜的 A_W 为0.993，A_W 若低于0.97，就几乎看不到有芽孢形成。霉菌孢子发芽的 A_W 则低于孢子发芽后菌丝生长所需的 A_W。如灰绿曲霉发芽时的 A_W 为0.73～0.75，而菌丝生长所需的 A_W 在0.85以上，最适宜的 A_W 必须在0.93～0.97之间。有些微生物在繁殖中还会产生毒素，微生物产生毒素时所需的 A_W 则高于生长时所需的 A_W。如黄曲霉生长时所需 A_W 为0.78～0.80，而产生毒素时要求的 A_W 达0.83。

(2) A_W 与酶活性的关系

食品中酶的来源多种多样，有食品的内源性酶、微生物分泌的胞外酶及人为添加的酶。酶活性随 A_W 的提高而增大，通常在 A_W 为0.75～0.95的范围内酶活性达到最大。在A_W<0.65时，酶活性降低或减弱，但要抑制酶活性，A_W应在0.15以下。因此通过A_W来抑制酶活性不是很有效。在低水分的干制品中，特别是吸湿后，酶仍会缓慢地活动，从而可能引起食品品质恶化或变质。一般来说只有干制品水分降低到1%以下时，酶的活性才会完全消失。

酶在湿热条件下易钝化，如在100℃的湿热条件下，瞬间就能破坏它的活性。但在干热条件下难以钝化，即使用204℃的高温处理，钝化效果也极其微小。因此为了控制干制品中酶的活动，就有必要在干制前对食品进行湿热或化学钝化处理，以达到使酶失活的目的。

(3) A_W对化学变化的影响

A_W的大小将直接影响食品中化学反应的进行。引起食品品质变坏的重要反应主要有氧化反应和褐变反应等，对于不同的反应其影响的结果不同。

脂肪氧化是食品变质的主要反应之一，A_W不能抑制氧化反应，即使A_W很低，含有不饱和脂肪酸的食品放在空气中也极容易氧化酸败，甚至A_W低于单分子层水分下也很容易氧化酸败。而随着A_W增加到0.30～0.50，脂肪自动氧化速率和量却减小；此后，随着A_W增加，氧化反应也增加。因为氧化反应是自由基反应，A_W<0.1的干燥食品因氧气与油脂结合的机会多，氧化速度非常快。当A_W>0.55时，水的存在提高了催化剂的流动性而使油脂氧化速度增加。而A_W在0.30～0.40之间时，食品中水分子与过氧化物发生氢键结合，减缓了过氧化物分解的初期速率；水能与微量的金属离子结合，产生不溶性金属水合物而使其失去催化活性或降低其催化活性。非酶褐变是食品变质的又一重要反应，同样A_W也不能完全抑制该反应。食品A_W为0.60～0.80时，最适合非酶褐变。

还原糖和氨基酸（蛋白质）之间在合适的条件下会发生聚合、缩合等反应，即美拉德反应。研究发现，氨基酸氮的最大损失发生在A_W为0.65～0.70时，高于或低于此范围氨基酸损失都较小。在37℃、70℃和90℃条件下都获得同样的结果。通常A_W在0.65～0.70范围内不同食品中的水分含量变化较大，蛋白质吸水饱和，蛋白质分子流动性增加，扩大分子间及分子内的分子重排，使褐变增加。当A_W>0.70，由于水分的稀释作用，反应速率下降。A_W对淀粉老化的影响也很大。淀粉老化实际上是已糊化的淀粉分子在放置过程中，分子之间自动排列成序，形成结构致密、高度结晶化和溶解度小的淀粉的过程。淀粉老化后，食品的松软程度降低，并且影响酶对淀粉的水解，使食品变得难以消化吸收。A_W较高（水分含量在30%～60%）时，淀粉容易老化，若A_W低（水分含量<10%），淀粉的老化则不容易进行。富含淀粉的即

食型食品如方便面、方便粥等，就是将淀粉在糊化状态下，迅速脱水至10%以下，使淀粉固定在糊化状态，再用热水浸泡时，产品的复水性能好。影响淀粉老化的主要因素还有温度。

A_W 的增大会加速蛋白质的氧化作用，因为水能使蛋白质分子中可氧化的基团充分暴露，水溶解氧的量也会增加，使维持蛋白质空间结构的某些键遭到破坏，导致蛋白质变性。据测定，当水分含量为4%时，蛋白质的变性仍能缓慢进行，若水分含量在2%以下，则不易发生变性。

二、食品的干燥机制

1. 干燥机制

干燥时食品水分转移和热量传递的过程可用图4-1表示。在干制过程中，如果考虑在简单情况下，则食品表面水分受热后首先由液态转化为气态（即水分蒸发），而后水蒸气从食品表面向周围介质中扩散，于是食品表面的水分含量低于内部，随即在食品表面和内部区间建立了水分差或水分梯度，促使食品内部水分不断地向表面转移，这样不仅减少了表面水分，而且也使内部水分不断减少。但在复杂情况下，水分蒸发也会在食品内部某些区间甚至于全面进行，因而食品内部水分就有可能以液态或蒸汽状态向外扩散转移。同时，当食品置于热空气的环境或条件下，食品一旦与热空气接触，热空气中的热量就会首先传到食品表面，表面的温度则相应高于食品内部，于是在食品表面和内部就会出现相应的温度差或温度梯度，随着时间的延长，食品内部会达到与表面相同的温度，这种温度梯度的存在也会影响食品干燥过程。

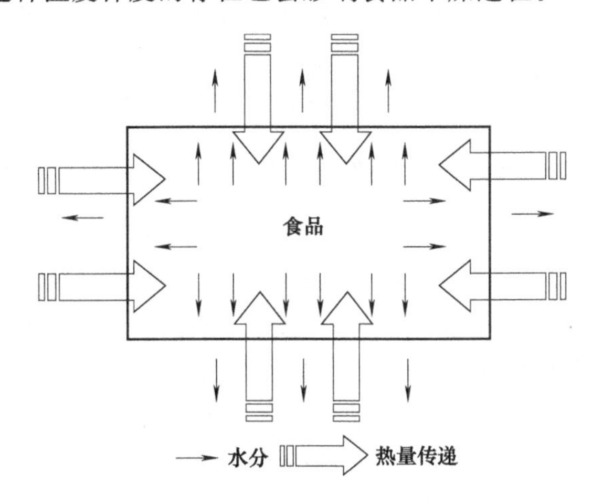

图4-1　干燥过程湿热传递模型

(1) 导湿性

干制过程中潮湿食品表面水分受热后首先有水分蒸发，而后水蒸气从食品表面向周围介质中扩散，此时表面湿含量比物料中心的湿含量低，出现水分梯度。同时，食品高水分区的水分子向低水分区转移或扩散。这种由于水分梯度使得食品水分从高水分处向低水分处转移或扩散的现象常称为导湿现象，也称导湿性。

① 水分梯度　若用 M 表示等湿面水分含量，则由外到内沿法线方向相距 Δn 的另一等湿面上的水分含量为 $M+\Delta M$，那么食品内的水分梯度 grad M 则如式（4-2）：

$$\text{grad}\,M=\lim\left[\frac{(M+\Delta M)-M}{\Delta n}\right]_{\Delta n\to 0}=\lim_{\Delta n\to 0}\left(\frac{\Delta M}{\Delta n}\right)=\frac{\partial M}{\partial n}[\text{kg}/(\text{kg}\cdot\text{m})] \tag{4-2}$$

式中，M 代表食品内的湿含量，即每千克干物质内的水分含量，kg/kg；n 代表食品内等湿面间的垂直距离，m。

水分梯度为向量，如用完整的数学公式，则应表达如式（4-3）：

$$\Delta M=\frac{\partial M}{\partial x}\boldsymbol{i}+\frac{\partial M}{\partial y}\boldsymbol{j}+\frac{\partial M}{\partial z}\boldsymbol{z} \tag{4-3}$$

式中，$\boldsymbol{i}$，$\boldsymbol{j}$，$\boldsymbol{z}$ 代表各个方向的分向量；$\frac{\partial M}{\partial x}$，$\frac{\partial M}{\partial y}$，$\frac{\partial M}{\partial z}$代表无向量导数。

因此，水分梯度为空间内水分含量沿着法线发生变化的速度。M 值不仅因坐标而异，而且还取决于时间，故水分梯度可用偏导数方程式加以表达。

导湿性所引起的水分转移量 $I_{湿}$ 则可按照公式（4-4）求得。

$$I_{湿}=-K\gamma_0\frac{\partial M}{\partial n}=-K\gamma_0\Delta M \tag{4-4}$$

式中，$I_{湿}$代表食品内水分转移量，为单位时间内单位面积上的水分转移量，$\text{kg}/(\text{m}^2\cdot\text{h})$；$K$ 代表导湿系数，m^2/h；γ_0 代表单位潮湿食品容积内绝对干物质质量，kg/m^3；“－”表示水分转移的方向与水分梯度的方向相反。

② 导湿系数　导湿系数是食品物料的比例常数，但在干燥过程中并非稳定不变，它随着食品水分含量和温度的变化而异。

a. 导湿系数与食品水分的关系　导湿系数随水分和物料结合形式而异，不同食品物料水分的导湿系数变化如图 4-2 所示。

如图所示，K 值的变化极为复杂，基本上可分为Ⅰ、Ⅱ和Ⅲ三个区域。

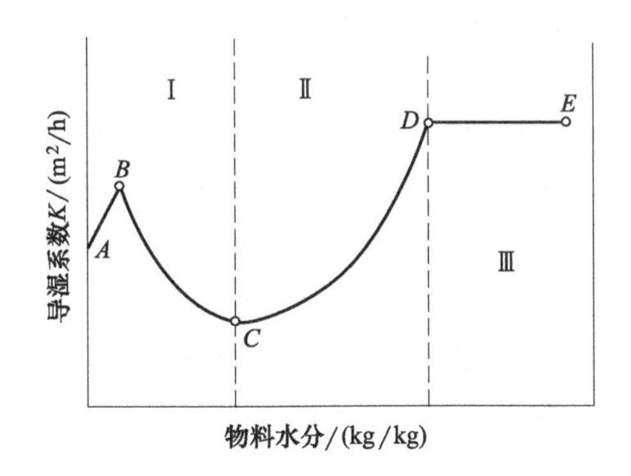

图 4-2　食品物料水分和导湿系数间的关系

Ⅰ. 吸附水分；Ⅱ. 渗透水分；Ⅲ. 毛细管水分

当物料在Ⅲ区时，食品水分含量较高，这部分被排除的水分基本上为毛细管水分，以液体状态转移，导湿系数因而始终稳定不变（*DE* 线段）。当达到Ⅱ区时，被去除的水分基本上为渗透水分。这部分水以蒸汽状态和液体状态扩散转移，导湿系数也就下降（*DC* 线段）。随着干燥进行达到Ⅰ区时，再进一步排除的水分则为吸附水分，基本上以蒸汽状态扩散转移，开始时因先为多分子层水分，后为单分子层水分，而单分子层水分和物料结合极为牢固，故导湿系数先上升（*CB*）后下降（*BA* 段）。这些表明食品物料导湿系数将随物料结合水分的状态而变化。

大多数食品为毛细管多孔性胶体物质，它含有如图 4-2 所涉及的各种结合水分，但由于食品构成成分差异，干制过程中导湿系数的变化也就不一样，必须加以重视，才有利于干制品的质量。

b. 导湿系数与温度的关系　温度对食品物料导湿系数也有明显的影响。研究表明，导湿系数与热力学温度的 14 次方成正比，如式（4-5）。

$$K=\left(\frac{T}{290}\right)^{14} \tag{4-5}$$

通过这种关系可以得到启示，若将导湿性小的物料在干制前加以预热，可以提高导湿系数，就能显著地加速干制过程。在具体操作时，为了在加热时避免食品物料表面水分蒸发，可以先将食品物料在饱和湿空气中加热。

（2）导湿温性

在空气对流干燥中，食品物料表面受热高于中心，因而在物料内部会建立一定的温度梯度。雷科夫首先证明温度梯度将促使水分（不论液态或气态）从高温处向低温处转移。这种由温度梯度引起的导湿温现象被称为导湿温性。

导湿温性是在许多因素影响下产生的复杂现象，主要是高温将促使液体黏度和它的表面张力下降，但将促使蒸气压上升；此外，高温将使食品间隙中的空气扩张，空气扩张会挤压毛细管内水分顺着热流方向转移，由于热流的方向与水分梯度的方向相反，因而温度梯度是食品干燥时水分减少的阻碍因素。

① 温度梯度　若用 θ 表示等温面上的温度，则由内到外沿法线方向相距 Δn 的另一等温面上的温度为 $\theta+\Delta\theta$，那么食品温度梯度 grad θ 可以采用类似水分梯度的数学处理方式来表示，如式（4-6）。

$$\mathrm{grad}\,\theta=\delta\frac{\partial\theta}{\partial n} \tag{4-6}$$

因此，由导湿温性引起水分转移的流量 $I_{温}$ 和温度梯度的关系可通过式（4-7）求得：

$$I_{温}=-K\gamma_0\delta\frac{\partial\theta}{\partial n} \tag{4-7}$$

式中，$I_{温}$ 代表食品物料内水分转移量，为单位时间内单位面积上的水分转移量，kg/(m^2·h)；K 代表导湿系数，m^2/h；γ_0 代表单位潮湿物料容积内绝对干物质质量，kg/m^3；δ 代表湿物料的导湿温系数，1/℃或 kg/(kg·℃)；“—”表示水分转移的方向与温度梯度的方向相反。

② 导湿温系数　导湿温系数（δ）就是温度梯度为 1℃/m 时所引起的水分转移量，见式（4-8）。

$$\delta=\frac{-\dfrac{\partial M}{\partial n}}{\dfrac{\partial\theta}{\partial n}} \tag{4-8}$$

它和导湿系数（K）一样，会因食品物料水分的差异（即物料和水分结合状态）而变化。导湿温系数和物料水分的关系见图 4-3。

在水分含量较低（AB 段）时，导湿温系数随着物料水分含量的增加而上升，但达到最高点 B 时，可因物料的情况不同而产生两条曲线，随着水分含量的增高沿曲线Ⅰ下降，或沿曲线Ⅱ恒定不变。

低水分含量时物料水分主要是吸附水分，以气态方式扩散，δ 值低，当水分含量很低时，由于受空气挤压的影响，δ 甚至出现负值。随着水分含量增加，使多层分子吸附水，结合力减弱，扩散向液态方式转变，故 δ 不断增加，而在高水分含量（达 B 点）时则以液态转移为主。最高 δ 值时为结合水分和自由水分（渗透水分和毛细管水分）的分界点。渗透水分在渗透压下和毛细管

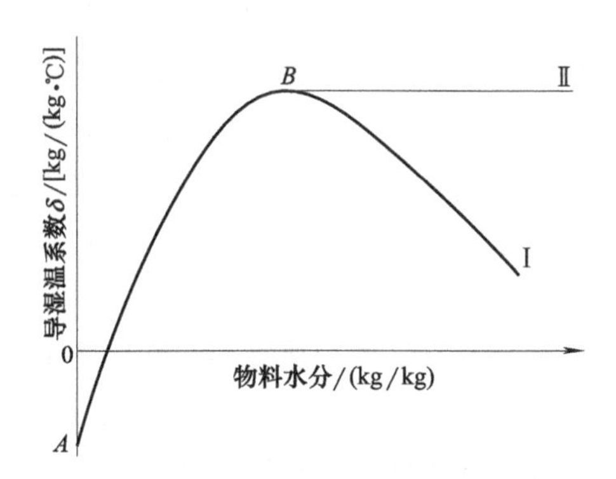

图 4-3　导湿温系数和物料水分的关系

水分在毛细管势（位）能作用下总是以液体状态流动，因而导湿温性就不再因物料水分而发生变化，δ 不变（即曲线Ⅱ）。但如因受物料内挤压空气的影响，妨碍液态水分转移，则导湿温性下降（即曲线Ⅰ）。空气是顺着热流方向扩散，而水分无论是以蒸汽或液态方式转移，都是逆着热流方向。

导湿温性和物料水分关系曲线图不仅能反映出食品物料和水分结合状态的变化，而且也反映了它的扩散机理。

（3）导湿性与导湿温性引起的食品干燥

干制过程中，食品湿物料内部同时会有水分梯度和温度梯度存在，因此，水分的总流量是由导湿性和导湿温性共同作用的结果。在两者共同的推动下水分总流量将为两者之和，即式（4-9）。

$$|I_{总}|=|I_{湿}|+|I_{温}| \tag{4-9}$$

对于对流干燥而言，温度由物料表面向中心传递，而水分流向正好相反，即温度梯度和水分梯度的方向恰好相反，两者的符号也相反，如式（4-10）。导湿温性将成为水分沿水分梯度扩散的阻碍因素，水分扩散受阻。

$$I_{总}=I_{湿}-I_{温} \tag{4-10}$$

若导湿性比导湿温性强，水分将按照物料水分减少方向转移；若导湿温比导湿性强，水分则随热流方向转移，并向水分增加方向发展，则食品水分含量减少变慢或停止。这种情况常在面包焙烤的初期阶段出现。在大多数情况下导湿温性常成为内部水分扩散的阻碍因素。故水分流量就应按式（4-11）计算：

$$I=-K\gamma_0\left(1-\delta\frac{\partial\theta}{\partial n}\right)\frac{\partial M}{\partial n} \tag{4-11}$$

显然，物料内部水分扩散对它的干燥速率有很大的影响。在对流干燥的降速阶段，也常会出现导湿温性大于导湿性，于是物料表面水分就会向它的深层转移，而物料表面仍进行水分蒸发，以致它的表面迅速干燥而温度也迅速上升，这样水分蒸发就会转移到物料内部深处。只有物料内层因水分蒸发而建立了足够的压力，才会改变水分转移的方向，扩散到物料表面进行蒸发。这样不利于物料干燥，延长了干燥时间。

如物料内部无温度梯度存在，水分将在导湿性影响下向物料表面转移，在其表面进行蒸发。此时水分蒸发取决于加热介质参数以及物料内部和它表面间水分扩散率的关系。干燥过程若能维持相同的物料内部和外部水分扩散，就能延长恒速干燥阶段并缩短干燥时间。

这些情况进一步表明降速阶段内的干燥速率主要受食品内部水分扩散和蒸发的因素如食品温度、温度差、食品结合水分以及它的结构、形状和大小等的影响。因此空气流速及其相对湿度的影响逐渐消失而空气温度的影响增强。

2. 干制过程的特性

(1) 干燥曲线

食品干制过程的特性可由食品干燥曲线即干燥过程中水分含量、干燥速率和食品温度的变化组合在一起较全面地加以表达。水分含量曲线就是干制过程中食品水分含量变化和干制时间之间的关系曲线；干燥速率曲线反映食品干制过程中任何时间内水分减少的快慢或速度大小，即 $\frac{dM}{dt}=f(M)$ 的关系曲线；食品温度曲线可反映干制过程中食品本身温度的高低，对于了解食品质量有重要的参考价值。食品干燥曲线如图 4-4 所示。

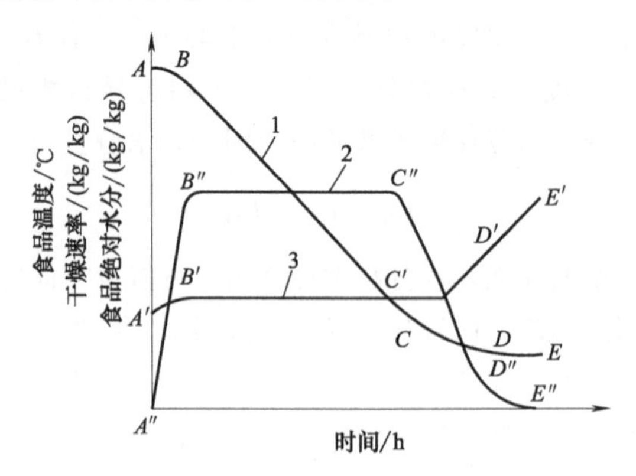

图 4-4　食品干燥曲线

① 水分含量曲线　图 4-4 中曲线 1 表示水分含量曲线，由 $ABCDE$ 线段组成。当潮湿食品被置于加热的空气中进行干燥时，首先食品被预热，食品表面受热后水分就开始蒸发，但此时由于存在温度梯度会使水分的迁移受到阻碍，因而水分的下降较缓慢（AB）；随着温度的传递，温度梯度减小或消失，食品中的自由水蒸发和内部水分快速迁移，水分含量出现快速下降，几乎是直线下降（BC）；当达到较低水分含量（C 点）时，水分下降减慢，此时食品中水分主要为多层吸附水，水分的转移和蒸发则相应减少，该水分含量被称为干燥的第一临界水分；当水分减少趋于停止或达到平衡（DE）时，最终食品的水分含量达到平衡水分。平衡水分取决于干燥时的空气状态如温度、相对湿度等。

水分含量曲线特征的变化主要由内部水分迁移与表面水分蒸发或外部水分扩散所决定。

② 干燥速率曲线　干燥速率是水分子从食品表面移向干燥空气的速度。图 4-4 中曲线 2 所示就是典型的干燥速率曲线，由 $A''B''C''D''E''$ 组成。食品被加热，水分开始蒸发，干燥速率由小到大一直上升，随着热量的传递，干燥速率很快达到最高值（$A''B''$）。为升速阶段。达到 B'' 点时，干燥速率为最大，此时水分从表面扩散到空气中的速率等于或小于水分从内部转移到表面的速率，干燥速率保持稳定不变，是第一干燥阶段，又称为恒速干燥阶段（$B''C''$）；在此阶段，食品内部水分很快移向表面，并始终为水分饱和，干燥机理为表面汽化控制，干燥所去除的水分大体相当于物料的非结合水分。

干燥速率曲线达到 C'' 点，对应于食品第一临界水分（C）时，物料表面不再全部为水分润湿，干燥速率开始减慢，由恒速干燥阶段到降速干燥阶段的转折点 C''，称为干燥过程的临界点。干燥过程跨过临界点后，进入降速干燥阶段（$C''D''$），这就是第二干燥阶段的开始。干燥速率的转折标志着干燥机理的转折，临界点是干燥由表面汽化控制到内部扩散控制的转变点，是物料由去除非结合水到去除结合水的转折点。该阶段开始汽化物料的结合水分，干燥速率随物料含水量的降低，迁移到表面的水分不断减少而使干燥速率逐渐下降。此阶段的干燥机理已转为被内部水分扩散控制。

当干燥速率下降到 D'' 点时，食品物料表面水分已全部变干，原来在表面进行的水分汽化则全部移入物料内部，汽化的水蒸气要穿过已干的固体层而传递到空气中，使阻力增加，因而干燥速率降低更快。在这一阶段食品内部水分转移速率小于食品表面水分蒸发速率，干燥速率下降是由食品内部水分转移速率决定的，当干燥达到平衡水分时，水分的迁移基本停止，干燥速率为零，干燥就停止（E''）。

③ 食品温度曲线　图 4-4 中曲线 3 是食品温度曲线，由 $A'B'C'D'E'$组成。干制初期食品接触空气传递的热量，温度由室温逐渐上升达到 B'点，是食品初期加热阶段（$A'B'$）；达到 B'点，此时干燥速率稳定不变，该阶段热空气向食品提供的热量全部消耗于水分蒸发，食品物料没有受到加热，故温度没有变化。物料表面温度等于水分蒸发温度，即和热空气干球温度和湿度相适应的湿球温度。在恒速阶段，食品物料表面温度等于湿球温度并维持不变（$B'C'$）；达到 C'点时，干燥速率下降，在降速阶段内，水分蒸发减小，由于干燥速率的降低，空气对物料传递的热量已大于水分汽化所需的潜热，因而物料的温度开始不断上升，物料表面温度越来越高于空气湿球温度，食品温度不断上升（$C'D'$）；当干燥达到平衡水分时，干燥速率为零，食品温度则上升到和热空气温度相等，为空气的干球温度（E'）。

（2）干燥阶段

在典型的食品干燥中，干燥过程经历干燥速率恒定阶段（恒速期）和干燥速率降低阶段（降速期）。

① 恒速期（CRP）　在大部分食品中，干燥速率就是水分子从食品表面移向干燥空气的速度，在这种情况下，食品表面水分含量被认为是恒定的，因为水从产品内部迁移的速度足够快，可保持恒定的表面湿度。也就是说水分子从食品内部迁移到表面的速率大于（或等于）水分子从表面移向干燥空气的速率，于是干燥速率是由水分子从产品表面向干燥空气进行对流质量传递的推动力所决定的，表达式如（4-12）：

$$-m_{s}\frac{\mathrm{d}M}{\mathrm{d}t}=-K_{g}A(p_{ws}-p_{wa}) \tag{4-12}$$

式中，m_s 代表干燥食品中干物质的总量，kg 干固体；M 代表水分含量，kg/kg；t 代表干燥时间，min；K_g 代表对流质量传递系数，kg/(m^2·s·Pa)；A 代表与干燥空气接触的食品表面积，m^2；p_{ws} 代表食品表面的水分蒸气压，Pa；p_{wa} 代表干燥空气中水分蒸气压，Pa。

在恒速期的干燥推动力是食品表面的水分蒸气压（p_{ws}）和干燥空气的水分蒸气压（p_{wa}）两者之差。在这一时期，影响干燥速率的其他因素有空气流速、温度、相对湿度、初始水分含量和食品与干燥空气接触的表面积。描述水分如何移向表面的对流质量传递系数 K_g 主要是受干燥空气条件（速度和温度）的影响。

水分子从产品表面释放到干燥空气中所需的能量来自热量传递。然而，在干燥的恒速期，热量传入产品的速率刚好与蒸发水量所需要的热量相平衡。在最简单的情况下，干燥的全部热量来自吹向食品的干燥空气和食品表面之间的对流热量传递。但是，有时在某些干燥室的顶部表面可以有辐射热量传递，甚至有引起食品内部热量传递的微波辐射。如果食品放在一个固体盘中，除食品表面接触干燥空气流外，还有通过对流和传导两种方式使热量传递到食品底部的情况。因此，实际干燥体系也许涉及复杂的热量传递，使干燥分析十分困难。

在只存在对流热量传递这种最简单的情况时，在恒速期所有的热能都能用于汽化水分。也就是说，热量传递到食品的速率与水汽化的能量消耗速率相平衡。已知干燥速率和汽化潜热，就能够求出水汽化消耗热量的速率。也就是说，表面（液与汽）每汽化一个水分子，就需要一定量与汽化潜热相当的能量。在这些条件下，它们的关系如式（4-13）：

$$\left(-m_{s}\frac{dM}{dt}\right)(\Delta H_{v})=-hA(p_{ws}-p_{wa}) \tag{4-13}$$

式中，ΔH_v 代表汽化潜热，kJ/kg；h 代表对流热传递常数，W/(kg·m^2·℃)。

在恒速期，传递到食品的所有热量都进入汽化的水分中。因此，温度保持在某一恒定值，该值取决于热量传递机制。如果干燥仅以对流方式进行，可以看到食品表面的温度稳定为干燥空气的湿球温度，也就是说，表面温度稳定在空气完全被水分所饱和的这一点上。然而，如果其他热量传递机制（辐射、微波、传导）提供一部分热量给食品，那么表面温度不再是湿球温度，而是稍微高些（但仍然为恒定值），有时称为假湿球温度。

只要水分从食品内部迁移到表面的速率足够快，以至于表面水分含量恒定时，恒速干燥期就会持续。当水分从内部迁移比表面蒸发慢时，恒速期就停止。此时食品的水分含量表示为 M_c，公式（4-13）不再适用。然而，在恒速期的干燥时间可通过该公式从初始水分含量（M_i）到临界水分含量（M_c）积分而得到。通过重新排列式（4-14）和采用分离变量的方式来解答这个简单的线性微分方程，就能够求出恒速干燥的时间 t_{CRP}。

$$t_{CRP}=\left[\frac{\Delta H_{v}m_{s}(M_{i}-M_{c})}{hA\mathrm{d}(\theta_{a}-\theta_{s})}\right] \tag{4-14}$$

式中，θ_a 和 θ_s 分别代表空气和表面温度，℃。

注意这个公式只有在对流热传递时才适用。当应用其他热传递机制时，这个公式需修正以解释这些作用。

恒速阶段的长短取决于干制过程中食品内部水分迁移（决定于它的导湿

性）与食品表面水分蒸发或外部水分扩散速度的大小。若内部水分转移速度大于表面水分扩散速度，则恒速阶段可以延长；否则，就不存在恒速干燥阶段。

② 降速期（FRP） 在干燥后期，一旦达到临界水分含量 M_c，水分从表面移向干燥空气中的速率就会快于水分补充到表面的速率。在降速期，食品中水分含量分布取决于干燥条件，在块状中央水分含量最高，在表面最低。在这样的条件下，内部质量传递机制影响了干燥快慢。通常，在食品中水分迁移有几种方式，在某一给定的干燥条件下，可存在一种或多种干燥机制。

液体扩散：一旦表面的水分含量减少到低于食品中剩余水分的含量时，水分迁移到表面的推动力是扩散，扩散的速率取决于食品的性质、温度和表面与体相之间的浓度差。

蒸汽扩散：有时在产品表面之下存在汽化作用（特别在长时间干燥时），此时水分子以蒸汽形式通过食品扩散到干燥空气中。蒸汽扩散是因为蒸气压差，干燥空气的蒸气压决定扩散速率。

毛细管流动：表面张力也能影响食品结构中水分迁移，特别是对于多孔状的食品。根据多孔食品基质的性质和定向，毛细管流动可通过其他机制增加或阻止水分迁移。

压力流动：干燥空气和食品内部结构之间的压力差会引起水分迁移。

热力流动：食品表面和食品内部之间的温度差会阻止水分迁移到表面，这方面在干燥后期尤其重要。

在干燥过程中，可应用一个或多个机制，每种机制的相关作用在干燥过程中可以变化。例如，在降速期的早期，液体扩散是内部质量传递的控制机制，而在干燥后期，由热力流动和蒸汽扩散共同控制干燥。因此，在降速期要预测干燥速率常常是困难的。

一个普通的方法是用有效扩散率 D_{eff} 来经验性地描述降速期的干燥，它是所有内部质量传递机制的综合。通常 D_{eff} 是通过测量实际干燥速率的数据，将这些数据代入非稳态扩散方程中，计算出有效的扩散速率。对于一种蒸发薄膜在一面的干燥，非稳态扩散方程式可写作式（4-15）。

$$\frac{\partial M}{\partial t}=D_{eff}\frac{\partial^2 M}{\partial M^2} \tag{4-15}$$

式中，M 代表干燥膜的厚度尺寸。

预测降速期的干燥时间是极其困难的：第一，如上述讨论，食品内水分的有效扩散率会随着质量传递机制的变化而改变；第二，一般来说，在降速期时，食品的温度逐渐增加，这会改变扩散速率及其他内部质量传递机制；第三，许多食品在失去水分时会收缩，这种体积缩小会影响质量传递机制；最后，在降速期由于温度升高，食品在干燥中易发生物理和化学反应，例如，表层会形成硬壳，从而大大抑制水分迁移。

通常存在两个降速期，在第一个降速期中，随着越来越多的水分跑到干燥空气中，湿表面区逐渐减少，内部水分迁移跟不上表面干燥，在这个时期内，表面温度缓慢增加，因为仍发生一些蒸发冷却。当表面一旦干燥，二级降速期就开始，食品内发生汽化的蒸发面或区域缓慢移向食品的内部。在这样的条件下，蒸发冷却发生很慢而表面温度增加很快，最后，表面温度接近干燥空气的温度，图 4-5 表明在不同干燥阶段中食品表面和内部温度两者是如何随时间变化的。

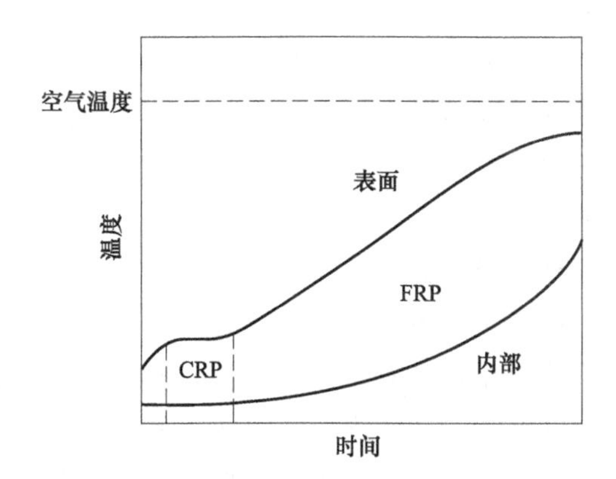

图 4-5 食品表面温度和内部温度的变化

一旦食品中水分含量与干燥空气达到平衡（这可通过解吸等温线来测定），则干燥不再发生。然而，干燥在食品达到平衡前停止，那么在干燥过程中存在的湿度梯度就会逐渐平衡，直到整块食品达到相同的平均水分含量。对于食品干燥过程特性以导湿性和导湿温性解释，如表 4-2。

表 4-2 由导湿性和导湿温性解释干燥过程特征

干燥阶段	曲线特征	作用
预热阶段	干燥速率上升，温度上升，水分略有下降	导湿性引起水分由内向外；导湿温性相反，但随着内外温差的减小，其作用减弱
恒速干燥阶段	干燥速率不变，温度不变，水分下降	导湿性引起水分由内向外；导湿温性由于内外几乎没有温差，因此不起作用

续表

干燥阶段	曲线特征	作用
降速干燥阶段	干燥速率下降，表面温度上升，水分下降变慢	低水分含量时，导湿性减小；导湿温性减小

干燥曲线的特征因水分和物料结合形式、水分扩散历程、物料结构和形状大小而异。物料内部水分转移机制、水分蒸发的推动力以及水分从物料表面经边界层向周围介质扩散的机制都将对物料干制过程的特性产生影响；此外，食品干燥是把水分蒸发简单地限定在物料表面进行，事实上水分蒸发也会在其内部某些部分或甚至全面进行。因而，其情况比所讨论的要复杂得多。

3. 影响干制的因素

有许多因素影响干燥速率，这些因素与两个方面相关，一是在干燥过程中的加工条件，由干燥机类型和操作条件决定；二是与置于干燥机中的食品性质有关。加速湿热传递的速率，提高干燥速率是干燥的主要目标。

（1）干制条件的影响

温度：食品干燥时，提高空气温度，干燥加快。由于温度提高，传热介质与食品间温差加大，热量向食品传递的速率越大，水分蒸发扩散速率也越大，从而使恒速干燥阶段的干燥速率增加。对于一定相对湿度的空气，随着温度提高，空气相对饱和湿度下降，这会使水分从食品表面扩散去除的动力更大；另外，温度越高，内部水分扩散速率就越快，也就是说水分在高温下转移更快，从而内部干燥也增加，这对于在降速阶段也同样有效。因此，增加温度可以通过影响内部水分迁移（降速阶段）和外部水分扩散（恒速阶段）使干燥加快。然而，需注意的是：若以空气作为干燥介质，温度的作用是有限的。因为食品内水分以水蒸气的形式外逸时，将在食品表面形成饱和水蒸气层，若不及时排除掉，将阻碍食品内水分进一步外逸，从而降低了水分的蒸发速度，故温度的影响也将因此而下降；另外，过高的温度对于食品会引起不必要的化学和物理反应，故干燥的温度不可太高，以保持高质量食品都必须有一个实际控制的干燥温度。

空气流速：若以空气为加热介质，及时排除食品表面的饱和水蒸气层是很重要的，因此空气流速就成为影响干燥速率的另一个重要因素。空气流速加快，由边界层理论可知，流速越大，气膜越薄，越有利于增加干燥速率。这不仅是因为热空气所能容纳的水蒸气量高于冷空气而吸收较多的蒸发水分，而且还能及时将聚集在食品表面附近的饱和湿空气带走，以免阻止食品内水分的进一步蒸发；同时还因为与食品表面接触的空气量增加，对流质量和传递速度提高，因而显著地加快了食品中水分的蒸发。因此，空气流速越快，食品干燥也越迅速，会使干燥恒速期缩短。然而，由于降速期的干燥通常不受外部条件限制，故增加空气流速一般对降速期没有什么影响。

空气相对湿度：脱水干制时，如果用空气作为干燥介质，空气相对湿度越低，食品干燥速率也越快。因为食品表面和干燥空气之间的水分蒸气压差是影响外部质量传递的推动力，对于一种给定食品（已知表面蒸气压或水分活度），空气相对湿度增加会降低推动力，近于饱和的湿空气进一步吸收蒸发水分的能力远比干燥空气差，饱和湿空气不能再进一步吸收来自食品的蒸发水分；相反，降低空气相对湿度会加快干燥恒速期的干燥速率。然而，相对湿度一般对于由内部质量传递控制的降速期来讲，其干燥速率没有影响。注意空气的相对湿度也决定最终平衡水分，这可通过干燥的解吸等温线来预测。当空气和食品一旦达到平衡，干燥就不再发生。

脱水干制时，食品水分下降的程度也是由空气湿度所决定。干燥的食品极易吸水。食品的水分始终要和周围空气的湿度处于平衡状态。食品水分不同，其表面附近蒸气压随之而异。食品的水分低，则其蒸气压相应下降。脱水干制后，低水分食品表面的蒸气压也随之下降。此时，如果物料表面与其水分相应的蒸气压低于空气的蒸气压，则空气中的水蒸气不断向物料表面附近扩散，而物料则从其表面附近的空气中吸收水蒸气而增加其水分，直至表面附近蒸气压和空气蒸气压相互平衡，物料也不再吸收水分。因蒸气压随温度而异，故在不同温度时各种食品水分有它自己相应的平衡相对湿度。因此，平衡相对湿度就是在一定温度中食品既不从空气中吸取水分，也不向空气中蒸发水分时的空气湿度。如低于空气湿度则食品将进一步干燥，反之，则食品不再干燥，却会从空气中吸取水分。和平衡相对湿度相应的食品水分称为平衡水分。干制时最有效的空气温度和相对湿度可以从各种食品的吸湿等温线上选择。

大气压力和真空度：气压影响水的平衡关系，进而能影响干燥。当在真空下干燥时，空气的气压减少，水的沸点也就相应下降，气压愈低，沸点也愈低，如仍用和大气压力下干燥时相同的加热温度，则将加速食品水分的蒸发，使恒速期的干燥发生更快；然而，当干燥受内部质量传递控制时，真空操作对干燥速率影响不大。或者说，在真空室内加热干制时，可以在较低的温度条件下进行，适合热敏物料的干燥；此外，真空干燥还能使干制品具有疏松的结构。

操作条件对干燥速率的影响见表 4-3。

表 4-3 操作条件对干燥速率的影响

条件	恒速干燥阶段	降速干燥阶段
温度上升	干燥速率增加	干燥速率增加
空气流速上升	干燥速率增加	无变化
相对湿度下降	干燥速率增加	无变化
真空度上升	干燥速率增加	无变化

(2) 食品性质的影响

表面积：水分子在食品内必需行走的距离决定了食品干燥速度的快慢，当食品被切成具有更高表面积的小片状时，水分子必需行走到达表面的距离变短。表面积增大，有利于干燥。同时，食品被切割成薄片或小块后大大减少了食品的粒径或厚度，缩短了热量向食品中心传递的距离，增大了加热介质与食品接触的表面积，为水分的蒸发扩散提供了更大空间，从而加速了水分的蒸发和食品的脱水干制。食品表面积越大、料层厚度越薄，干燥效果越好，这几乎适用于所有类型的食品干燥。比如直径越粗的米粉，越不容易烘干。

组分定向：食品微结构的定向影响水分从食品内转移的速率。水分从食品内转移在不同方向差别较大，这取决于食品组分的定向。例如，在蔬菜芹菜的纤维结构中，水分沿着长度方向比横穿细胞结构的方向干燥要快得多；在肉类蛋白质纤维结构中，也存在类似现象。

细胞结构：在大多数食品中，细胞内含有部分水，而剩余水在细胞外，细胞结构间的水分比细胞内的水更容易除去。因为细胞内的水穿过细胞边界有一个额外的阻力，当细胞结构破碎时，有利于干燥。天然动植物组织是具有细胞结构的活性组织，在其细胞间、细胞内均维系着一定的水分，具有一定的膨胀压，以保持其组织的饱满与新鲜状态，当动植物死亡，其细胞膜对水分的可透性加强，尤其是受热（如漂烫或烹调）时，细胞蛋白质失去对水分的保护作用，因此，经热处理的果蔬与肉、鱼类的干燥速率要比其新鲜状态时快得多。但细胞破碎会引起干制品的可接受性下降，如会发生复水后软塌等现象，使干制品质量变差。

溶质的类型和浓度：食品组成决定了干燥时水分子的流动性，特别是在低水分含量的时候，食品中的溶质如糖、淀粉、盐和蛋白质与水相互作用，会抑制水分子的流动性。在高浓度溶质（低水分含量）时，溶质会影响水分活度和食品的黏度。食品中增加黏度和减少水分活度的溶质如糖、淀粉、蛋白质和胶，典型地降低水分转移速率，从而降低干燥速率。溶质的存在提高了水的沸点，影响了水分的汽化，另外像糖等溶质浓度高时容易在外层形成硬壳而阻碍水分的汽化。因此溶质浓度愈高，维持水分的能力愈大，相同条件下干燥速率下降。

总之，影响干燥速率的因素很多，对于对流干燥，除了与干燥介质的状态（如温度、湿度、流速、水分的蒸气压和扩散系数等）和物料的性质与形状（如物理结构、化学组成、形状大小、料层厚薄及水分活度）有关外，还和介质与物料的接触状况有关，主要是指介质的流动方向，当流动方向垂直于物料表面时，干燥速率最快。

由于影响干燥的因素很多，所以只能通过实验来研究干燥动力学。根据实验时条件的不同，可分为恒定干燥和变动干燥两种情况。恒定干燥指干燥过程中热空气的温度、湿度及其与物料的接触情况和相对流速均保持不变，或在真空干燥时保持传热条件和真空度恒定，否则就称为变动干燥。

三、干制对食品品质的影响

1. 干制过程中食品的主要变化

物料在干燥过程中，由于温度的升高，水分的去除，必然要发生一系列的变化，这些变化主要是食品物料内部组织结构的物理变化以及食品物料组成成分的化学变化。这些变化直接关系到干制品的质量和对储藏条件的要求，而且不同的干燥工艺变化程度也有差别。

（1）物理变化

食品干制时经常出现干缩、干裂、表面硬化和多孔性形成等物理变化。

干缩、干裂：细胞失去活力后，仍能不同程度地保持原有的弹性。但受力过大，超过弹性极限，即使外力消失，也再难以恢复原来状态。干缩正是物料失去弹性时出现的一种变化，这也是不论有无细胞结构的食品干制时最常见、最显著的变化之一。

弹性完好并呈饱满状态的物料全面均匀地失水时，物料将随着水分消失均衡地进行线性收缩，即物体大小（长度、面积和容积）均匀地按比例缩小。实际上物料的弹性并非绝对的，干制时食品块（片）内的水分也难以均匀地排除，故物料干燥时均匀干缩极为少见。为此，物料不同，干制过程中的干缩也各有差异。

高温快速干燥时食品块（片）表面层远在物料中心干燥前就已干硬，之后中心干燥和收缩时就会脱离干硬膜而出现内裂、孔隙和蜂窝状结构，比如，快速干制的马铃薯丁具有轻度内凹的干硬表面、为数较多的内裂纹和气孔，而缓慢干燥的马铃薯丁则有深度内凹的表面层和较高的密度，两种干制品质量虽然相同，但前者体积质量为后者的一半。

上述两种干制品各有特点。密度低（质地疏松）的干制品容易吸水，复原迅速，与物料原状相似，但其包装材料和储运费用较大，内部多孔易于氧化，以致储藏期较短。高密度干制品复水缓慢，但包装材料和储运费用较为节省。

表面硬化：实际上是食品物料表面收缩和封闭的一种特殊现象。如物料表面温度很高，就会因为内部水分未能及时转移至物料表面使表面迅速形成一层干燥薄膜或干硬膜。它的渗透性极低，以致将大部分残留水分保留在食品内，同时还使干燥速率急剧下降。

多孔性：快速干燥时食品物料表面硬化及其内部蒸气压的迅速建立会促使物料成为多孔性制品。比如轻微膨化的米粉正是利用外逸的蒸汽促使其质构形成微孔。加有不会消失的发泡剂并经搅打发泡而形成稳定泡沫状的液体或浆质体食品干燥后，也能成为多孔性制品。真空干燥时的高度真空也会促使水蒸气迅速蒸发并向外扩散，从而制成多孔性的制品。

现在，有不少的干燥技术或干燥前预处理力求促使物料能形成多孔性结构，以便有利于质的传递，加速物料的干燥速率。实际上多孔性海绵结构为最好的绝热体，会减慢热量的传递，为此并不一定能加速干燥速率。最后的效果取决于干制体系和该种食品物料的多孔性对两者的影响何者大。不论怎样，多孔性食品能迅速复水或溶解，为其食用时主要的优越性。

热塑性：不少食品为热塑性物料，比如淀粉，在加热时是会糊化形成凝胶的物料，但是冷却时则会硬化成型。为此，大多数输送带式干燥设备常设有冷却区。

溶质的迁移：在食品物料所含的水分中，一般都有溶解于其中的溶质如盐、有机酸、可溶性含氮物等，当水分在脱水过程中由物料内部向表面迁移时，可溶性物质也随之向表面迁移。当溶液到达表面后，水分汽化逸出，溶质的浓度增加。当脱水速度较快时，脱水的溶质有可能堆积在物料表面结晶析出，或成为干胶状而使表面形成干硬膜，甚至堵塞毛细孔而降低脱水速度。如果脱水速度较慢，则当靠近表层的溶质浓度逐渐升高时，溶质借浓度差的推动力又可重新向中心层扩散，使溶质在物料内部重新趋于均匀分布。显然，可溶性物质在干燥物料中的均匀分布程度与脱水工艺条件有关。

（2）化学变化

食品脱水干制过程中，除物理变化外，同时还会有一系列化学变化发生，这些变化对干制品及其复水后的品质如色泽、风味、质地、黏度、复水率、营养价值和储藏期会产生影响。这种变化还因各种食品而异，有它自己的特点，但少数几种主要变化实际上在所有食品脱水干制过程中都会出现，不过这些变化的程度却随食品成分和干制方法而有差异。

食品干燥后失去水分，每单位质量干制食品中营养成分如蛋白质、脂肪和碳水化合物等的含量反而增加。若将复水干制品和新鲜食品相比较，则和其他食品保藏方法一样，它的品质总是不如新鲜食品，且脱水食品有损耗的出现。

蛋白质对高温敏感，在高温下蛋白质易变性，组成蛋白质的氨基酸与还原糖发生作用，产生美拉德反应而褐变。产生褐变的速度因温度和时间而异。高温长时间的干燥，使褐变明显加重。当物料的温度达到某一个临界值时，其变为棕褐色的速度就会很快。褐变的速度还与物料的水分含量有关。另外，含蛋白质较多的干制品在复水后，其外观、含水量及硬度等均不能回到新鲜时的状态，这主要是由蛋白质的变性而导致的。在加热以及水分脱除的作用下，维持蛋白质空间结构稳定的氢键、二硫键、疏水相互作用等遭到破坏，从而改变了蛋白质的空间结构而导致变性。蛋白质在干燥过程的变化程度主要取决于干燥温度、时间、水分活度、pH、脂肪含量以及干燥方法等。

干燥温度对蛋白质在干制过程中的变化起着重要作用。一般情况下，干燥温度越高，蛋白质变性速度越快，而随着干燥温度的增加氨基酸损失也增加。在高温下蛋白质发生降解还会产生硫味，这主要是由二硫键的断裂引起的。

干燥时间也是影响蛋白质变性的主要因素之一。一般情况下干燥初期蛋白质变性速度较慢，而后期加快。但对于冷冻干燥而言则正好相反。整体而言冷冻干燥法引起的蛋白质变性程度要比其他方法轻微得多。

通常认为脂质对蛋白质的稳定有一定保护作用，但脂质氧化的产物将促进蛋白质的变性。而水分含量也与蛋白质干燥过程的变性有密切的关系。

脂肪高温脱水时脂肪氧化比低温时严重得多，应注意添加抗氧化剂。若事先添加抗氧化剂就能有效地控制脂肪氧化。脂肪含量高的食品对脂肪氧化的预防是保证干制品品质的主要问题，如方便面的加工。一般情况下，食品中脂肪含量越高且不饱和度越高，储藏温度越高，氧分压越高，与紫外线接触以及存在铜、铁等金属离子和血红素，将促进脂质氧化。

2. 干制品的复水性

干制品的复水性是指新鲜食品干制后能重新吸回水分的程度，一般用干制品吸水增重的程度来表示，或用复水比、复重系数等来表示。

复水比（$R_{复}$）：物料复水后沥干重（$m_{复}$）和干制品试样重（$m_{干}$）的比值。

$$R_{复}=\frac{m_{复}}{m_{干}}$$

复重系数（$K_{复}$）：复水后制品的沥干重和同样干制品试样量在干制前的相应原料重之比。

$$K_{复}=\frac{m_{复}}{m_{原}}$$

如果将物料干燥前后重量相比，则两者的比值反映了食品物料被脱水的程度，又称为干燥比（$R_{干}$）。

$$R_{干}=\frac{m_{原}}{m_{干}}$$

但通常情况下如果干制品试样在干制前相应原料重量不知道，却知道干制品试样重（$m_{干}$）以及原料和干制品的相应水分含量（$\omega_{原}$和$\omega_{干}$），此时可根据物料恒算公式$m_{原}(1-\omega_{原})=m_{干}(1-\omega_{干})$来计算$m_{原}$。

因此干制品的复重系数也可以表示为式（4-16）：

$$K_{复}=\frac{m_{复}(1-\omega_{原})}{m_{干}(1-\omega_{干})} \tag{4-16}$$

而复重系数又是干制品复水比和干燥比的比值，可表示为式（4-17）。

$$K_{复}=\frac{R_{复}}{R_{干}}=\frac{m_{复}/m_{干}}{m_{原}/m_{干}} \tag{4-17}$$

3. 干制品的储藏水分含量

干制品的耐储藏性主要取决于干燥后它的水分活度，只有将食品物料的水分活度降低到一定程度，才能抑制微生物的生长发育、酶的活动、氧化反应、非酶褐变等，从而保持产品的优良品质。由于各种食品的成分和性质不同，达到储藏要求水分活度时的水分含量各有不同，因此对干制程度的要求也不一样。

4. 合理选用干制工艺条件

干制过程中会发生物理和化学变化从而引起食品质量的改变，比较主要的问题是干制品的风味减少或改变和物理品质的变化，有些变化是有利的而有些是不利的，如在食品加工过程中除去的水不能以完全相同的方式复原以产生与原来物料一致的产品。这就需要在干制过程中尽可能充分利用有利的变化减少不利的变化，才能保持干制食品的质量和品质。因而合理选用干制工艺条件是十分重要的。

食品干制工艺条件主要由干制过程中控制干燥速率、物料临界水分和干制食品品质的主要参数组成。以热空气为干燥介质时，其温度、相对湿度和流速等参数和食品温度是其主要工艺条件。温度是干燥过程中控制食品品质的重要因素，取决于空气温度、相对湿度和流速等主要参数。

在干制过程中如所采用的工艺条件能达到最高技术经济指标的要求，即干制时间最短、热能和电能的消耗量最低、干制品的质量最高，这样的工艺条件就称为最适宜的干制工艺条件，它随食品种类而不同。在具体干燥设备中难以达到理想的干燥工艺条件，为此做必要修改后的适宜干制工艺条件称为合理干制工艺条件。

对于食品干燥，影响因素较多，要得到合理干制工艺条件需要经过实践或试验来确定，但有基本原则可参考。合理选用干制工艺条件的基本原则如下：

① 食品干制过程中所选用的工艺条件必须使食品表面的水分蒸发速率尽可能等于食品内部的水分扩散速率，同时力求避免在食品内部建立起和湿度梯度方向相反的温度梯度，以免降低食品内部的水分扩散速率。在导热性较小的食品中，若食品表面水分蒸发速率远大于食品内部的水分扩散速率，水分蒸发就会从表面向内层深处转移，表面会迅速干燥，它也就迅速加热到和周围介质相同的温度。表面上热量的聚积会使表层温度升高到介质温度，建立温度梯度，不利于内部水分向外扩散，表面层受热过度就会形成不可溶性干硬膜，甚至于还出现表面焦化和干裂，一般来说，这样干制食品的品质就会恶化，这种情况是干制时必须注意的重要问题。如降低空气温度和流速，提高空气相对湿度就能对表面水分的蒸发进行有效的控制，还有利于增加食品的导湿性，也可以防止干裂，而降低空气温度还有利于减少食品内部的温度梯度。

② 在恒速干燥阶段，物料表面温度不会高于湿球温度。此时空气向物料提供的热量全部用于蒸发水分，因而物料内部就不会建立起温度梯度，物料表面温度是湿球温度。这一阶段内为了加速蒸发，在保证食品表面水分蒸发不超过物料内部导湿性所能提供的扩散水分的原则下，允许尽可能提高空气温度，不至于对食品产生不良后果。多数食品在初期干制阶段都可以采用较高的空气温度，但不适用于干制淀粉、果胶和其他胶黏物质含量较多的食品，因为这种食品表面层过干时极易形成不透水薄层干膜，阻止物料内部水分蒸发，只能选用不会形成干膜的较低温度进行干燥。

③ 在开始降速干燥阶段，食品表面水分蒸发接近结束，应设法降低表面蒸发速率，使其能和逐步降低的内部水分扩散速率一致，以免食品表面过度受热，导致不良后果。为此可降低空气温度和流速，提高空气相对湿度（如加入新鲜空气）进行控制。此时还要注意食品温度的控制，以免其温度上升过高。

因此干燥末期宜将接触食品的干燥介质的温度降低，务必使食品温度上升到干球温度时不致超出导致品质变化的极限温度（一般为 90℃）。

④ 干燥末期，干燥介质的相对湿度应根据预期干制品水分含量加以选用。一般要达到与当时介质温度和相对湿度条件相适应的平衡水分。如果干制品水分低于当时介质温度和相对湿度条件相适应的平衡水分，就要降低空气相对湿度，以达到最后干制品水分的要求。

四、食品的干制方法

1. 自然干制

自然干制就是在自然环境条件下干制食品的方法，通常包括晒干、晾干、阴干等方法。这是一种最为简便易行的对流干燥方法。自然干燥与一个地区的温度、湿度和风速等气候条件有关，炎热和通风是最适宜于干制的气候条件，我国北方和西北地区的气候常具备这样的特点。

（1）晒干

晒干就是把食品物料放在晒场，直接暴露于阳光和空气中，食品物料获得太阳能后，自身温度随之上升，其水分受热而向周围空气中蒸发。因而形成水蒸气分压差和温度差，通过空气自然对流不断促使食品水分向空气中扩散，直到其水分含量降低到和空气温度及相对湿度相适应的平衡水分为止。

晒干需要较大的场地，场地宜向阳、通风，场地要清洁卫生，要有预防下雨和潮湿气候的措施；为了加速并保证食品均匀干燥，晒时应经常翻动。

（2）阴干或晾干

阴干或晾干就是在气候十分干燥、空气相对湿度低的地区，不是直接在阳光下，而是利用风让物料水分自然蒸发。我国西北地区属于旱半干旱地区，有利于阴干干制。但自然干制所需的时间较长，随食品种类和气候条件不同，一般需 2～3d，长至 10d，最长可达 3～4 周。

（3）特点

自然干燥的优点是方法简单，不需设备投资，费用低廉，不受场地局限，干燥过程中管理比较粗放，能在产地和山区就地进行，还能促使尚未完全成熟的原料进一步成熟。因此，自然干制仍然是世界上许多地方常用的干燥方法。

自然干燥的缺点是过程缓慢，干燥时间长；干燥过程不能人为控制，产品质量较差；制品容易变色；对维生素类破坏较大；受气候条件限制，如遇阴雨天，微生物易于繁殖；容易被灰尘、蝇、鼠等污染，难以大规模生产。

2. 人工干制

人工干制就是在人工控制工艺条件下干制食品的方法，可以克服自然干制的一些缺点，不受气候条件的限制，因此干燥迅速、效率高、干制品的品质优良。但人工干制需要一定的干制设备，且操作比较复杂、生产成本较高。目前这种干燥方法有专用的干燥设备，如空气对流干燥设备、真空干燥设备、滚筒干燥设备等。

（1）空气对流干燥

空气对流干燥又称热空气干燥或热风干燥，是最常见的食品干燥方法，以热空气为干燥介质，自然或强制的对流循环方式与食品进行湿热交换，物料表面上的水分汽化，并通过表面的气膜向气流主体扩散；与此同时，由于物料表面水分汽化的结果，使物料内部和表面之间产生水分梯度差，物料内部的水分因此以气态或液态的形式向表面扩散。这一过程，对于物料而言是一个传热传质的干燥过程；但对于干燥介质，即热空气，则是一个冷却增湿过程。干燥介质既是载热体也是载湿体。

由于干燥介质是采用大气压下的空气，其温度和湿度容易控制，只要控制进口空气的温度，就可使食品物料免遭高温破坏的危险。采用这种干燥方法时，许多食品都会出现恒速干燥阶段和降速干燥阶段。对流干燥包括气流干燥法、流化床干燥法、喷雾干燥法等。

根据干燥室的形状、空气与物料的流向及物料输送方式不同可以有多种干燥设备来实现空气对流干燥。

① 厢（柜）式干燥　这是一种在一个外型为厢（柜）的干燥室中进行干燥的方法。其干燥设备主要由加热器、鼓风机、干燥室等组成，厢（柜）的四壁及顶、底部都封有绝热材料以防止热量散失。厢内有多层框架，其上放置料盘，也有将湿物料放在框架小车上推入厢内。

设备采用强制通风。新鲜空气由鼓风机送入干燥室内，经过排管加热和滤筛清除灰尘后，流经载有食品的料盘，直接和食品接触，携带着由食品中蒸发出来的水蒸气，由排气道排出。料盘所载食品一般较薄，料盘还有孔眼以便让部分空气流经物料层，以保证空气与食品充分接触。部分吸湿后的热空气还可以和新鲜空气混合再次循环利用，以提高热量利用效率和改善干制品品质。

根据强制通风方式，热风沿湿物料表面平行通过的称为并流厢式干燥，如果热风垂直通过湿物料表面的称为穿流厢式干燥，区别在于这种干燥器的底部由金属网或多孔板构成。每层物料盘之间插入斜放的挡风板，引导热风自下而上或自上而下均匀地通过物料层。

穿流厢式干燥器，热空气与湿物料的接触面积大，内部水分扩散距离短，因此干燥效果较并流式好，其干燥速率通常为并流式的 3～10 倍。但穿流式干燥器动力消耗大，对设备密封性要求较高，另外，热风形成穿流气流容易引起物料飞散，要注意选择适宜风速和料层厚度。厢（柜）式干燥设备制造和维修方便，属间歇式操作；设备容量小，单机生产能力不大，适于小批量生产、需要长时间干燥或者数量不多的物料；热能利用不经济。

干燥食品时允许使用的空气温度＜94℃，空气流速 2～4m/s，通常用于散料如水果、蔬菜、香料或价值高的食品原料等的干燥；或作为试验设备，摸索物料干制特性，为确定大规模工业化生产工艺提供依据。

② 隧道式干燥　在柜式干燥设备的基础上，将干燥室加长呈隧道形式，通常可达 10～15m，可容纳 5～15 辆盛料盘的小车。被干燥物料装入带网孔的料盘中，有序地摆放在小车的搁架上，然后将小车送入干燥室，沿通道向前运动，热空气流经各层料盘表面与其相互接触，小车在通道中的停留时间正好是干燥所需时间。小车可连续或间歇地进出通道，这样就实现了连续或半连续操作，扩大了设备的生产能力。

通常在隧道干燥中将热空气气流的方向和小车前进（物料移动）的方向相同的称为顺流，方向相反的称为逆流。逆流时可将部分使用过的热空气再次循环使用，而将其余部分排掉。也有顺逆混合式及横流式。高温低湿空气进入的一端称为热端，低温高湿空气离开的一端称为冷端；湿物料进入的一端称为湿端，干制品离开的一端称为干端。

逆流隧道式干燥设备：热空气与湿物料运动方向相反，食品湿物料遇到低温高湿空气，虽然物料含有高水分，尚能大量蒸发，但受低温高湿空气的影响，水分蒸发比较缓慢，即蒸发速率并不高，故物料内的湿度梯度也比较小。于是在物料内部水分源源不断地供应下，物料表面水分就能不受阻挠地向外扩散蒸发，这样不易出现表面硬化或收缩现象，而中心又能保持湿润状态，因此食品物料能全面均匀地收缩，不易发生干裂。在干端处，食品物料已接近干燥，水分蒸发已缓慢，但由于是高温低湿空气，也可使水分再蒸发，故干制品的平衡水分将相应降低，最终水分可低于 5%。然而该阶段是降速干燥期，实际干燥仍然比较缓慢，物料温度容易上升到与高温热空气相近的程度。此时，若干物料的停留时间过长，容易焦化。为了避免焦化，干端处的空气温度不易过高，一般不宜超过 70℃。

顺流隧道式干燥设备：湿物料与空气气流方向一致。干燥开始时，湿物料与干热空气相遇，水分蒸发异常迅速，物料的湿球温度下降比较大，这样就允许使用更高一些的空气温度如 80～90℃，可进一步加速水分蒸干而不至于焦化。但此时物料水分汽化快速，物料内部梯度增大，物料外层会出现轻微收缩和硬结即表面硬化现象，而物料仍继续干燥和干缩时，内部就会干裂并形成多孔状结构。在湿端附近，湿物料水分迅速下降，空气温度也会急剧降低，而其湿度也随之增加。干端处则与低温高湿空气相遇，物料水分蒸发极其缓慢，干制品平衡水分也将相应增加，以致干制品水分难以降到 10%以下。该设备干燥能力提高，但不适宜于吸湿性较强的食品干燥，对于要求表面硬化、内部干裂和形成多孔性的食品干燥较为合适。

双阶段干燥设备：由于顺、逆流干燥各有优缺点，现在不少干燥设备多采用分段干燥的方式，最常见的有双阶段干燥。双阶段干燥通常分为湿端顺流段和干端逆流段两段，第一阶段顺流干燥和第二阶段逆流干燥，但一般顺流段的长度要短于逆流段。热空气有两个入口，分布在物料的干湿两端，各段的温度可以分别调节，废气由中间排出，在两阶段间装有可移动的隔板，小车通过时才打开。食品物料首先进行顺流干燥，湿端水分蒸发率高，可除去 50%～60%的水分，需要较高的空气流速和较大的热量；然后进行逆流干燥，水分蒸发量较少些，空气流速可以慢一些，温度要低些，但干燥能力强，可以使最终物料达到较低的水分含量。双阶段干燥可以使干燥比较均匀，生产能力高，品质较好。现在还有多段式干燥设备如 3、4、5 段等，有广泛的适应性。

③ 输送带式干燥　食品物料的输送由输送带取代，其他部分结构与隧道式干燥设备相同。湿物料由进料装置均匀地散布在缓慢移动的输送带上，输送带可以用编织的金属网或漏孔板相互连锁或铰链组成，输送带可由两条以上各自独立的输送带串联组成，也可并联组成。为了减少带式干燥设备的总长度、节约占地面积，可将多条输送带上下平行放置。湿物料从最上层带子加入，随着带子的移动，依次落入下一条带子，可使物料实现翻转和混合，两条带子的方向相反，物料受到逆流和顺流不同方式干燥，最后干物料从底部卸出。

此外，这种设备还可实现多阶段热风穿流式干燥；在每一阶段内可分成多区段的干燥方式，各区段的空气温度、相对湿度和流速可各自分别控制，干燥气流可以设计成向上和向下轮流交替流动，以改善厚层物料干燥的均匀性。在前阶段的第一区段内空气自下向上流动，在下一区段内则自上向下流动，最后阶段宜自上而下，以免将轻物料吹走。这样的气流方式在干燥上是极其有效的。干制时前一区段的空气温度应比后一区段低 5～8℃，如果阶段多时，第一区段的空气温度甚至于可达到 120℃以上，这将有利于高品质和高产量的干制品生产。

这种方法使用带式载料系统能减轻装卸食品物料的体力劳动和费用，操作连续化和自动化，可实行工艺条件更加合理和优化，获得品质更加优良的干制品。已用于干制苹果、胡萝卜、洋葱、马铃薯和甘薯片等。使用这种方法的工厂日益增多，可取代隧道式干燥。

④ 高温热泵烘干房　米粉热泵烘干房是利用逆卡诺原理，吸收空气的热量并将其转移到库房内，实现烘干房的温度提高，配合相应的设备实现物料的干燥。热泵干燥机由压缩机—换热器（内机）—节流器—吸热器（外机）—压缩机等装置构成一个循环系统。空气源热泵烘干极大地拓展热泵的应用领域，可以直接回收利用 20～55℃（废）热资源，制出 40～80℃热风（出风口测得），用于物料烘干、物料脱水、工业保温、生产用热等领域，替代燃油、燃气、燃煤锅炉，可以节省大量的一次能源，具有非常好的节能、环保效益。随着全社会对环境保护的意识越来越强，原有的燃油、燃煤等高耗能、高污染干燥设备不符合当今社会发展趋势。

(2) 冷冻干燥

冷冻干燥是利用冰晶升华的原理，在高度真空的环境下，将已冻结的食品物料的水分不经过冰的融化直接从固体升华为蒸汽，一般的真空干燥物料中的水分是在液态下转化为气态而将食品干制，故冷冻干燥又称为冷冻升华干燥。食品冷冻干燥的基本条件为：真空室内的绝对压力＜500Pa，冷冻温度＜－4℃。

食品物料冷冻干燥时首先要将食品冻结，理想的是食品中的水应当被冻结形成最大相体积的冰（最低冻结温度）从而通过升华除去最多的水量，通常食品的冻结温度为－45～－30℃。常用的冻结方法有自冻法和预冻法两种。

在冷冻过程中形成的冰晶体大小对干燥的影响是重要的。冰晶体大小的形成取决于所采用的冻结工艺或冻结速度。缓慢冻结时形成的冰晶体大，当升华时，就会立即留下多孔性通道，使水蒸气容易扩散，干燥速度快，但大冰晶会引起细胞膜和蛋白质变性，降低物料干制品的弹性和持水性；对于一些易腐食品如鱼肉若缓慢冻结较长时间，则会因为酶的活动而发生变质变性。冻结速度越快，物料内形成的冰晶体越小，其孔隙越小，干制品具有较好的复原性，但水蒸气的扩散必须通过食品的固态结构，干燥花费时间长；如果冻结太快，也会发生张力破裂，这虽为干燥食品的水蒸气扩散打开了通道，但也会对干制品的品质带来不良影响。因此，冷冻过程是冷冻干燥的一个重要组成部分，影响随后步骤的干燥速率和干制品的质量。

冷冻干燥包括初级干燥（升华干燥）和二级干燥。通常，在初级干燥阶段，水分一般减少到10%～20%，这个值取决于食品组成，剩余的水分是未冻结水分。在冷冻干燥中，升华温度一般为－35～－5℃。随着干燥的进行，食品中的冰由表向里逐渐减少，这样就出现了食品的冻结层和干燥层，也就是说在食品的冻结层和干燥层之间存在一个水分扩散过渡区。在干燥层中由于冰升华后水分子外逸留下了原冰晶体大小的孔隙，形成了海绵状多孔性结构，这种结构有利于产品的复水性，但这种结构使传热速度和水分外逸的速度减慢，特别是限制了传热。因此，为了加快升华，必须将热量传递到该区，让水蒸气穿过干燥层而转移被除去。若采用一些穿透力强的热能如辐射热、红外线、微波等，使之直接穿透到（冰层面）升华界面上，就能有效地加速干燥速率。

当食品中的冰全部升华完毕，升华界面消失时，就进入二级干燥。剩余的水分即是未结冰的水分，在很低的冷冻温度下水处于玻璃态，必须补加热量使之加快运动而克服束缚从而外逸出来。但此时应注意温度补加不能太快，以避免食品温度上升快而使原先形成的固态状框架结构变为易流动的液态状，从而导致食品的固态框架结构瘪塌。在瘪塌中冰晶体升华后的空穴随着食品流动而消失，食品密度减小，复水性差。食品的瘪塌温度实际上就是玻璃态转化温度。

冷冻干燥食品的结构决定了二级干燥所需的时间。因为只有通过水分子在食品中的扩散，干燥才发生。如果干燥层固化结实，冰晶孔间没有通道，水分子很难穿过已干层扩散到表面，干燥就慢。另外，若在已干层间存在通道，该通道无论是由冷冻过程的本质所决定还是由于冷冻和干燥过程中的爆裂所形成，水分的转移会更快。蒸发的水分子通过扩散穿过冰晶孔而外逸。通常在二级干燥中除去剩余水分所需时间与初级干燥去除80%以上水分所花费的时间差不多或更长。

冷冻干燥设备与一般常见的真空干燥机类似，但配有在真空度极低条件下保证冻结物料顺利进行干燥的特殊设施，如制冷机及冷凝器。干燥室的形状为箱形或圆筒形。在干燥室内放有装载物料的托架，在上下等间距地安装搁板式辐射加热板。加热的方法几乎全部采用辐射加热。放置物料的托架不与加热板接触，静置在各搁板的中间。加热板的结构可使热载体在其内部循环，并控制其温度为40～150℃。按工作方式分类，冷冻干燥设备分为间歇式和连续式两种。一般通过传导和辐射两种形式来提供热量。连续式冷冻干燥机处理能力大，适合于单品种生产；设备利用率高，便于实现生产的自动化，劳动强度低。但设备复杂、庞大，制造精度要求高，且投资费用大。

冷冻干燥与其他干燥技术相比有许多优点。物料在低压和低温下干燥，使物料中的易氧化成分不致氧化变质，热敏成分如生理活性物质、营养成分和风味损失很少，可以最大限度地保留食品原有成分、味道、色泽和芳香；由于物料在升华脱水以前先经冻结，形成稳定的固体骨架，所以水分升华以后，固体骨架基本保持不变，干制品不失原有的固体结构，保持着原有形状；干燥没有液态过程，是通过冰升华，不会带动可溶性物质移向物料表面而造成盐类沉积形成硬质薄皮，也不存在因中心水分移向物料表面时对细胞的纤维产生可察的张力而使细胞收缩变形；冻干后呈多孔疏松结构，具有很理想的速溶性和快速复水性。但是，初期设备投资大，干燥时间一般也较长，其费用为真空带式干燥的 2 倍，接近喷雾干燥的 5 倍。但是亦有冻干米粉的研究报道。

3. 干燥技术的发展

在空气对流干燥或热传导的干燥中都存在着一个温度梯度或传热界面，要使物料升高温度，必然使物料表面受到一个过度热量（高温），若物料传导慢的热量损失大，必然需要提高物料温度（提高热源温度），而使物料因高温影响质量。多年来一直在为改善这个缺陷进行技术创新，有效的方法是采用辐射加热。

辐射干燥是用红外线、远红外线、微波、高频电场等为能源直接向食品物料传递能量，使物料内外部受热，没有温度梯度，加热速度快，热效率高，加热均匀，不受物料形状限制，从而使干制品质量高。干燥的机制不同于空气对流干燥。

食品中水、有机物和大分子等很多成分对红外线和远红外线有很强的吸收能力，当红外线频率与食品分子本身固有的振动频率相等时，食品就吸收能量产生共振现象，引起原子、分子的振动和转动，从而就产生热而使温度升高。

微波和高频电场利用了食品极性水分子（偶极子）在电场方向迅速交替改变的情况下，跟随进行迅速的运动，因运动摩擦产生很高的热量。

辐射所产生的能量有一定的穿透性，在物料不厚的情况下食品受热均匀。在一些真空干燥设备和冷冻干燥设备或对加热要求高的干燥设备中，都采用了这种辐射加热技术。

利用这些加热方法则相应发展了红外线干燥技术和微波干燥技术。这些技术的出现提高了干燥速度和干制品的质量，因此这些技术成为食品加工中的重要干燥方法。

五、干制品的包装与储藏

干制并不能将微生物全部杀死，只能抑制它们的活动。微生物的耐旱能力常随菌种及其不同生长期而异。例如，葡萄球菌、肠道杆菌、结核杆菌在干燥状态下能保存活力几周到几个月，乳酸菌能保持活力几个月或一年以上，干酵母保持活力可达到两年之久，干燥状态的细菌芽孢、菌核、厚膜孢子、分生孢子可存活一年以上，黑曲霉孢子可存活 6～10 年。因此干制品并非无菌，如遇到适宜如温暖潮湿的环境就会生长繁殖、腐败变质。若干制品污染有病原菌时，因病原菌能忍受不良环境，就有对人体健康构成威胁的可能。因此，为了保持干米粉的特性、延长储藏期以及便于运输等，必须对干米粉进行筛选分级、均湿等预处理。

干米粉的包装宜在低温、干燥、清洁和通风良好的环境中进行，最好能进行空气调节并将相对湿度维持在 30%以下。包装间和工厂其他部门相距应尽可能远些，门、窗应装有窗纱，以防止室外灰尘和害虫侵入。

干米粉通常水分活度较低。水分活度是控制微生物生长、抑制酶活性及保证干制食品质量的关键指标。干制食品的保藏性除了与食品组成成分、质构及干制过程的条件控制密切相关外，包装材料及包装状态也极为重要。米粉常采用塑料袋和纸盒包装。

干米粉必须储藏在光线较暗、干燥和低温的地方。储藏温度越低则产品品质的保存期越长，以 0～2℃最好，但一般不宜超过 10～14℃。空气越干燥越好，相对湿度最好在 65%以下。干米粉如用不透光包装材料包装时，光线不再成为重要因素，因而就不必储存在较暗的地方。此外，要注意防潮或防雨，防止虫鼠咬啮，这些都是干米粉储藏中保证干制品品质的重要措施。

第二节　干米粉的加工工艺

一、直条米粉

直条米粉主要源自江西，是二十世纪九十年代由于生产工艺和设备改进而创制。产品条形均匀挺直，有圆有扁，并已开发出添加杂粮、香菇、螺旋藻等营养成分的系列新品，是米粉出口市场上的主要品种。

1. 工艺流程

原料大米→清洗→浸泡→沥水→磨粉→筛理→拌料混合→挤丝→第一次时效处理→复蒸→第二次时效处理→梳条整理→低温烘干→切割→包装→成品。

根据以上工艺，配置的主要设备是：斗式提升机、泡米罐、粉碎机、搅拌机、榨粉机、鼓风机、时效房、蒸柜、烘房、切割机、包装机等。

2. 操作要点

原料大米：早籼米或早籼米 60%～80%、晚籼米 20%～40%。

清洗：将原料大米清洗以除尘除杂。

浸泡：浸泡让米粒吸水，使米粒含水量达 30%左右，软化籽粒。原料大米一般含水量 14%左右，若吸水量太低，籽粒硬度大，粉碎难以达到粗细度要求，且电耗较高；吸水量若超过 30%，则容易堵塞粉碎机筛孔。因此，干法加工要求水分含量≤30%，米粒结构疏松，水分均匀，以米粒充分浸涨为宜。

沥水：沥干浸泡、清洗水分。

磨粉：用磨粉机粉碎，过 60 目筛。

筛理：由于湿粉料中水分含量一般在 26%～28%之间，筛具宜选用振动或离心圆筛。将过筛的粉料混合至含水量约为 30%～32%。

拌料混合：添加玉米淀粉等辅料，加水搅拌，静置，使物料水分均匀分布。

挤丝：拌好的粉料送入双筒自熟粉丝机挤丝，进料、熟化和挤丝成型连续进行。操作时，粉料在挤丝机自带的搅拌装置中搅拌，经进料口连续、均匀地进入熟化筒；调节流量调节阀，使粉料适当熟化后，进入挤丝筒；并在挤丝螺旋输送挤压下，由成型磨具挤出成为粉丝。挤出的粉丝在逐步下落的过程中，用鼓风机充分风冷，以避免粉丝间相互粘连。挤丝机流量调节阀通常根据挤出粉丝的感观来调整，以挤出的粉丝粗细均匀、透明度好、表面平滑有光泽、有弹性、无夹生、无气泡为宜。流量过小，粉料过熟，挤出的粉丝褐变严重、色泽较深，且易产生气泡；流量过大，粉料熟度不够，挤出的粉丝生白无光，透明度差。现在的双筒自熟粉丝机，下端增加了挤丝后吹风冷却、自动挂杆和切割系统，有效地减少了操作工人数量，提高了直条米粉加工的自动化程度。

时效处理和复蒸：时效处理就是将挤丝或复蒸后的米粉，放入一个密闭、保温的空间静置一段时间，使直链淀粉老化回生，粉丝韧性增强，表面收敛，黏性降低，便于相互粘连的米粉散开。

研究表明，从 5～45℃，随着温度升高，直链淀粉结晶速度降低，结晶完美程度升高；在高温时，结晶速度较慢，直链淀粉分子有序排列形成网状结构。因此，目前时效处理方法是在密闭环境下通以蒸汽，温度控制在 45～55℃，保持 4～6h，以粉丝不粘手、可松散、柔韧有弹性为宜。时效处理不足，粉丝弹韧性差，蒸粉易断，难松散；时效处理过度，粉挂板结，难蒸透。

时效处理工艺有多种，如二次时效、一次时效、连续时效、低温老化等。

① 二次时效处理工艺　二次时效处理工艺是指米粉丝经挤出挂杆后，送入时效房（俗称老化房）进行一次时效处理，经4～6h后，送入米粉蒸煮柜进行低压短时高温蒸煮（也称复蒸），然后再次送入时效房进行二次时效处理，再取出进行后续工序的米粉时效处理工艺。

由于采用了低压高温复蒸，提高了米粉的表面熟化度，可显著降低米粉的吐浆度，减少糊汤。因此高品质的直条米粉通常采用二次时效处理工艺。

② 一次时效处理工艺　二次时效处理工艺虽然效果好，做出的米粉质量高，但复杂繁琐，人工劳动强度大，生产效率低。因此在此基础上衍生出一次时效处理工艺，即在时效房完成复蒸过程：米粉在时效中先40℃静置4～6h，然后升温至80～95℃，保持几分钟，使米粉熟化度提高。注意高温时间不能太长，否则易引起米粉变软、断条。

③ 连续时效处理工艺　在挤丝、风冷、自动挂杆切割出挂后，直条米粉挂由输送链逐挂送入一定长度的箱体中，箱体内持续通入蒸汽，使箱内保持40～60℃，粉挂在箱体里连续缓慢移行30～60min。连续时效处理箱体两头不密封，蒸汽逸出较多、损耗较大。

④ 低温老化工艺　常用于扁粉加工。根据淀粉糊化后在2～4℃老化速度最快的老化机理，蒸片后在3～5℃连续低温老化1.5～2h，实现连续自动生产。

⑤ 复蒸工艺　第一次时效处理后，为了降低吐浆度，米粉需要复蒸，使米粉中的淀粉糊化均匀，提高α度，特别是表面进一步糊化。复蒸设备通常采用低压蒸柜，其设计使用的柜内蒸汽压力≤0.1MPa。蒸柜使用前先暖柜：关紧柜门，通入蒸汽至减压阀出气，保持2～3min，关闭蒸汽阀，过片刻再打开柜门。再将米粉放入柜内，关闭柜门，通以蒸汽，维持减压阀排气3～8min。待柜内米粉蒸熟后，关闭蒸汽阀，片刻后打开排气阀，当蒸柜内外压力平衡后，打开排水阀排出柜内冷凝水。打开柜门，取出米粉，完成一次操作过程。

复蒸时间的长短，与蒸柜的额定工作压力、米粉的粗细及榨粉时的熟化程度有关，具体根据实践经验来掌握。复蒸时间不足，则米粉熟化度低，糊汤率高；复蒸时间太长，米粉会变软，产品因重力作用而易拉断。

经过第二次时效处理的米粉，要在水洗整理后才能烘干。

烘干、切割和包装：米粉的烘干采用高温、高湿，逐步过渡到低温、低湿的干燥方法。对于往复移动式的烘房可采用墙体对整个烘房分区，预备干燥室24～30℃，运行时间占总烘干时间的10%～15%；主干燥室34～55℃，运行时间占60%～70%；最后干燥室由32℃降至室温，运行时间占15%～30%。烘干的调节要视季节、空气温度、湿度等具体情况灵活掌握，一般采用低温长时间烘干。

烘干后采用圆盘式锯片将米粉切割成段，锯片的转速在1000～1300r/min。装袋前将米粉人工分检，把条形不直的、有斑点的、短的挑出来作为次档米粉处理，合格米粉经称重后装入塑料包装袋，上封口机封口。通常每袋的重量规格有：300g/袋、350g/袋、400g/袋。

3. 直条米粉的质量指标

规格：米粉直径、米粉长度可根据实际要求自定，一般直径为0.6～3.0mm，长度为220～240mm。

感官指标：色泽正常、均匀一致；无酸味、无霉味及其他异味；煮熟后口感不黏、不牙碜、柔软爽口。

理化指标：水分≤14.0%，α度≥82%，吐浆≤10%，酸度≤8.0，不整齐度≤18.0%，无弯曲断条，自然断条率≤8.0%，包装破损率≤10%。

卫生指标：卫生指标应符合国家淀粉类制品卫生标准GB 2713规定；食品添加剂应符合GB 2760规定。

4. 直条米粉的新产品开发

(1) 自熟机挤压制备鲜湿方便米粉

直条米粉在时效处理后，通过浸泡水煮、抗老化处理、酸浸、自动计量包装和杀菌等工序，含水量达到65%～70%，口感比蒸浆工艺制造的鲜湿方便米粉更有咬劲和韧性，但是淀粉老化引起的变硬断条和保鲜期长短是自熟机制备鲜湿方便米粉的技术难题。

(2) 杂粮米粉

大米加工的米粉主要成分是淀粉，营养成分单一，因此已开发出糙米米粉、发芽糙米米粉和添加苦荞、香菇、淮山、螺旋藻的米粉，简介如下。

① 样品预处理及与原料大米的配比　见下。

糙米米粉：早籼稻砻谷脱壳后得到糙米，浸泡时间延长至16h。

发芽糙米米粉：选用发芽率高的早籼稻加工成糙米，除去杂质，漂洗，壳聚糖溶液浸泡，水洗沥干，置于发芽器催芽。芽长为0.5～1.0mm时，转移入 80℃水浴灭活 10min，并使部分淀粉 α 化，漂洗干净后粉碎备用。原料大米、发芽糙米分别占 70%、25%，玉米淀粉添加量为 5%。

苦荞米粉：使用剥皮去壳后的苦荞米或精制成苦荞面粉。大米、苦荞面粉分别占 10%～70%、30%～90%。

香菇米粉：干燥精选香菇（去脚）用小型微粉碎机粉碎，过 80 目筛备用。原料早籼米、晚籼米、香菇分别占 80%、18%、2%。

淮山米粉：粉碎过 80 目筛备用。原料早籼米、晚籼米、淮山粉分别占 80%、17%、3%。

螺旋藻米粉：使用粉末状螺旋藻。原料早籼米、晚籼米、螺旋藻分别占 80%、18%、2%。

② 加工工艺　苦荞面粉的淀粉含量基本上与大米相同，不会因添加苦荞比例的多少而影响生产工艺性能，因此苦荞面粉使用的比例可根据市场需求决定。

香菇米粉若采用普通米粉的工艺参数，挤丝时会产生浓郁的香菇味，而成品香味则比较淡，说明高温使香菇中芳香物质挥发并对营养成分有影响，应降低生产过程的温度。同样，淮山米粉、螺旋藻米粉、糙米米粉在普通米粉的基础上对工艺参数稍作调整：原料混合的水分由原来 30%增加到 32%（大米淀粉水分的增加，可降低其糊化温度，使挤丝时温度降低）；挤压机的工作压力降低也可使工作温度降低；时效处理适当降低温度，延长处理时间；复蒸的工作压力由原来的 0.057MPa 降到 0.05MPa。

(3) 网红米粉

以柳州螺蛳粉为代表，直条米粉的加工工艺没有变化，但采用螺蛳、酸笋、酸豆角、炸腐竹等多种地方特色的软罐头配菜独立包装，并结合“互联网+”的网络销售模式迅速走红的米粉产品，味道酸爽、辛辣、Q 弹，对味觉有强烈冲击，深受年轻人喜爱。

(4) 低 GI 值米粉

米粉在加工和储藏过程中，都会老化，产生抗性淀粉，在小肠中不能被消化吸收或者消化吸收缓慢，具有低 GI 值和一定的瘦身健康效应，近年来受到人们的关注。

(5) 副产物综合利用

① 米粉下脚料酿酒　直条米粉加工过程中，自熟机的双螺旋轴每次拆机时会产生较多下脚料，直条米粉切割过程也会产生一些粉头子，有米粉厂家用来酿酒。

② 利用米粉加工废水开发猪液体饲料　不管是湿法还是半干法生产米粉，每天都有大量加工废水产生，米粉企业一般建沉淀池后送污水厂集中处理。据有关资料报道，米粉加工废水的BOD、COD分别高达1500～2000mg/L和3000～5000mg/L，如果直接排放，会污染水源，破坏生态环境。

米粉加工废水以淘米水为主，沉淀主要是稻米表面黏附的谷壳、糊粉层、糠粞、糠粉等，约占原料大米的1%～2.5%，营养丰富，蛋白质含量最高可达20%，还含有碳水化合物、脂肪、B族维生素，以及很多微量元素如钙、钾、磷、镁、铁、铜、锌等。但相对于营养完全均衡的猪全价饲料，米粉加工废水下层沉淀的营养组成并不全面，必须添加其他碳水化合物、蛋白质、脂肪、乳酸菌为主的微生物添加剂和矿物质、微量元素等，再加入适当的青绿饲料才能达到猪饲料的营养要求。

二、空心米粉

目前的空心米粉（通心米粉）多以小麦粉为原料，本章介绍的是以大米为原料的两种空心米粉，一是月牙状和贝壳形的短条，约3cm长，带浅花纹；二是中空的长条状，似意大利通心米粉，长约20cm。空心米粉色泽油润透明，适宜各种烹调方法，汤汁易渗透，有天然大米香味和滋味，咬劲好，耐煮泡、爽滑、风味独特、口感柔韧、极富嚼劲，在冷水中长时间浸泡能保持完整形状且不影响烹调性，风靡欧美市场，并带动了国内市场的发展，产品出品率高达95%以上。

1. 工艺流程

空心米粉的工艺流程如下：

原料大米→清洗→浸泡→沥水→磨粉→拌料混合→静置→二次混合→自熟挤压→切断→风冷松散→第一次时效处理→复蒸→第二次时效处理→松散→烘干→称重→包装→成品。

空心米粉的生产设备：淘砂机、粉碎机、混合机、自熟成型挤压机、推车、蒸柜、松散机、连续烘干机、包装机等。

2. 操作要点

原料大米：选用早籼米，或早籼米和晚籼米按一定比例配米。

清洗：清洗大米以除尘除杂。

浸泡：一般4～8h。

沥水：将大米中的水分沥干。

磨粉：将沥干水分的大米磨粉，过 60 目筛。

拌料混合：大米粉在混合机中加辅料、添加剂等混合搅拌均匀，控制含水量在 30%～32%左右。

静置：混合后的大米粉，静置 2h 以上，使水分渗透平衡。

二次混合：将静置后的大米粉末再次混合。

自熟挤压：将混合均匀后的大米粉在自熟挤压机内挤压、搅拌，预熟挤压、切断成空心米粉。

第一次时效处理：将成型的空心米粉时效处理，使其回生不粘连。

复蒸：第一次时效处理后的空心米粉送入蒸柜复蒸，提高空心米粉的熟化度，降低米粉糊汤率。

第二次时效处理：将复蒸后的空心米粉冷却，再次回生。

松散：将冷却后的空心米粉进行松散。

烘干：将松散后的空心米粉用连续烘干机进行烘干。

称重包装：将烘干后的空心米粉进行精选和称重包装，装箱入库。

三、兴化米粉

兴化米粉是以优质大米为原料的粉丝状米粉。条丝纤细如发，洁白如银，松韧而不碎，风味、质量独具特色，且耐储藏，便于携带，富有韧性，煮、炒、炸皆可，具有独特的地方风味，是福建省莆田一带闽南客家人馈赠亲友和宴请嘉宾之珍品，畅销国内外。兴化米粉与妈祖文化紧密相连，是妈祖祭祀活动中的必备食品。千百年来，随着大量闽南人出外经商、谋生，把闽南特有的妈祖文化和兴化米粉带到世界各地，并保持和延续这种文化特色，影响日益扩大。

1. 工艺流程

原料大米→清洗→浸泡→磨浆→压滤→搅拌捣碎→制坯→蒸坯→挤丝→蒸丝→时效处理→切割→水洗→成型→烘干→包装→成品。

兴化米粉生产线的主要设备有：提升机、储米仓、洗米机、水米分离斗、磨浆机、筛浆机、储浆桶、浓浆泵、压滤机、搅拌机、压坯机、蒸坯机、挤丝机、蒸丝机、冷却系统、切割机、米粉水洗机、烘干机、包装机等。

2. 操作要点

原料大米：选用早籼米，或早籼米和晚籼米按一定比例配米。

清洗：清洗大米以除尘除杂。

浸泡：浸泡时间约30～50min，夏季容易发酵，应缩短时间。浸米要以手捻米能碎，又有湿感，浸透胚乳层为宜。

磨浆：清洗浸泡后的大米用砂轮淀粉磨磨成细粉浆，使95%的米浆通过80目筛，最好采用两台磨浆机串联使用，以保证米浆粗细度均匀一致。

压滤：选用压滤脱水使米粉含水量在37%～39%，同时降低脱水过程中米浆的流失率，达到提高产品得率和保证成品质量的目的。在压滤后进行生物技术处理使米粉更洁白，有韧性。

制坯：压滤后的米粉块经搅拌机捣碎后，由螺旋挤压机将其挤压成直径20～40mm、长50mm左右的圆棒状。适宜的水分及添加黏结剂的数量是控制坯料长短的主要因素。同时喂料要均匀，否则粉坯表面会不平整。

蒸坯：蒸坯在连续蒸坯机上进行，其目的是将坯料由生蒸熟，这是大米淀粉一个α化过程，也是兴化米粉生产的一个关键工序。要求连续蒸坯机蒸出的坯料色泽要熟度适宜，经挤压后，既不粘条，也不出现断条。其技术关键在于连续蒸坯机工作时温度、水分、时间的控制，特别是进机时坯料的水分含量。蒸坯时间大约控制在12～15min。

挤丝：挤丝是兴化米粉生产中的又一关键技术，由于兴化米粉的特点是条细，条径直径小于0.5mm。一般的米粉挤压机容易出现堵塞的现象，出丝速度特别慢，产量也特别小。

蒸丝：蒸丝的目的是进一步提高兴化米粉丝的熟度，特别是提高表层熟度。在蒸丝过程中，继续吸收蒸汽中的水分，在高温的条件下，α度需达到85%以上，这样米粉光润爽滑，透明度提高，断条率和吐浆值降低，韧性增加。兴化米粉要求的蒸丝时间较长。

时效处理：蒸丝后的米粉需要一个静置回生的过程，使米粉丝水分平衡，结构稳定，米粉丝之间的黏性减小，易于散开而不粘连。

水洗：水洗的目的是把米粉表面的淀粉黏液洗净，同时使米粉收敛。水洗后的米粉耐煮，韧性变强，口感爽滑，吐浆值低。也有不经水洗、直接成型的兴化米粉生产工艺。

成型：水洗后的粉丝，分成小束，折叠成120mm×100mm的长方块，放入烘干机的链盒中，用链盒式烘干机烘干。烘干过程分三个阶段，不同阶段的温度、湿度、时间各不同，总的烘干时间1.5h左右，温度60℃以下。

包装：烘干的米粉冷却至室温，计量、包装。根据市场需求，有400g、500g装等多种形式，也可以是4～10kg的大包装。包装材料有纸、透明玻璃纸、塑料、编织袋等多种形式。

第三节　干米粉常用设备

干米粉根据其通用工艺流程：原料大米→清洗→浸泡→破碎（磨粉/磨浆）→挤压→时效处理→干燥→产品，加工所需主要设备有清洗-浸泡罐、以粉碎机为主的破碎设备、挤压机、时效房、蒸柜、烘干机、切割机等。

一、粉碎机

在干法生产中，多采用粉碎机高速旋转的锤片强力打击、碰撞、搓擦等作用，使米粒粉碎，水分、淀粉、蛋白质等化学成分分布均匀，为后序挤压成粗细均匀、富有弹性和韧性、外表光滑的粉条体奠定基础。在米粉加工中，粉碎后的大米粉末应通过 60 目的筛绢，含水量控制在 26%～28%较佳。水分太低，粉碎后粉末粗糙不均，粗细度达不到要求；水分太高，易堵机糊筛，产量明显降低。

粉碎机的型式很多，有不同的规格和型号，如锤片式、爪式、无筛锤式、辊式等。这些类型的设备都能粉碎米粒。根据各类粉碎机的工作原理和米粉加工的要求，绝大部分生产厂家都选用锤片式粉碎机。此机有一机多用、生产效率高、结构简单、价格相对便宜、制造维修技术简单、使用安全可靠等优点。

（1）粉碎机的结构

如图 4-6 所示，主要由转子、进料斗、粉碎室、筛片等组成。进料斗的作用是使米粒能均衡地进入粉碎机，一般设置在粉碎机上方，通过底部的手动闸门控制大米的流量。在米粉加工中，进料方向为切向喂料或径向喂料，二者均为重力进料。转子包括主轴、锤架板、销轴、锤片、皮带轮、轴承等。锤片是锤片粉碎机最主要的工作部件，也是易损件。锤片依靠销轴连在锤板架上，有矩形、阶梯形、多角形、尖角形多种。矩形锤片形状简单，容易制造，使用寿命较长，得到了最广泛的使用。主轴采用 45 号钢，经调质处理后硬度为 HRC22～24，销轴也是用 45 号钢，调质处理后硬度为 HRC32，销轴直径在 16～20mm 以上。这样，销轴既耐磨，又有足够的强度。锤板架用于连接主轴和销轴。齿板阻碍米粉粒随锤片做环流运动，使其产生相对运动，从而增加米粉粒与锤片碰撞、搓擦和摩擦的机会，充分提高粉碎效果。齿板一般用铁铸成，其齿为直线形。筛片是粉碎机的重要部件之一，也是易耗件。米粉末的粗细度完全依靠筛片的筛孔来控制，孔径 0.6mm 最适宜。米粉加工所用的筛片都是冲孔筛，根据不同的粉碎机配置，有底筛和环筛两种。出料装置是将粉碎好的大米排出粉碎机体外的装置，位于粉碎机机壳的底部。有的带有风机，负压吸出物料；简单的粉碎机则没有风机，通过转子的冲击力排出物料。自带风机的粉碎机有以下优点：通过风冷却被粉碎物料，防止堵塞筛孔的能力增强，负压输送无粉尘外逸。

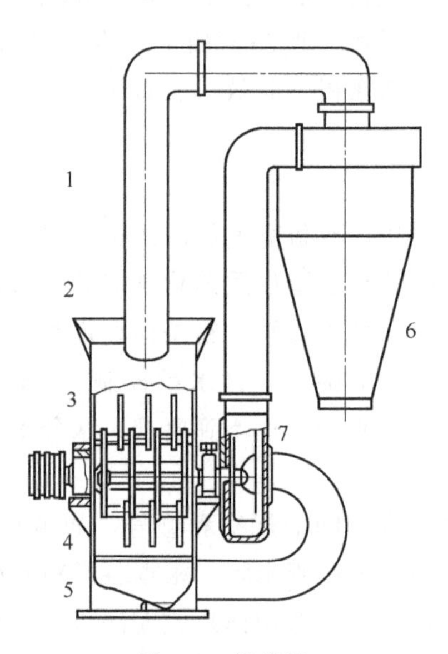

图 4-6　粉碎机

1—除尘回风管道；2—进料斗；3—转子；4—筛片；5—机体；6—集料筒；7—风机

(2) 粉碎机的工作原理

锤片在飞速旋转的过程中，带动米粒，米粒与锤片、齿板之间，米粒与米粒之间的撞击、剪切、摩擦作用。要粉碎的米粒进入粉碎室，被高速旋转的锤片强力打击、碰撞、搓擦等作用迅速粉碎。当物料粉碎到能穿过筛孔的细度时，在锤片打击力和风机吸力等作用下，粉碎好的物料通过出料装置被运送到集料装置。

(3) 影响粉碎效果的主要因素

衡量粉碎机工作性能指标一是能耗低，二是被粉碎的物料在合乎质量要求下产量高。

a. 米粒含水量的高低　水分过高，易堵塞筛孔，必然造成产量下降，电能增加；水分过低，粉碎后物料粗糙，粗细度不合乎要求。

b. 润米时间的长短　润米时间对米粒胚乳的硬度有很大影响。时间过短，米粒较硬，必然造成粉碎机耗电高和锤片、筛片、齿板等磨损增大；时间过长，会引起米粒水分偏高。

c. 粉碎机技术参数的影响　粉碎机锤片打击力越大，产量越高；反之，产量则低。筛孔偏大，粉末粗细度也较大，台时产量高；筛孔偏小，粉末粗细度较小，台时产量低。通常使用 0.6mm 的筛片。

二、干燥设备

米粉的烘干，目前使用的方式主要有以下 4 种：①自然干燥；②固定式隧道烘干；③移动式隧道烘干；④索道式烘干。其中自然干燥目前已较少使用，索道式烘干在直条米粉中使用最多。

1. 固定式隧道烘干房

这种烘干房的结构比较简单，是一种间歇烘干装置。其构造如图 4-7 所示。固定式烘房在一间长方形（或正方形）的房间内，上部装吊扇，吊扇下面装散热管（如为热风干燥，应装带出风门的热风管），再在下面安装悬挂直条米粉竿子的架子（如烘干排米粉，则不需要架子，只需推入装载排米粉的多层小车），靠近地面的墙壁装排潮风扇，墙壁外装温度计。使用时，把湿米粉送入烘房，放满后，开启进汽阀，向散热管供汽（或开热风管风门向烘房内排热风）。同时，开动上部的吊扇，向下压热风，根据烘干温度、湿度情况，定期开动下部的排潮风扇，降温排潮，烘干米粉。还有一类把热风从一端吹向另一端的固定式烘房，多用于人工造型的排米粉干燥。

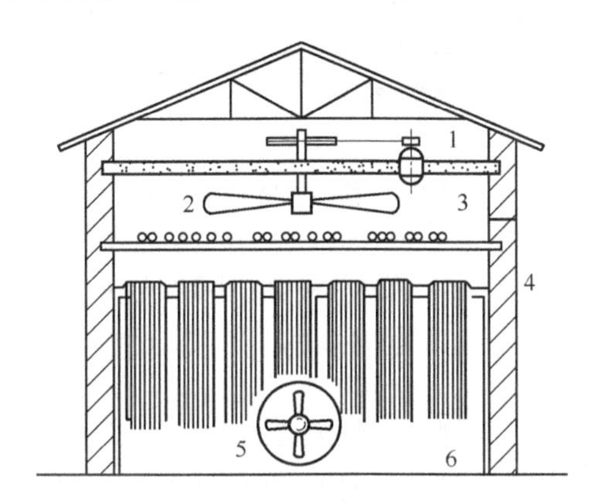

图 4-7　固定式烘干房

1—电动机；2—吊扇；3—散热管；4—米粉条支架；5—排潮风扇；6—米粉条

固定式烘干房的操作：首先通入冷风，再慢慢提高温度至 55℃，然后缓慢降至室温。总的烘干时间为3～5h，时间过短，温度过高，会出现米粉条酥断和变黄等现象。

2. 移动式隧道烘干房

移动式隧道烘干房（图4-8）是一种连续的烘干装置，是挂面设备标准化设备。行数为4～9行，烘房长度在30～50m。在米粉中用于直条米粉的悬挂烘干，主要结构分为3个部分。

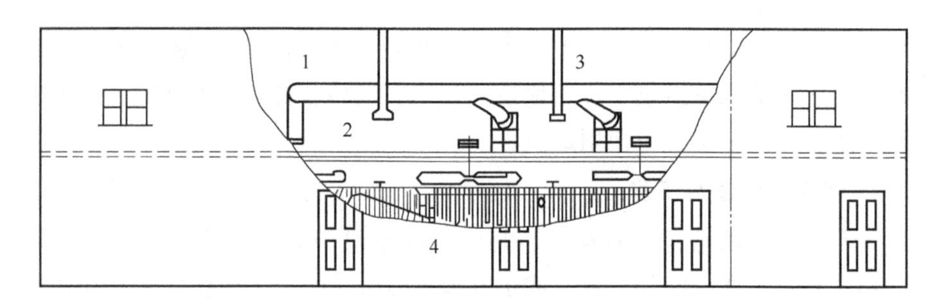

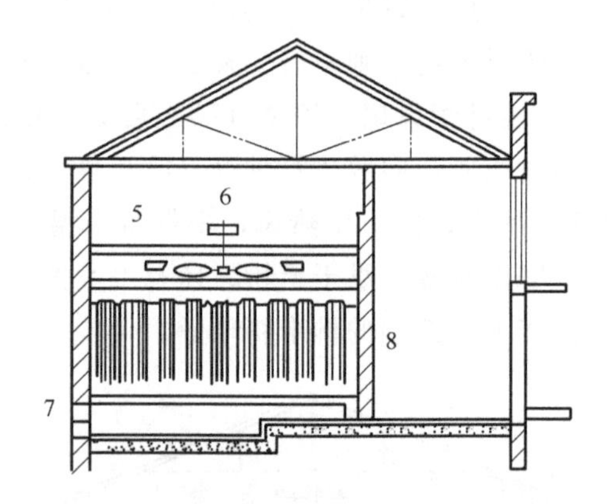

图4-8 移动式隧道烘干房

1—高温区辅助热风管；2—主热风管道；3—风机和换热器；4—悬挂移行装置；5—主热风管道；6—扩散吊扇；7—排潮风机；8—米粉走道

（1）隧道

其是烘房的壳体。两个侧壁一般为砖结构，为了保温，砖墙较厚，一般为三七墙，顶部为钢筋混凝土结构，地面为水磨石。如果条件允许，也可以在墙、屋顶、地面适当地增加保温层。

（2）米粉条悬挂移行装置

其是烘房的输送机构，由机架、链条、链轮、传动轴、减速器、电动机等组成。通过减速器使传动轴低速转动，再由传动轴上的链轮带动链条缓慢地移行，悬挂湿米粉条的竿子两端搁在链条上，随着套筒滚子链的移行而缓慢向前。

(3) 干燥装置

其是烘房的关键装置。根据热源的不同其组成设备也不同。蒸气为热源时，由鼓风机、散热器、热风管道、扩散吊扇、排潮风机等组成。这种装置的烘干方法是通过吊扇下吹，升降热空气温度来调节相对湿度。通过温度计、湿度计等仪器显示。

(4) 烘干房的操作要求与操作方法

从烘干的理论，我们知道，米粉条干燥的表面水分汽化（也称外扩散）的速度和内部水分扩散（也称内扩散）的速度如果相同，就不会发生质量问题。但米粉在干燥过程中，往往是外扩散快于内扩散，出现酥条现象，丧失了正常的烹调性能。这就要求烘干过程中，采用“保湿烘干”。具体操作方法如下。

① 预备干燥阶段　也称“冷风定条”阶段。就是用室温的风力来初步固定高水分米粉的形状。刚入烘房的高水分含量的直条米粉，长度在1.4～1.5m左右，自身有一定的重量。它在悬挂移行过程中，很容易自然拉伸，但过度拉伸也容易拉断。因此要较快地去除湿米粉表面的水分，减少自重，使湿米粉固定形状。在这个阶段，如果采用升温来加速排出湿米粉表面的水分，当温度升高后，使含水量多的湿米粉条更加软化，反而会增加断条。所以可以根据湿米粉条中自由水分容易蒸发的特点，用加速空气流动的办法，以大量的干燥空气吹入来促使湿米粉表面水分蒸发，只吹风排湿而不加热。预备干燥阶段占总干燥时间的10%左右，温度为室温，相对湿度为85%～90%。当然，还应根据不同的气候和烘房的具体条件而灵活掌握。

② 主干燥阶段　主干燥阶段是湿米粉干燥的主要阶段，占总干燥时间的60%左右。可划分为“保湿出汗”和“升温降湿”两个区。当湿米粉从预备干燥阶段进入主干燥阶段的前期时，开始升温。此时热空气的温度比米粉高，因此将热量传递给米粉条，米粉条受热后，表面的水分开始蒸发且提高了自身的温度。随着干燥的进行，内扩散的速度也开始增大，但还是小于外扩散，此时采取调整温度和控制排湿的方法，保持烘房内的高湿度，以控制米粉条表面的水分蒸发速度，使内扩散与外扩散的速度逐渐趋向平衡。湿米粉条内扩散的道路流畅，形象地称为“保湿出汗”。经过这个阶段，为后期的“升温降湿”准备了条件，“保湿出汗”的温度为32～48℃，相对湿度为70%～80%。在“升温降湿”区，由于内扩散的道路通畅，这时必须进一步升温排湿，降低烘房内

相对湿度，使湿米粉条的大部分水分在高温低湿状态中及时蒸发。这个区域介质温度为45～55℃，超过55℃时米粉容易发脆，相对湿度为50%～55%。

③ 最后干燥阶段　经过主干燥阶段，水分已大部分蒸发。这样，在最后干燥阶段，可逐步降低温度，依靠流动空气的风力作用，将余温循环调节，蒸发剩余的水分，使之达到规定的成品水分。最后干燥时间为总干燥时间的30%左右。降温的速度宜慢不宜快，如果烘房出口处的温度与房外的温度相差很大，在出烘房后，必然迅速降低米粉条的表面温度，米粉条表面和中心的温度差就会很大，这样，会使米粉条脆化易断。因此，要尽量延长最后干燥阶段的烘干时间，使烘房出口处的温度与湿度接近烘房外的温度、湿度。

(5) 移动式隧道烘干米粉条的特点

因米粉是经挤压而成的紧密坚实的凝胶体，米粉烘干移行的速度相对较慢、烘干时间较长，一般需要4～6h。根据烘干原理，总的原则是调节烘干过程中的相对湿度，控制外扩散速度，使外扩散与内扩散的速度基本一致。

3. 索道式烘干房

索道式烘干房的烘干温度低、时间长。烘干的热源，可以是锅炉产生的蒸汽，也可以是热风炉加热的热风，结构如图4-9所示。烘房内部分为3个干燥室：预备干燥室、主干燥室、最后干燥室。通常预备干燥室24～30℃，运行时间占总烘干时间的10%～15%；主干燥室34～40℃，运行时间占60%～70%；最后干燥室由32℃降至室温，运行时间占15%～30%。当然，烘干的调节要视季节、空气温度、湿度等具体情况灵活掌握。

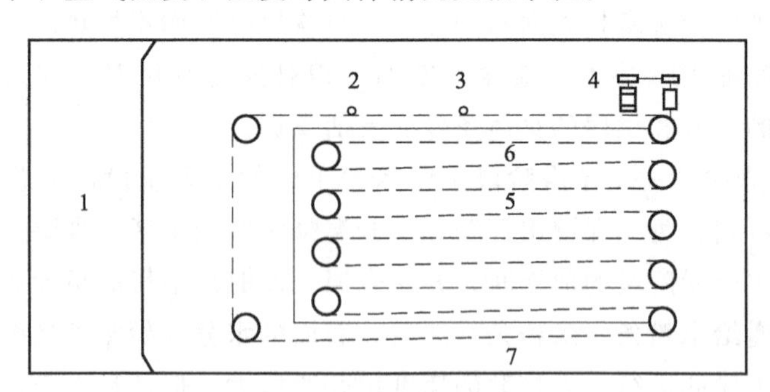

图4-9　索道式烘干房

1—加热通风室；2—米粉条上架处；3—米粉条下架处；4—电机；
5—主干燥室；6—最后干燥室；7—预备干燥室

第五章

方便米粉

方便米粉是指食用和携带方便，短时间内可以复水，熟化度高，配料齐全的米粉。包括鲜湿方便米粉、方便河粉、波纹米粉等。其中，鲜湿方便米粉因其清爽无油，且常常搭配极具地方特色的软罐头配菜而越来越受到消费者的青睐；方便河粉和波纹米粉则在加工工艺与装备、调味料和食用方式上均沿袭方便面的思路。

第一节　鲜湿方便米粉

鲜湿方便米粉是相对于普通鲜湿米粉而言，储藏时间相对较长的高水分含量米粉，含水量50%～70%、储藏期3天～12个月，配有调料包，口感接近新鲜米粉、食用方便。但鲜湿方便米粉在经过较长时间的存放后，品质会有较大变化，主要是发生老化现象，表现为变硬、韧性变差、脆且易断、不易复水。因此，鲜湿方便米粉的抗老化是其品质提升的关键问题之一。

一、鲜湿方便米粉的老化

鲜湿方便米粉的老化主要是淀粉的老化，涉及糊化淀粉的重结晶动力学行为和淀粉分子链在淀粉-水混合体系中的迁移和水分的再分布。

1. 鲜湿方便米粉的老化机理

(1) 淀粉在老化过程中的分子重排

鲜湿方便米粉糊化时，由于水的存在和温度的作用，淀粉颗粒发生膨胀，破坏了淀粉颗粒的无定形区和结晶区，淀粉分子扩散到水中，与水分子以氢键结合形成三维网状结构，形成高黏度松散的凝胶，完成有序结晶态到无序非结晶态的转化。糊化后的淀粉在低温下自然冷却，分子运动减弱，被破坏的淀粉分子间氢键重新结合，淀粉分子趋向于平行排列，从无序态向有序态转化，直链淀粉和支链淀粉在此过程中重新形成不同的有序结构。淀粉的重结晶是分子链不断堆积的结果。这一过程对于直链淀粉的迁移主要是在其熔融温度以下完成，分子处于无序状态。而支链淀粉的重结晶体现在其外部侧链的重排结晶，形成淀粉结晶区与无定形区交互排列的空间结构。

（2）老化淀粉的重结晶

淀粉重结晶过程分为三个阶段，晶核生成、晶体增长、形成完美晶体。淀粉的老化是一个持续的过程，分为短期老化和长期老化，短期老化主要是由直链淀粉的重结晶引起的，直链淀粉一般为线性或轻度分支的结构，空间障碍小，分子之间易通过氢键形成双螺旋，双螺旋通过氢键建立起三维网络结构，相互堆积形成结晶。长期老化则主要由支链淀粉的缓慢重结晶引起，支链淀粉具有分支结构，与直链淀粉相比，老化时间长。在鲜湿方便米粉储藏过程中，支链淀粉重结晶逐渐增大，体系的凝胶强度和硬度变大，弹性降低。长期老化与短期老化有一定的关联性，长期老化时，支链淀粉分子以直链淀粉晶核为中心，与直链淀粉分子以氢键相结合，二者之间的氢键饱和后，支链淀粉分子之间也通过氢键结合，形成大结晶，进而导致长期老化。通常，在最大冷冻浓度玻璃态转化温度下，淀粉-水体系有最大的晶核成长速率；而在晶体熔化时，晶体增长速率最高。

（3）水分的迁移与再分布

鲜湿方便米粉内的自由水作为增塑剂，促进淀粉分子的迁移；结合水参与支链淀粉的重结晶。水分迁移与再分布可能由两种机制引起，宏观层面上，体系内的水分向表面迁移，最后蒸发，导致体系硬化；分子层面上，水分在A型晶体中的分布以结合水形式存在，在A型晶体单斜晶系内，水分主要参与淀粉链双螺旋的构建，通过水分子与淀粉分子相互作用，在氢键作用和静电力主导下维持稳定的A型晶体构象。自由水分子的迁移也会促使分子链之间相互交联形成网络结构，结果使鲜湿方便米粉硬化。

2. 影响鲜湿方便米粉老化的因素

鲜湿方便米粉的老化是一个复杂的过程，影响因素大概可以分为两大类，原料组成以及环境条件。原料米的组成包括淀粉和非淀粉成分，其中直链淀粉与支链淀粉含量之比、支链淀粉的分子量以及侧链的链长都会影响米粉的老化速率和程度。在淀粉糊中，直链淀粉分子链易于取向凝沉；而支链淀粉则主要取决于侧链的长短，并在局部形成结晶区，因此直链淀粉含量高的原料米制备的鲜湿方便米粉更易老化。另外，有研究发现支链淀粉侧链葡萄糖单元聚合度DP＜6～9或者DP＞25，淀粉回生速率较低；若DP在12～22之间，淀粉回生焓则显著增加，这主要是因为淀粉形成双螺旋所需的最低葡萄糖DP为6，若DP过高，分子迁移阻力增加，不利于支链淀粉侧链取向重排。除淀粉外，原料大米中的多糖、蛋白质、脂质、水分等，通过与淀粉分子发生相互作用形成复合物，或与淀粉分子持水性不同，都会对鲜湿方便米粉的老化产生影响。

环境条件如储藏温度对鲜湿方便米粉的老化有直接影响，淀粉糊化和老化都是在一定温度下发生的。当储藏温度高于淀粉冻结温度（－7℃左右）、低于淀粉糊化温度（60℃左右）时，淀粉类食品易发生老化，在此温度区间内，老化速率和老化程度随着温度的下降而增加。

3. 鲜湿方便米粉的抗老化方法

（1）物理法

物理法抗老化主要是通过控制鲜湿方便米粉的储藏条件（温度或水分）或是进行高温高压等处理来延缓老化。低温冷冻储藏下食品体系内的自由水呈结晶状态，阻碍淀粉分子之间的缔合，进而延缓谷物制品老化。高温可以提供维持氢键所需的能量，使谷物制品中的淀粉不易老化，但易导致水分丧失，因此在选择鲜湿方便米粉的储藏温度时应综合考虑各方面因素。目前也有采用低温和超低温冷冻处理延缓老化的研究：淀粉凝胶在经过低温（－20℃、－40℃）和超低温（－195℃）冷冻后，4℃储藏21d，淀粉凝胶的结晶度分别为6.05％、5.37％和3.83％，表明超低温冷冻处理比低温冷冻处理更有效地延缓了淀粉老化，但超低温冷冻处理是否适用于鲜湿方便米粉这种米制品，还需要进一步研究。淀粉含水量在30％～60％时容易老化；但水分含量＜30％时，淀粉分子链的迁移困难；而水分含量＞60％时，淀粉分子交联缠绕和聚合的机会减少，阻碍了淀粉分子的结晶重排。因此鲜湿方便米粉的含水量＜30％或＞60％时，或许可以延缓其老化速度。

（2）生物酶法

酶处理延缓淀粉类食品老化主要是通过不同的淀粉酶水解淀粉分子，降低分子链和支链淀粉分子外链的长度，而增加淀粉分子的无序性，影响淀粉分子双螺旋结构和结晶的形成，进而延缓老化。不同的淀粉酶有不同的作用位点，α-淀粉酶从淀粉分子内部随机水解α-1,4糖苷键，从而改变直链淀粉及支链淀粉线性侧链的聚合度，产生低分子糖和可溶性糊精，糊精可降低淀粉老化速率。另外，α-淀粉酶可以修饰支链淀粉分子的侧链，使其分支侧链变短，导致支链淀粉的分支部分相互合并，重结晶的机会和趋势减弱，从而延缓老化；

β-淀粉酶从淀粉分子的非还原端开始，依次切下两个葡萄糖单位，进而缩短直链淀粉及支链淀粉外链的长度，减少其重结晶趋势；淀粉葡糖苷酶同 β-淀粉酶的作用机理相似，从非还原端开始依次切下一个葡萄糖分子；麦芽糖淀粉酶主要作用于支链淀粉的外部分支，降低其聚合度；支链淀粉酶将分支点引入到天然淀粉的线型直链淀粉中，以及将 α-1,6 糖苷键分支进一步引入到已经具有分支的支链淀粉，都能有效抑制淀粉的回生。研究发现，糊化后的米片通过 β-淀粉酶处理后制成的米粉具有显著的抗老化效果（表 5-1）。还有研究表明，α-淀粉酶、β-淀粉酶和麦芽糖淀粉酶均能延缓鲜湿方便米粉的老化，其中麦芽糖淀粉酶的作用效果最佳。

表 5-1 生物酶处理对米片的抗老化效果

保存时间/h	米片硬度/9.8×10^4Pa		
	对照	α-淀粉酶	β-淀粉酶
0	0.23	0.23	0.23
1	0.39	0.39	0.23
2	3.50	3.50	0.25
5	>4.00	>4.00	0.28
20	>4.00	>4.00	0.28
30	>5.00	>5.00	0.29
40	>5.00	>5.00	0.29
90	>5.00	>5.00	0.29
180	>5.00	>5.00	0.30
365	>5.00	>5.00	0.30

注：冰箱 4℃储存。

（3）添加剂法

① 亲水胶体　亲水胶体具有良好的乳化性，常作为食品的增稠剂、增黏剂、胶凝剂以及稳定剂等。亲水胶体延缓老化的机理可能是：亲水胶体具有良好的稳定性和成膜性，加入食品中能形成稳定的膜，防止淀粉类食品在加工及储藏过程中水分的散失；大多数亲水胶体分子中的羟基能与淀粉链上的羟基及周围的水分子形成大量的氢键，从而阻碍淀粉分子之间氢键的结合，并使食品保持一定的水分含量，起到延缓淀粉质食品老化的作用（详见第二章）。

② 乳化剂　乳化剂对淀粉制品调控老化的机理主要是：乳化剂由亲水和疏水两部分构成，由于同时具有亲水和亲油的特性，能降低油和水的表面张

力，促进油水相溶，因而能渗入淀粉的内部结构中，促进内部交联，防止淀粉分子间的再结晶和淀粉溶出，确保淀粉结构的稳定性，从而起到延缓淀粉老化的作用。乳化剂同直链淀粉与支链淀粉的作用方式不同。乳化剂与直链淀粉结合形成复合物，其中乳化剂的疏水基团被包裹在直链淀粉的螺旋结构中，亲水基团则暴露在螺旋结构外，阻碍了水分丧失，并且乳化剂与其他淀粉分子呈竞争关系，阻碍淀粉分子间氢键的结合，进而延缓双螺旋结构的形成，降低淀粉分子的成核速率和结晶速率，从而延缓老化。乳化剂与支链淀粉的作用可以借助氢键的形成，使乳化剂加成到支链淀粉的外部分支上，形成支链淀粉-乳化剂的复合体。米粉中常用于抗老化作用的乳化剂详见第二章。

③ 变性淀粉　适量的变性淀粉可以延缓老化，比如马铃薯变性淀粉、环状糊精等，具有非离子特性及分散稳定性，受电解质的影响小，能在范围较宽的 pH 下应用，且可通过干扰淀粉羟基间氢键的缔合而达到抗老化的效果。此外，磷酸酯淀粉、醋酸酯淀粉、羟丙基淀粉等变性淀粉，引入了亲水性较强的磷酸根、乙酰基和羟丙基，这些亲水基团能够控制体系中水分的流动和渗出，增加淀粉分子的亲和力，阻碍淀粉分子间氢键的脱水缩合作用，从而减慢或抑制淀粉老化。在米粉中添加变性淀粉，不但可延缓其老化，保证口感柔韧，还可使其表面更光滑、富有光泽，并能增强弹性和嚼劲，常用的有羟丙基二淀粉磷酸酯、马铃薯变性淀粉、木薯变性淀粉、交联醚化木薯淀粉与交联酯化玉米淀粉等。

④ 非淀粉多糖　很多非淀粉多糖对淀粉质食品具有一定的抗老化作用。水溶性大豆多糖可防止淀粉质食品失水老化，在冷藏或冷冻温度下，能黏附在淀粉类化合物的表面形成水合层，增加持水性。海藻糖是一种纯天然糖类，能够在高温、高寒、高渗透压及干燥失水等恶劣环境条件下，在细胞表面形成独特的保护膜，有效地保护生物分子结构不被破坏，良好的持水性能确保较多的结合水分子接近淀粉分子，起到对分子链的稀释作用，同时又提高分子链周围的微区黏度，从而延缓分子链的迁移速率，降低回生速率。壳聚糖具有明显抑制淀粉老化的作用，添加到淀粉类制品中可明显延缓产品的老化。壳聚糖可延缓米粉凝胶硬度和黏性的增加，并有效保持米粉凝胶的黏结性和弹性。β-葡聚糖能吸收水分，减弱淀粉分子的移动而延缓大米淀粉的老化，不同来源的β-葡聚糖延缓老化的效果不同，来自大麦和燕麦的 β-葡聚糖可以溶于水，更大程度阻碍淀粉分子移动，有更好延缓老化的效果。还有研究发现，米糠膳食纤维对籼米淀粉的老化具有延缓作用。但这些非淀粉糖在鲜湿方便米粉中的抗老化应用效果还需进一步研究。

二、鲜湿方便米粉的加工

1. 发酵型鲜湿方便米粉

(1) 工艺流程

原料大米→浸泡发酵→清洗→磨浆→拌料混合→摊浆→蒸片→风冷→酶处理→挤丝→水煮→蒸粉→水洗→定长切断→酸浸→内包装→杀菌→冷却→质量检验→加调味料→外包装→成品。

(2) 操作要点

原料大米、浸泡发酵、清洗、磨浆、拌料混合、摊浆等工艺均同第三章圆粉的制备工艺。

蒸片：初步糊化大米淀粉，使大米淀粉的糊化度达到70%～80%，片的厚度一般为2mm，蒸汽压力为0.2～0.3MPa，温度为92～95℃，保持50～100s。

风冷：将熟化的米片风冷降温。

酶处理：将生物酶，比如0.04%～0.2%的β-淀粉酶，与米片混合均匀，55～65℃保温20～30min。

挤丝：采用挤压机将酶处理后的米片挤出，挤压只起成型作用、不糊化淀粉，筛孔直径1.7～2mm。

水煮：从挤压机出来的米粉，直接进入95～100℃的沸水中煮10～20s，进一步熟化米粉，并使米粉吸水、分散不黏结。

蒸粉：蒸粉的目的是使米粉二次熟化，一般是在0.08～0.1MPa的压力下保持110～180s。

水洗：将米粉表面的淀粉洗净，并使米粉温度降至室温。一般用自来水清洗2～5min。

定长切断：一般保鲜方便米粉采用袋装或碗装，质量为150～250g，采用定长切断来衡量质量。

酸浸：一般采用缓冲液来配制酸浸液，较理想的是乳酸/乳酸钠（1%）缓冲体系，调整pH为3.8～4.0，酸浸时间为30～60s。

内包装：酸浸后的米粉沥干后装袋。一般采用蒸煮袋（耐温100℃以上），可采用聚乙烯和尼龙复合袋。

杀菌：蒸汽温度95℃，保持35～40min。

冷却：杀菌后的米粉采用鼓风冷却，降至室温左右。

质量检验：将冷却后的米粉放入37℃恒温箱（库）保存7d，检查胀袋或腐败情况。

外包装：将袋装米粉与调味包一起，加上外包装（袋装或碗装）即为成品。

2. 自熟式鲜湿方便米粉

（1）工艺流程

原料大米→清洗→浸泡→沥水→磨粉→筛理→拌料混合→挤丝→时效处理→蒸粉（水煮或蒸粉）→水洗→酸浸→沥水→包装→杀菌→冷却→质量检验→加调味料→外包装（碗装或袋装）→入库。

（2）操作要点

原料大米、清洗、浸泡、沥水、磨粉、筛理工艺均同第四章直条米粉。

拌料混合：大米粉与辅料或添加剂混合均匀至水分含量为30%～32%，静置30min左右，使水分均匀。

大米与其他辅料的比例举例：大米80%～90%，变性淀粉10%～15%，食盐0.5%～1%，大豆色拉油0.5%～2%，复合磷酸盐0.1%～0.4%，甘氨酸0.2%～0.5%，丙二醇2%～3%，单甘酯0.3%～0.5%，魔芋精粉3%～5%。

大米粉末要求粗细度过60目筛，直链淀粉含量为18%～25%，灰分含量低于1%。变性淀粉的作用是延缓米粉的老化，保持产品柔软可口。食盐的作用是增加米粉的持水性，兼有防腐作用。少量色拉油可防止米粉相互粘连、并条，并使米粉油润光滑。复合磷酸盐可以增加米粉的抗拉强度、筋力、韧性和光泽，降低断条率。甘氨酸对耐热芽孢菌有特殊的抑制作用。丙二醇是一种保湿剂。单甘酯作为乳化剂，能使大米粉末表面均匀地分布有单甘酯的乳化层，迅速封闭大米粉粒对水分子的吸附能力，阻止水分进入淀粉及可溶性淀粉的溶出，降低米粉的黏度；并通过与直链淀粉结合成复合物，防止保鲜方便米粉的老化、缩短复水时间。魔芋精粉主要用于增加米粉筋力、减少断条。

挤丝：大米粉先进行高温、高压的适度挤压处理，再进入自熟机挤丝，挤出的米粉以粗细均匀、表面光亮平滑、有弹性、无夹白、气泡少为宜。挤丝处理的程度要严格控制，过度则造成水煮时淀粉损失较大；过小则熟度小，易使米粉回生。或将混合料进行高温搅拌蒸粉2～5min，再进入挤丝机中挤丝。

时效处理：在高温高湿的密闭房内静置12～24h，至米粉不粘手、可搓散、柔韧而有适度弹性。

蒸粉：可采用水煮或蒸粉使米粉进一步熟化。要严格控制水温和时间，避免糊化过度。水煮时，应在水中适当添加食盐和消泡剂。水煮温度为98℃，时间为10～20min。进入复蒸机中复蒸，复蒸温度为100～121℃，时间为25～30min。

水洗：用0～10℃的冷水对米粉进行淋洗15～25min，使其温度骤降至26℃。米粉条遇冷收敛，更具凝胶特性；同时，洗去米粉表面的淀粉，则表面油润光滑，不粘条，产品不糊汤。

酸浸：酸浸使米粉的pH控制在4.2～4.3。酸浓度1.5%～2%，pH 3.8～4.0，温度25～30℃，酸浸时间1～2min。

沥水：水洗和酸浸后的米粉条水分较高，必须沥水8～10min，以去除表面过多的游离水分，米粉水分含量为65%～68%，否则杀菌时米粉条会因过度吸水而膨胀，变得烂糊。

包装：米粉包装时可滴入3～4滴大豆色拉油，防止杀菌时米粉结团、粘条。包装材料选用透气性差、耐热、拉伸性和抗延伸性强的LDPE或CPP材料，采用低真空包装。

杀菌：在93～95℃蒸汽中杀菌40min，使袋中心温度达92℃并保持10min，冷却。

质量检查：剔除质量不合格及含有磁性金属的产品，并在35～37℃保温7d，拣出膨胀袋、漏袋，抽样检其微生物指标。

外包装：配以调味料，装碗或装袋，包装好后入库。

(3) 产品的质量指标

① 感官指标　外观条形挺直，粗细均匀，光洁平滑，无并条，无断条。色泽呈乳白色，透明，有光泽。无霉味、酸味或其他异味，具有米制品正常香味。口感滑爽，有韧性，不碜牙。

② 卫生指标　细菌总数≤1000CFU/g；大肠菌群≤30CFU/100g；致病菌群不得检出。

③ 保质期　包装后的米粉保质期为12个月。

3. 关键设备

鲜湿方便米粉的前段工艺设备基本与第二章鲜湿米粉的设备一致，但鲜湿方便米粉还包括后段的包装和杀菌设备。主要有计量、供给水洗机（自动计量、冲洗、重量可调式多排除水装置、网筐式提升机和pH自动调整装置）、内包装机、包装取出输送装置、称重及金属检测装置以及连续式蒸汽杀菌冷却装置等，如图5-1所示。

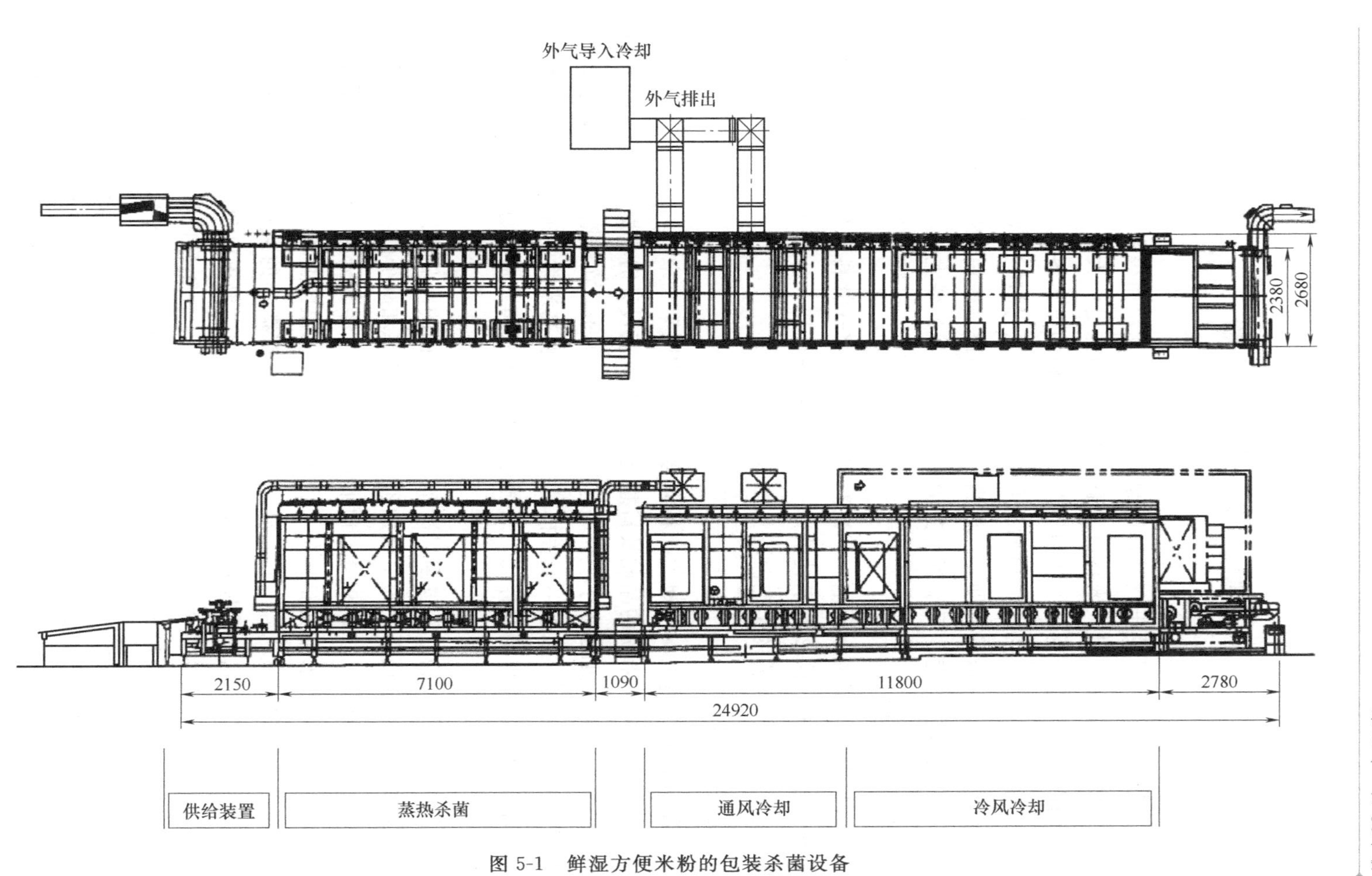

图 5-1　鲜湿方便米粉的包装杀菌设备

第二节 方便河粉

方便河粉是河粉的干制品，因起源于广东沙河镇而得名。由于其复水速度快、口感细腻爽滑、呈大米特有清香味等特点而深受广大消费者的喜爱，盛行于我国广东、广西、香港、澳门以及有华侨聚居的世界各地。河粉一向以传统的手工工艺制成，其色泽洁白而透明、口感爽滑、风味独特，但鲜品难于保存，携带不便，一般即制即食，以当日为佳。因此，采用现代工艺、设备将其制成易于携带、保存，又能保持其原有风味的方便河粉尤为必要。

1. 工艺流程

原料大米→清洗→浸泡→一次磨浆→二次磨浆→拌料混合→摊浆→蒸片→涂不粘液→预干（涂 2 次不粘液）→时效处理→分切→计量→定型→烘干→留置→包装。方便河粉的工艺流程见图 5-2。

2. 操作要点

原料大米、清洗、浸泡、拌料混合等工艺均同第三章扁粉。

磨浆：为了使米粉的品质及口感更好，在工艺设计时将磨浆分为粗磨和精磨，净米送入磨浆机的同时，加入适量的水和粉头子。在精磨后，米浆过 50～60 目的振动筛过滤，以进一步去掉糠皮等杂质，提高米浆的纯度。大米被磨浆后，加入配料经搅拌桶搅拌均匀后通过浓浆泵进入储浆桶，进行再次搅拌后流入上浆器。

预干：蒸熟的粉片经过强风冷却，将粉片表面的水分蒸发，随即被送到预干机的塑料网带上预干。为了增加预干机的热效率和减少能耗，采用反复回转式干燥。整个预干机分成 9 层，预干温度根据工艺参数分为 5 个不同的温度区间，最上层温区要求温度控制在 (40±2)℃，第二温区要求在 (47±1)℃，但最高温区不得超过 65℃，否则预干后的粉片上有微小的裂痕，用沸水一泡，即断裂为小碎头。这一工序对产品的质量影响很大，要求出预干机的粉片含水量 35%～38%，含水量太大、太小都会直接影响下一工序的操作和产品的质量。双温式预干机的粉片输送带采用每 30mm 左右一条，直径为 14.5mm 的不锈钢管代替尼龙网带，预干机顶上 4 层每 30mm 左右一条，下面各层每 40～50mm 一条。热风系统由 5 台功率 3kW 风机和 15 台热交换器组成，热风出口处附近的烘干温度不低于 80℃。不锈钢管输送链排为浮动式，在加温预

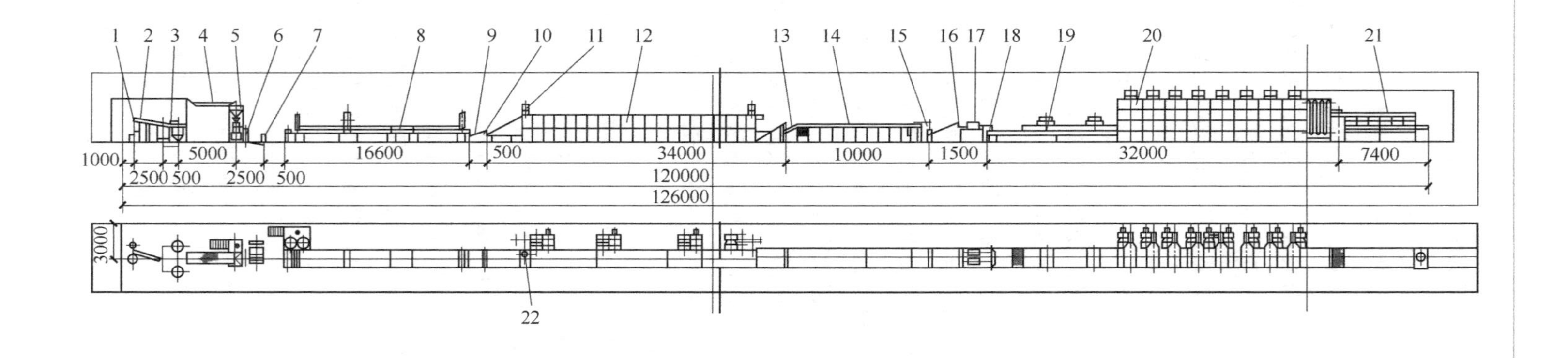

图 5-2 方便河粉生产线示意图

1—提升罐；2—除砂槽；3—洗米泡米罐；4—米水分离输送机；5—储米方斗；6—磨浆机；7—震动筛；8—连续蒸片机；9—粉片输送机；10—防粘滚筒；11—防粘剂罐；12—无布横杆式粉片预干机；13—自动吊挂机；14—自动吊挂老化机；15—切条输送机；16—切断机；17—自动定量设备；18—自动进粉装置；19—自动成型器；20—垂直吊挂自动干燥机；21—连续冷却剂；22—防粘剂储罐

干机内易与粉片粘连，经最新设计的双温式预干机可有效避免粘连，本机上部常温区封闭而只用常温风吹，经3层常温冷却风吹后可保证粉片加温区不再与不锈钢链排粘连。预干后的粉片经加温区粉片输出端接入吊挂老化机。

摊浆、蒸片：将调制好浓度的米浆均匀地涂布在蒸粉机的帆布输送带上，经高温蒸煮后成为透明的、乳白色的米片，蒸熟后的米片经剥离，附着在预干机的网带上。这一工序对成品的产量及质量影响极大，因此，摊浆必须均匀连续、厚薄一致，这样不仅可以减少次品且还会使成品的品质稳定。蒸煮后的米片厚度要求为0.5～0.7mm，过厚则成品的复水时间及口感不理想，过薄则导致次品增多，从而使成品的产量下降。米粉进入蒸片机的上浆器后浆会经放浆器流入蒸粉布上，放浆器的转速快慢由变频器控制，同时会使米浆的厚度发生变化，故在蒸片机出粉片端设置一个无接触气压式测厚仪A，当粉片厚度发生变化时，会按设定的数值自动调节放浆器的转速，测厚仪发出一个电信号后在延时继电器的作用下，当经调整厚薄后的粉片过来时测厚仪才会重新测量，这样周而复始的工作，保证了粉片的厚度在一定范围内波动，为后边工序的自动定盘入盒打基础。蒸片机出来的粉片是上面较光滑，下面较黏，有两种方法，使用不粘液和不使用不粘液均可。即原有工艺采用的是使用不粘液的方法，不粘液用的是食用油、乳化剂、抗氧化剂，可有效防止粉片粘不锈钢管。不使用不粘液的做法，蒸片机能使粉片转向，避免粘不锈钢管输送链排，使从蒸片机出来的粉片光面向上，落在蒸片机的不锈钢管输送链排上，经风扇吹凉后进入双温式预干机常温区粉片输入端。

时效处理：粉片落入吊挂式连续冷却老化机内经一定长度，转为间歇转动，使粉片以一定距离吊挂在输送带上，当上面一层转至A处时，粉片经一对同步传动辊控制以均速传至下面一层吊挂输送带上，下面一层输送带也是间歇转动，周而复始，粉片经60min以上的时效后传至下一工序。在每层吊挂下面均设有不锈钢保护层，以确保发生粉片断开后不致引起大的故障，因上部较高，在约3.8m的高处有一架空巡视走廊以方便员工检查及排除可能发生的故障。这样一方面可减少粉片的内应力，使粉片由塑性向弹性转变，不仅可使粉片的机械强度增大，使切条等工序易于操作，而且口感既柔软又有嚼劲。但若静置时间过长，粉片中的淀粉分子之间形成致密的氢键，淀粉分子成微束状态，口感就十分粗糙，因此，熟化时间的合理选择也是非常重要的。另一方面，熟化可以使粉片中的淀粉颗粒含水量均匀。由于预干后的粉片表面的含水量及温度均低于中心，粉片的温度梯度和湿度梯度均为由内向外，有利于内部水分向表面迁移，这样不仅使粉片变得柔韧，避免切条时产生脆裂碎条，而且还为后干燥的正常进行创造了条件。综合以上两个因素，适宜的时效处理时间一般为1.5～2h。

自动定量：全自动定量入盒系统由同步输送辊、无接触气压式测厚仪、张紧辊、粉盒边部的光电眼识别号（黑色）、防粘式切丝刀Ⅱ、不锈钢管链排、分排切刀、防粘隔离条、防粘式切丝刀Ⅰ、定长切断刀、风压送料口Ⅰ、集料斗、定量隔离开关、风压送料口Ⅱ、入盒器等组成。系统内的防粘式分排、切丝刀为最新型设计，因要连续自动定量入盒，防粘显得更加重要，最新型设计能确保防粘（卡）。定长切断刀可变频调速，切片长度可在0.2～0.6m调节。本系统工作过程是同步输送辊与张紧辊中间有一高精度垫辊A，在粉片经过时张紧辊转速稍快过同步输送辊，粉片被张紧。在张紧的粉片上，有一无接触气压式测厚仪，原理与蒸片机出粉片端测厚仪相同，只是该测厚仪控制的是定量切断刀，切断刀靠变频器控制转速，能使粉块重量改变，从而达到自动定量的目的。为使粉片精确地定量，本系统增加一套分排切刀，能均匀地把粉片先切为10条后，以明确分开的形式分别以各不相邻的5条进入两套切丝刀，分别切丝，再进入盒器，电眼识别让粉盒到合适的位置，感光电眼因遇到黑色标志而发出动作信号，入盒器与风压送料口Ⅱ气缸同时动作，使10块粉块准确落入10个一排的粉盒内。粉盒转动后下一个粉盒跟上，往返重复，达到连续精确自动定量入盒的技术要求。每班可以减少17个工人，整条生产线实现连续自动化，卫生程度大大提高。

后干燥：热定型式成品Ⅱ型烘干机为最新设计，因老化后粉丝在常温下不易定型，故本型烘干机在粉块进入机内上部温度较高处以定型盖压在粉块上，使粉块热定型，而产出美观整齐的粉块。所有温度控制均为自动调温电磁阀控制，进行低温多层回环干燥。后干燥的温度选择十分重要，它直接影响到产品的内在品质。该工序也分为不同的温区，但最高温度不得高于50℃；另外，在不同的温区对温度的要求也不一样，后干燥的时间一般为2～3h，为了使后干燥机内的湿度符合要求，在设备的顶部应安装排气罩。干品河粉的含水量为13%左右。

冷却和包装：将干品河粉进行冷却，此时冷却空气的温度和湿度要适宜，要求将河粉冷却至室温，而含水量不应增加。包装既可采用包装机包装，也可采用手工封装，但手工包装应注意操作间的卫生条件。

3. 影响方便河粉质量的因素

大米原料：对于方便河粉的生产来说，原料大米的选择不仅影响成品的内在质量，而且还影响操作及正品率的高低。我国目前的大米品种一般分为籼米、粳米和糯米，其主要区别为籼米的米质较疏松，淀粉中直链淀粉含量多，米的胀性好，黏性差；粳米的米质较紧密，含支链淀粉多，黏性大；糯米中全部为支链淀粉，黏性强。结合方便河粉的生产工艺及设备，应使米浆中直链淀粉的含量控制在19%左右，这样，成品的品质最优且最易于各工序的操作。根据这一要求，应以晚籼米为主，再配上一定量的粳米，以达到最佳效果。

添加食品辅料：近年河粉的制备还添加多种辅料，主要目的是提高产品质量，改进生产工艺。常用的辅料有玉米淀粉、魔芋精粉、变性淀粉或其他薯类淀粉，这些辅料对产品的色泽、口感、韧性等均有影响。

4. 关键技术与设备

(1) 连续老化机及粉片切断输送机

吊挂老化机占地面积小，容易实现较长时间老化；多层网带式连续老化机在同样老化时间下，占地面积较大，但易于操作。实践表明，连续老化后仍需要静置老化才能顺利进行下一工序，因此，采用多层网带式连续老化机的缺点得以克服，再经连续老化后进行自动切片，降低了劳动强度，增加了成品率。

(2) 自动定量成型技术

目前自动定量仍然是个难点。有的企业采用定条定长方法进行自动定量定型实践，先把连续老化的粉片卷起来进行静置老化，再让粉片定长切断，切条出来后用一对有组合运动（旋转和前后移动）的简易机械手把粉条绕成粉块并落入干燥模盒内定型干燥。这个实践部分实现了自动成型，但还不能连续稳定可靠工作。有的企业则采用方便面自动定重和成型的原理进行生产试验，亦并不顺利。自动定量成型技术依然是方便河粉中亟待攻克的难题。

(3) 产品保质期问题

方便河粉的含水量较低（一般<13.5%），含脂肪极少，故其保存期很长，如果包装完好，放置1～2年也不会变坏。但随着保存时间延长，粉条的食用品质会逐渐降低，主要原因是粉条出现自然老化现象。由于原料都是采用直链淀粉含量较高的大米，经糊化（α化）后的粉片，在含水量及温度合适条件下，会在数小时之内迅速老化（β化），这种老化是生产工艺所需要的。在含水量低于30%的情况下，老化速度变慢，含水量越低，就越难老化，因此，过去一般都不重视大米制品在含水量低于14%时会出现老化的问题。事实上，方便河粉在干燥后老化基本停止，但不是绝对停止，而是以极其缓慢的速度进行，这种现象实质是“自然老化”。储藏期超过6个月的即食沙河粉，冲泡食用时会发现有轻微的夹生现象，韧性不如以前好，容易断条，这是自然老化的结果。由于这种现象一般在6个月以后才出现，故从商业角度来说问题不大。

如果要延长保质期，可在保证正常生产的情况下，选用直链淀粉含量偏低的大米；或在原料配方上加入适当的变性淀粉等。

第三节 波纹米粉

波纹方便米粉是以大米为主要原料，经过浸泡、磨浆、脱水、挤丝、烘干、包装等一系列工序加工而成的方便米制品，设备和工艺类似于方便面。

1. 工艺流程

原料大米→清洗→浸泡→干法粉碎/湿法磨浆→加水/湿法脱水→高温搅拌→挤片→挤丝→波纹成型→干燥→冷却→包装→成品。

2. 操作要点

原料大米、清洗、浸泡等工艺均同前述。

粉碎：大米粉碎采用锤式粉碎机，过 60 目筛。原料的粉碎度对方便米粉的外观、口感有较大的影响。不同目数的大米粉对米粉品质的影响如表 5-2 所示。80 目原料粉制成的米粉虽然有较高的品质，但过筛速度慢，易堵塞筛孔；40 目筛的原料粉，产品品质较差，因此，60 目的原料破碎度较好。

粉碎的方法有干法和湿法两种。其中，干法粉碎大米的颗粒较粗，不利于熟化，并影响口感。另外，干法粉碎后米粉的含水率一般都低于 27%，在进入下一工序时要加水使之达到 37%～38%的理想含水量，但定量加水在实际生产中不易掌握，影响后面工序的正常生产。因此，干法已逐渐被湿法所代替。

表 5-2 原料粉碎度对产品质量的影响

目数	过筛情况	粉丝外观	复水情况
40 目	过筛快，筛不净糠皮等杂质	粉丝表面粗糙，不圆整，不均匀	口感粗糙，有生味，缺乏弹性，易断
60 目	过筛快，极少堵塞筛孔	粉丝表面基本光滑圆整	易泡熟，口感细腻，弹性较好
80 目	过筛慢，易堵塞，需要频繁清理筛网	粉丝表面光滑圆整、均匀	易泡熟，口感细腻，有弹性

初蒸：筛好的米粉，加入适量的水和添加剂，使原料水分含量为 38%，蒸煮时应间隔搅拌，以免料粒结球。蒸料时间 7～10min，压力 0.05MPa。初

蒸前，米粉的含水量对初蒸、挤丝、成型、切块等工序均有较大的影响。不同含水量的原料对米粉品质的影响如表 5-3 所示。初蒸前，原料含水量为 30% 时，虽然对粉块的成型有利，但熟化度较低，产品透明性差，泡不熟，失去方便的意义。水分含量＞34%时，虽然能达到较高的熟化度，但挤出的粉丝无挺性，复蒸易粘连，波纹塌陷，切块时切口粘连，复水时易并条。初蒸前，含水量 32%～34%最理想。

表 5-3　不同含水量原料对米粉品质的影响

含水量/%	初蒸后	挤丝	成型	切口	复水后
30	原料松散，生粉较多	粉丝中生粉粒较多，透明感差	成型好，不粘条	粉块切口能舒展开	粉条易分散，泡不熟，断条多
32	原料结球适量，熟度均匀适中	粉丝中生粉粒少，透明感好	成型好，不粘条	粉块切口能舒展开	粉条易分散，7min 泡熟，断条少
34	原料结球适量，熟度均匀适中	粉丝中生粉粒很少，透明感好	成型好，基本不粘条	粉块切口基本舒展开	粉条基本能分散，6min 泡熟，断条较少
36	原料结球太大，不利喂料，熟度太高	粉丝中极少生粉，透明感很好	成型差，复蒸后波纹塌陷	粉块切口严重粘连	粉条不易分散，并条多，断条率高

初榨初蒸好的原料粉倒入进料斗中，打散较大的团块，进入初榨机。开始时，由于榨筒的热量不够，榨出的粉片较生，应返回重榨。

粉片压出后，进入挤丝机中，由挤丝机的榨头挤压出米粉丝。挤丝机一般有两个榨头，每个榨头的榨板分 3～4 组挤丝孔，榨出后形成 6～8 条粉带。应注意的是，初榨压片时进料要均匀，以免挤丝时粉带厚薄不匀。

复蒸：复蒸粉带通过输送带运送形成波纹后，进入复蒸器复蒸，复蒸时间 15～20min。即粉带进入复蒸器到出复蒸器 15～20min，复蒸后的粉带输送至切割机，切分成长约 10cm 的粉块，质量约 75g。复蒸对产品的断条率、吐浆度、外观品质等均有影响。不同的复蒸时间对产品的质量影响如表 5-4 所示。复蒸时间如果＜20min，产品达不到足够的熟化度，吐浆度和断条率增加，复水时间增长，有夹生感。复蒸时间为 25～30min，尽管吐浆度、断条率、熟化度等指标达到要求，但其外观发黄，消费者难以接受。因此，复蒸时间以 20～25min 为宜。

表 5-4　复蒸时间对产品质量的影响

复蒸时间/min	吐浆度/(g/mL)	复水时间/min	感官	断条率/%
15	1.8	10～11	米白色，透明度、光泽度不够，口感脆，夹生	13.0
20	0.8	7～8	米白色，光洁，油润，透明，有韧性，滑爽可口	7.2
25	0.6	6～7	微显黄色，油润，透明，有韧性，滑爽可口	6.1
30	0.6	6～7	浅黄褐色，透明较好，口感稍硬	6.0

烘干：切分好的粉块装入烘房的吊篮，由链条输入烘房烘干，链条走速约1.28m/min，不同烘干温度对产品质量的影响如表5-5所示。在35～40℃烘干时，成品的含水量较高，易发生霉变；温度65～70℃，会导致成品粉块过度干燥，粉丝龟裂，造成很高的断条率，温度过高还会使粉块变黄；当烘干温度55～60℃时，成品米粉有较理想的品质。

表 5-5　烘干温度对质量的影响

烘干温度/℃	粉块色泽	碎粉率/%	断条率/%	产品含水率/%
35～40	米白色	1.0	6.1	18.4
45～50	米白色	1.2	6.5	11.5
55～60	浅黄色	1.5	7.0	9.6
65～70	浅黄褐色	很高	很高	6.8

冷却、包装：粉块用鼓风机吹凉或自然冷却，温度在30℃以下时即可包装。

3. 生产设备

波纹米粉的主要设备见图5-3。

方便米粉按工艺流程和设备的工作位置，可划分为6大系统：原料处理系统，磨浆、脱水系统（或润米、粉碎系统），蒸粉、挤丝成型系统，复蒸、切割系统，干燥系统和包装系统。

（1）原料处理系统

波纹方便米粉生产线中的原料处理系统由提升机、吸式比重去石机、喷风碾米机、缓冲米仓、洗米桶、浸泡桶、水米分离桶等组成。

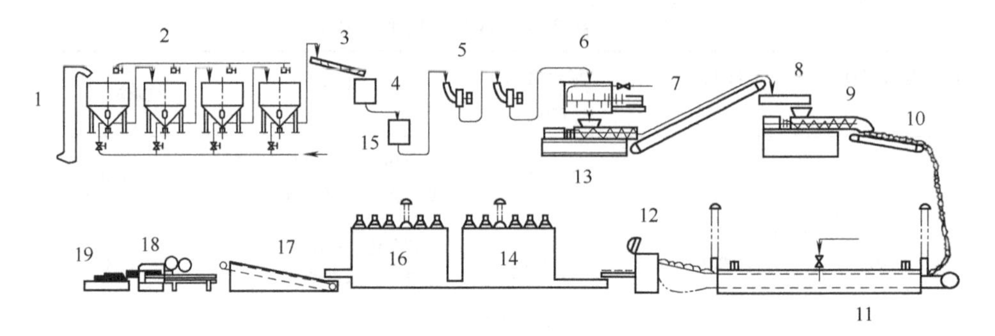

图 5-3　波纹米粉的主要设备

1—提升机；2—射流洗米装置；3—隔砂槽；4—水米分离器；5—粉碎机；6—蒸煮搅拌机；7—输送机；8—接盘；9—粉丝机；10—成型带；11—蒸粉机；12—切断分排机；13—挤片机；14—第一干燥机；15—润米罐；16—第二干燥机；17—冷却机；18—包装机；19—累积输送机

缓冲米仓的设置是因为提升机、去石机、喷风碾米机是连续性工作，而洗米、浸米是间歇式工作。它主要起储藏大米、调节流量的作用。米仓出口对着洗米桶。

浸泡大米时，米与大量的水混合在一起，如果这时磨浆，米浆很难达到所需的浓度和粗细度，因此，必须将浸泡时的水除去，磨浆时用新的自来水。分离浸泡水的设备是水米分离桶，属间歇式操作设备，采用不锈钢制造。它的工作过程是：浸米桶的射流装置将水、米混合物通过水管送入水米分离桶中，水滤过弧形筛板从出水管流走，待积累到一定量的米后，关闭进料管，打开出米口插板，沥干水的大米则通过出米口流到下面的润米桶内。水米分离桶的容器应比浸泡桶容积略大，这样方便间歇操作。上部的溢流管是为了防止操作失误时水太多漫出桶外。溢流管管口用细密筛网封扎，防止大米随水流走。

（2）磨浆、脱水系统

干法制粉中，采用粉碎机粉碎来制取大米粉末，但由于干法制粉不如湿法制粉生产的米粉条柔滑细嫩，特别是干法制粉质量不稳定，同时，需要较长时间静置使水分均匀，不利于流水化工业生产。因此，波纹米粉均为湿法制粉。湿法制粉的设备是磨浆机，详见第三章。

磨好的米浆需经过筛滤，以保证米浆的粗细度，浆液通过筛绢，筛理出较大的糠皮等杂物。筛滤的要求是使浆液细嫩均匀，无粗粒。筛滤的设备是筛滤机，用不锈钢制造，其结构比较简单，如图 5-4 所示。它由一个做往复运动的框体、吊杆及筛绢等组成。筛框下方为一个储浆池，能储藏一定数量的米浆。此外，还可以在储浆池加入配成溶液的大米漂白剂，调整 pH，起漂白作用。

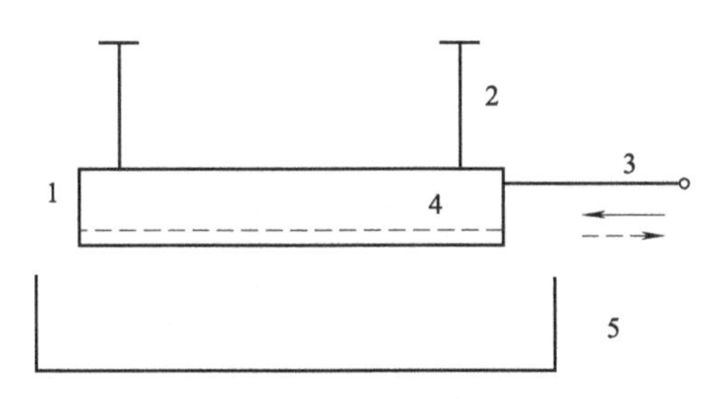

图 5-4 筛滤机结构示意图

1—筛框；2—吊杆；3—连杆；4—筛绢；5—储浆池

筛滤机的操作较简单，在磨浆机工作之前，就要开启筛滤机，工作过程中要注意筛绢是否有破损，如有应及时更换。及时清除筛绢上糠皮、糠麸等杂物，防止堵塞筛孔，清除下来的杂物不得再入磨浆机。生产结束后，要清洗干净机体，防止米浆发馊。特别要注意清洗干净筛绢，以防下班次使用时堵孔。

在波纹方便米粉生产中，必须将米浆脱去多余的水分，成为含水量40%～42%的大米粉末，方能进行蒸粉。米浆脱水的方法有多种：一是用板框过滤机脱水；二是用三足离心机甩水；三是用脱水床；四是用真空脱水转鼓脱水。前 3 种方法都是间歇式操作，不适合流水线生产，现较少使用。真空脱水转鼓是目前使用较为成功的连续式脱水设备，主要有卧式拌浆机和真空脱水转鼓。

卧式拌浆机：作用一是作为容器，储藏一定数量的米浆，均衡地供给真空转鼓。储浆池都是在快满时，才用泵抽到搅拌机内。这种间歇式操作，如果拌浆机没有较大的容量，则不能保证生产连续进行。二是使米浆不产生沉淀作用。米浆具有一定的浓度，搁置一段时间后，会变得下稠上稀。如果时间太长，下面还会变硬堵塞管道。这样不均匀的浆液，如果送入脱水鼓，势必使脱水后的大米粉末水分不均匀。拌浆机为卧式搅拌设备，结构简单，无定型设备，多为自制。搅拌机主轴转速 60r/min，功率 0.75kW。

真空脱水转鼓：其结构由鼓体、机架、刮粉刀、浆料框、传动机构等组成。其结构见图 5-5。

(3) 蒸粉、挤片和挤丝

① 蒸粉 波纹米粉生产中，采用间歇式的搅拌蒸粉机进行蒸粉。搅拌蒸粉机的结构、工作过程、技术参数、操作方法与前述基本相同，但有以下两点不同的要求。

降低水分：通过真空脱水转鼓获得的大米粉末水分含量通常为 40%～

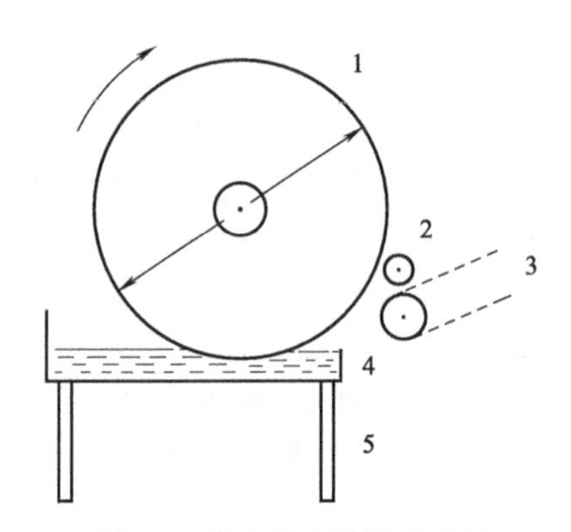

图 5-5 真空脱水转鼓示意图

1—鼓体；2—刮粉刀；3—粉料输送带；4—浆料框；5—机架

42%（在使用新薄布时能达到 39%～40%）。而搅拌蒸粉机适宜工作水分含量为 36%～38%，必须通过添加干物质来降低水分，在实际生产中，一般加入 5%左右的玉米淀粉，玉米淀粉的水分含量为 10%～12%，大米粉末和玉米淀粉混合均匀后，混合料水分含量则为 36%～38%。

提高熟化度：在一般的挤压米粉加工中，蒸粉的熟化度只要求 75%左右，方便米粉因为最终成品要求复水时间短、α 化度＞90%，这就要求方便米粉的蒸粉熟化度必须在 80%左右，才能在复蒸后达到 90%以上。因此，在使用搅拌蒸粉机时，蒸后粉料粒子应较大，直径为 2～4cm，表面有光泽透明感，里外熟化度基本一致。

② 挤片和挤丝

挤片：是把蒸熟后的粉料，挤压成长条片，供下道挤丝机使用。挤片使用的设备为螺旋状榨条机，其作用相当于挤粿，与挤粿不同之处在于出料模板孔，挤片机使用的出料板如图 5-6 所示，孔的形状为长椭圆形。有一个孔的，也有两个孔的。

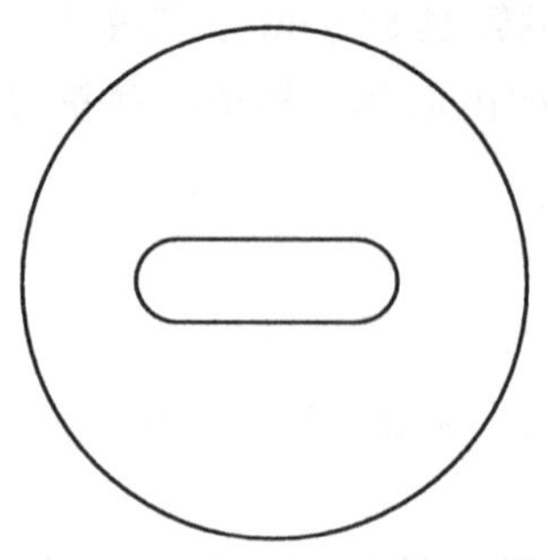

图 5-6 挤片机出料板结构示意图

挤片机除了具有挤粿的作用外，之所以挤成片状，主要原因是：片状能满足挤丝机均匀加料的要求，而挤丝机的工作情况对波纹方便米粉的成型是否美观、重量是否有误差等有至关重要的影响。因而，挤丝接着在挤片后进行。

波纹成型的基本原理是利用超长的螺旋榨条机的强大挤压力，迫使米粉条经过出丝头并克服筛孔板的阻力出条。出条后，受外界空气影响自然而然形成弯曲的特点，且限制米粉条与无级变速的成型输送带的间距，使之能克服米粉条自重拉力，落在不锈钢输送网带上。由于不锈钢输送网带移动速度比米粉条出机速度慢，存在着一定的比例，米粉条出机后，就会产生均匀的弯曲和不规则的折叠。这时由于冷风的强制冷却，米粉条表面水分挥发，温度变低，表面变硬，形成弯曲平整、折叠规则的均匀的波浪状。

波纹成型的设备包括挤丝机、风机、不锈钢输送网带，结构如图 5-7 所示。挤丝机由出丝头、榨膛、进料口组成，榨膛与榨条机榨膛结构相似，因为弯曲成型所需压力较大，所以螺旋轴长度为榨条机螺旋轴的 1.5～2.0 倍。出丝头能将米粉条均匀分成 6～8 份的波纹米粉料带。出丝头的结构如图 5-8 所示，它由圆法兰、方法兰、出丝头孔板、托板等组成。出丝孔板为长方形，用 0.6～0.8mm 厚的不锈钢板制作。出丝头的制作要求如下。

必须有足够的机械强度：当出丝头工作时，两端会积聚较多粉料，拉力很大，加上螺旋的挤压力很大，往往会使出丝头两端钢板变形，致使不能正常出丝。因此，在制造中应对跨度大的部位增设加强筋，以保持出丝头的机械强度。

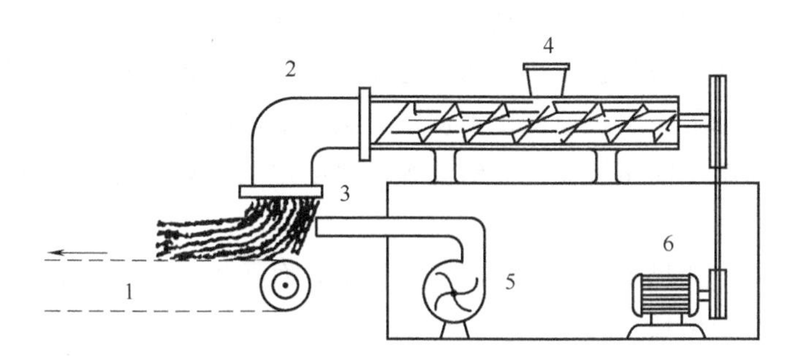

图 5-7 挤丝机示意图

1—物料输送带；2—出丝弯头；3—出丝挡板；4—喂料口；5—风机；6—电机

出丝孔的面积必须与螺旋转速相匹配：如出丝孔面积太小，挤丝机内部压力必然过大，在生产中很可能损坏出丝板和出现设备炸裂事故。

注意降温：挤丝机内部摩擦产生较多热量，使挤丝机升温，当温度超过一

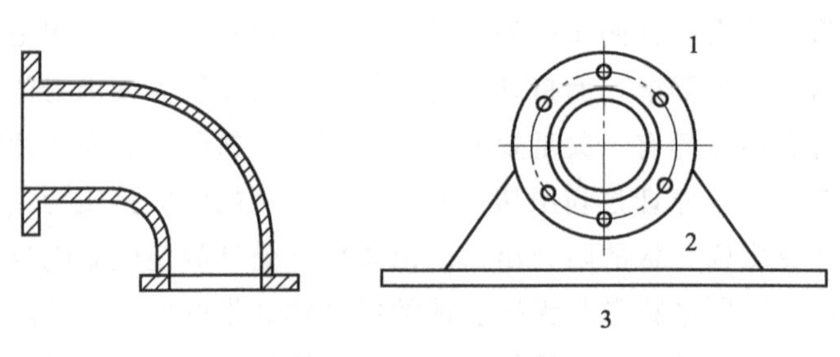

图 5-8　出丝头示意图

1—法兰；2—出丝孔板；3—出丝托板

定程度后，会使米粉糊化过度，在挤丝机外筒附加一套恒温的水冷（热）夹套，有利于保证米粉条质量稳定。

保持出丝头内部光滑：出丝头制作完成后，要彻底清理内部凹凸不平的表面。

波纹成型的技术参数：包括挤丝机的转速、出丝头与不锈钢输送网带的间距，不锈钢网带速度与米粉条出机速度之比，冷却风扇风速、物料的水分等。

根据生产经验，挤丝机转速取 70～75r/min，出丝头与不锈钢输送网带的间距为 100mm 左右；不锈钢网带速度与米粉条出机速度之比为 1.0∶1.5，冷却风速为 3～5m/min；蒸后物料水分含量为 34%～36%。

影响波纹成型的主要因素如下。

出丝头与不锈钢输送带间距：若间距较大，米粉条被自身重量拉直，波纹不细密；若间距太小，波纹太细密，成品米粉条不松散。

不锈钢输送带与米粉条出机速度之比：这是影响波纹成型好坏的一个主要因素，它利用米粉条出机速度比不锈钢输送网带速度快，促使米粉条在出丝头与成型带的间距中间扭转成弯曲的波纹，速度比大，则波纹稀；速度比小，则波纹密。

通风冷却：如果不适当吹风冷却，促使表面硬化，则米粉条刚性不足，成型不规则，不会出现波纹。

波纹成型机的操作要求如下。

在机膛出丝板等部位均匀涂抹一薄层色拉油，再装上出丝头。

在挤条机工作过程中，密切注意波纹成型情况，如发现成型波纹太大，应及时调整入机物料水分，如只是偶尔出现波纹不规则，则需检查冷却风力是否均匀，加料是否均匀。

发现出丝模板有堵塞现象，应及时更换，否则很可能损坏出丝板。

生产中遇到停机过久现象，物料已冷却变硬，应及时拆下出丝头，取出内部物料。

每班次结束后，应将出丝头及螺旋轴放入水池浸透，清洗干净。

（4）复蒸、切割系统

波纹米粉加工中，复蒸前还必须先冷却。一般的米粉生产，冷却（也称熟成）时间为4～12h，目的是使淀粉充分回生，产品韧性好、耐煮。而波纹方便米粉，为了便于机械连续生产和达到方便快熟的目的，其冷却时间相当短，只是用两台并列轴流通风机进行吹风强制冷却。其作用是：迅速吹干波纹成型后米粉条表面带有的黏性凝液，降低温度，降低湿度，疏松米粉条，减少粘连。由于冷却时间短，大部分淀粉还是α化，而α化淀粉很容易复水，快熟。吹风冷却时间不宜太长，以防表面硬化发脆。在复蒸之后，同样还有一道冷却工序。

① 复蒸　复蒸的作用和要求：复蒸也叫蒸条或蒸丝，相对粉团蒸煮搅拌时的第一次采用蒸汽对米粉料（即经粉碎的米粉原料）进行蒸煮的初蒸而言，复蒸是指波纹米粉生产中第二次采用蒸汽对米粉料（即波纹粉带）进行蒸煮的处理工艺。波纹方便米粉的复蒸也是为了进一步提高熟度，特别是提高表层熟度。波纹方便米粉在复蒸过程中，继续吸收蒸气中的水分，在98～102℃的蒸条温度下，糊化程度提高到90%以上，特别是表层熟度更高。这样使波纹方便米粉光润爽滑，提高透明度，降低断条率，增加韧性。表层的完全糊化可使浆液不易渗出，波纹方便米粉的吐浆率低。

复蒸设备：由于波纹方便米粉在挤丝后，只经过短时间的风吹，降温降湿都很有限，因此，波纹米粉回生很少，水分含量依然较高，复蒸条件相对较好，难度相对较小。蒸条有常压和高压之分，高压由于蒸条温度高、效果好，但因要有密封装置，而且只能间歇式操作，不能连续生产。因此，波纹方便米粉选用连续式复蒸机，在常压下连续工作。详见第三章“蒸浆机”。

② 切割系统　从连续式复蒸机蒸好的波纹方便米粉带是连续不断的，经切割后成为10～12cm的粉块，以长度来定量，然后进入干燥机干燥。

波纹米粉带的切割是通过相对旋转的一把切刀和一根托辊，按一定的长度切断。米粉条被切断的长度由切刀的转速确定。

切断的设备是回转式切条机，其结构如图5-9所示，主要由回转式切刀、托辊等组成。其工作过程是：蒸熟后的波纹米粉带随输送网带向前移行，最后溜到转速与网带移行速度相同的托辊上，托辊上方的回转式切刀，旋转一周，刀口对米粉带切割一次。生产中，要注意不锈钢输送网带不能走偏，否则会引起波纹方便米粉带与切刀不垂直，切出的粉块为菱形。切刀口应定时刷色拉油，使切口和粉块之间不粘连。切刀做旋转运动时，人手不得接近，以免发生人身事故。

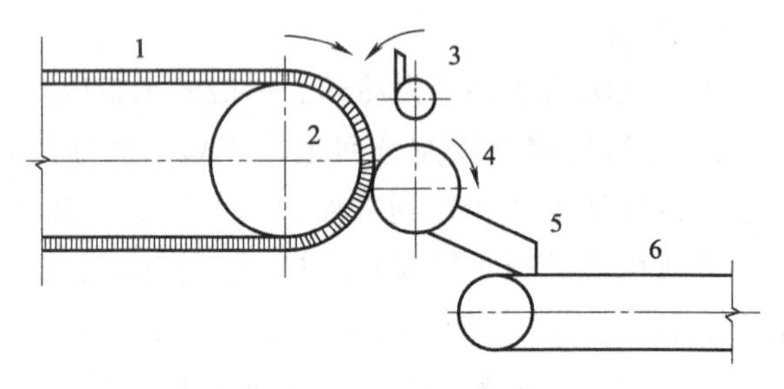

图 5-9　回转式切条机示意图

1—不锈钢输送网带；2—驱动辊筒；3—回转切刀；4—托辊；5—溜槽；6—输送网带

(5) 干燥系统

① 干燥的作用和要求　波纹方便米粉干燥的作用有以下两个方面：一是通过热风干燥，使米粉块的水分降到安全含量，便于保存、运输、销售；二是在干燥过程中，较快地固定淀粉的α化状态，尽可能防止α化状态的熟淀粉回生成β化淀粉，使波纹米粉具有较好的复水性能。因而在保证波纹米粉质量的前提下，要求烘干时间尽可能短一些，烘干温度尽可能高一些。

波纹方便米粉干燥的要求是：水分在12.5%以下，不应产生酥脆断裂、变色、变味等现象。

② 波纹方便米粉干燥的设备　波纹方便米粉的烘干采用现在较先进的链盒式热风循回干燥机。其外形结构如图5-10所示，由机架、链条、链盒、鼓风机、热交换器、无级变速传动装置等组成。

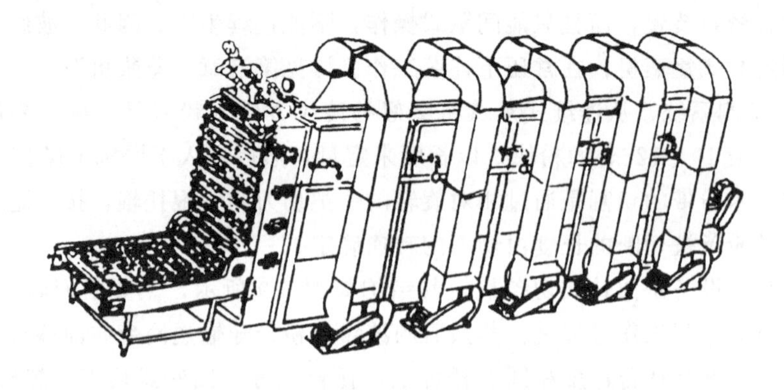

图 5-10　链盒式热风循回干燥机外形结构示意图

机架：机架的长、宽、高与干燥能力的大小相关。机架一侧装有5～8台鼓风机及风管，另一侧为可开启的活门，便于清扫和检修。

加热装置：与鼓风机配套的热交换器装在机架顶上，机内下部空气经风机抽回顶部的热交换器加热，循回使用。热空气从上往下吹，粉块随链盒做横向运动，垂直交流，热均匀性和热效率相对较佳。

传动输送装置：采用无级变速传动装置，可根据粉块的厚薄疏密来调节烘干时间。装载粉块的链盒固定在链条的小圆轴上，物料装入链盒后中途不需倒出，往复运动都是满载，故设备利用率较高、碎条率低。

波纹方便米粉的干燥机整机长度18m，链盒1200个，风机5～8台，热交换器5～8个，电机转速1200～1400r/min。设备工作时，将切割成块状的湿波纹米粉平整地放入不锈钢链盒中，链盒随着传送链条在机内作“上—下—下—上—上—下”的运动。整个烘干过程分为3个阶段，不同的阶段，烘干的温度、湿度、时间各不一样。3个阶段的温度分别为前（30～40℃）、中（60～70℃）、后（40～60℃），总的烘干时间在1.5～2.5h之间。烘干后的粉块随着链盒的倾覆被倒在集料输送带上，冷却至室温，即可进行包装。

③ 影响干燥效果的主要因素

Ⅰ. 温度的高低：热空气的温度高，干燥速度快，反之则干燥速度慢。波纹方便米粉由于需要复水时间短，应采用高温快速干燥，其最高温度达70℃左右，如果温度偏低，会烘不干，同时成品复水时间延长；如果烘干温度太高，米粉块会变黄、脆裂。

Ⅱ. 相对湿度的高低：热空气的相对湿度低，吸收水分的能力大，干燥速度快，反之则慢。在波纹米粉烘干中，由于烘干温度较高，相对湿度也应较高，一般在85%以上，否则会出现酥条现象。

Ⅲ. 鼓风机静压的高低：由于链盒式干燥机内从上到下共有9层装满粉块的链盒，热风循环也是自上而下地反复进行，要使热风穿过9层链盒，需要适宜的风压，如果风压过低，热风不能穿透到最下层，就会影响干燥效果；如果风压过高，则需要增加动力消耗，同时也会影响干燥效果。

Ⅳ. 波纹米粉条的直径大小和成型：波纹米粉条直径在0.4～0.8mm之间，如果直径粗，烘干时间则长；直径细，烘干时间则短。粉块较厚，中心部位则烘不干。因此，往往把一些成型不规则的粉块在入干燥机之前剔除。

（6）包装系统

包装有纸箱装、袋装和杯（碗）装3种。纸箱装分为两类：一类是把波纹米粉块直接装入纸箱中；另一类则是把8～10块粉块用透明玻璃纸包好后再整齐码放纸箱内。纸箱装规格多为2.5kg、4.0kg。

袋装是指外层为玻璃纸，内层为聚乙烯的复合塑料薄膜密封包装，也可用聚酯和聚丙烯的复合塑料薄膜，还可用普通包装纸涂塑的简易包装。袋装规格为45g或90g，内放调味料。

杯（碗）装是用聚苯乙烯泡沫塑料或其他无毒耐热材料制成，包装容器本身即为餐具。还附有塑料小叉和汤匙，食用非常方便。

① 袋装 袋装的基本原理和要求：波纹方便米粉块是采用自动枕式包装机自动包装。枕式包装机由开始的半自动包装发展到全自动包装，从而使机电一体化、操作简便化、控制程序化得到了完美的体现。

自动包装的基本原理是：冷却后的米粉块经输送装置送到包装薄膜上（调味汤料包放在粉块上），借助于薄膜传送装置和成型装置，把印有彩色商标的带状复合塑料膜从两侧折叠起来成为筒状，通过纵向密封装置把粉块间隔地卷包在内，再通过装有条状海绵的上下两层输送带，把卷包在薄膜内的粉块夹住送往横向（终端）密封装置，在粉块的两端定长横向密封切断，即完成自动包装的过程。

自动包装的操作由机械装置和电子监控两部分来完成。粉块的进给速度要保持一致，成型后包含着粉块的筒状薄膜输送速度与横向终端密封切断装置的转速要保持一致。当发生误差时，包装机上配备的光电跟踪装置和同步轮系配合动作，能使包装薄膜的长度误差自动调整。当包装薄膜上的黑色同步点与光电眼吻合，同步轮系上滚子已在齿轮凸出部分，而光电眼尚未到达同步色点时，限位开关驱动跟踪电机，使差动轮系动作，加速薄膜进给，直至同步色点和光电眼吻合，这样就能消除产生的误差，使自动包装正常连续不断地进行。

波纹方便米粉自动包装的工艺要求是：包装整齐、纵向和横向密封不破不漏，两端切口平整。自动包装机的种类型号较多，其结构、安装、调试和操作方法等非本书重点，请参阅包装机所附说明书。

影响袋装效果的主要因素如下。

波纹米块是否平整：米粉块是否平整，直接影响到包装。在湿米粉块进入烘干机时，必须放置平整；干燥的工艺参数也要调节适宜，防止粉块翘起；波纹成型时，各粉块应重量相等、平整美观。

包装薄膜的质量：包装用的复合塑料薄膜，如果延伸性过大或彩色印刷的精度不高，同步色点的间距误差较大，会使包装袋长度发生较大误差，光电跟踪运作的频率高，从而影响正常使用。

密封温度是否适当：不论是纵向还是横向密封，如温度偏低，则薄膜密封不牢固；如温度过高，则容易烧穿薄膜。

密封压纹是否正常：正常的压纹应该是深浅适当，均匀一致。花纹压得过深，容易引起薄膜破损；压得过浅，密封不牢固。

切刀是否安装正确：切刀安装不平行，则会使薄膜不被全部切断，刀刃凸出过度，在旋转切割时就会发出强烈声响，这样容易损坏切刀。

② 碗装　将波纹米粉块及调味料放入碗中，加盖热封，再加透明薄膜热收缩包装，则成为碗装方便米粉。碗装方便米粉的包装设备有碗装封盖机和热收缩包装机。

碗装封盖机有单孔、双孔、四孔、六孔等多种规格，按生产规格选用，其结构见图 5-11。碗装封盖机主要由机架、上模与下模及传动与电器控制三部分组成。用电机传动减速器及过桥齿轮，带动十字槽轮、转盘，使链条做间歇动作，同时带动上模做压盖封口动作，完成热压封盖。电器控制两只温控仪，分别控制封盖模具温度，使热封可靠。并装有电子计数器统计产量。

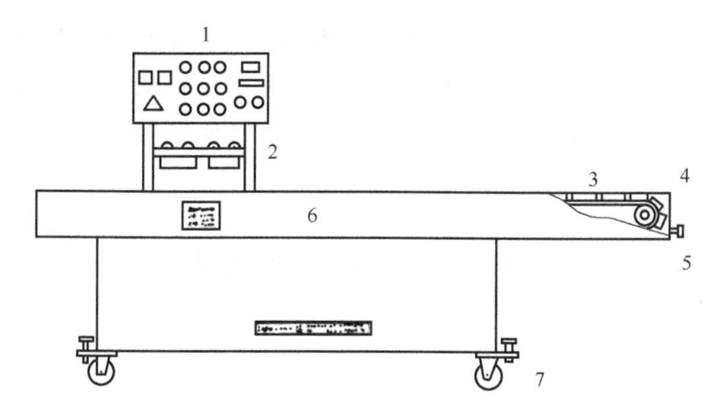

图 5-11　碗装封盖机示意图

1—电气控制箱；2—上模板；3—下模板；4—链条；5—调节螺丝；6—机身；7—万向轮

热收缩包装机：该机将透明薄膜紧贴在碗的外表面，起到增加光泽、美化商品作用，同时具有防潮、防腐、防破损的功能。热收缩包装的要求是收缩均匀，安全可靠。热收缩包装机主要由机架、烘道、电气箱、传动部分、输送带等部件组成。其特点是采用红外线辐射能加热，有渗透性，加热效果好，用户可任意选定烘道内的工作温度，传动采用无级变速或调速电机，传送速度可任意改变。

第六章
米粉的调味料和软罐头配菜

煮熟的米粉条形光滑、结构致密、孔洞少而小，味道清爽，配上营养丰富、味道独特的配菜（或叫浇头、码子、菜码等），形成极具地方特色的产品。比如，柳州螺蛳粉、常德牛肉粉，桂林卤粉、昆明小锅米线等。这些配菜或调料一般都是当天现做，因此本章介绍的主要是方便米粉的调味料和软罐头配菜。早期的方便米粉如方便河粉、波纹米粉等均沿袭方便面的调味料，包含粉包、酱包和葱包。近年来随着方便鲜湿米粉和网红食品螺蛳粉等的兴起，调味料开始走向多元化，出现各种软罐头包装的地方特色配菜，并开始盛行。

第一节　米粉的调味基础

一、米粉的调味特点

米粉除鲜湿米粉有米香味外，其他品种基本无味无香。

米粉的凝胶组织结构致密。米粉是溶胀的淀粉颗粒和碎片填充在可溶性直链淀粉中形成的连续三维网络凝胶结构，没有像面条面筋蛋白形成的多孔状结构，不能形成气孔。因此，米粉在复水时就会复水难、入味难，复水后清淡无味。

煮熟的米粉表面平滑光亮，调味汤液难以附着，味道的吸附能力差，影响了米粉的着味效果。

工业化生产的米粉糊化程度高，蒸煮损失率低，汤汁的黏稠度就低，使得调味汤液的附着力低，从而影响了米粉的着味效果。

因此，要使米粉入味可口，必须针对性设计调味配方，才能使米粉丝有味、汤可口。

二、米粉的调味原理

食品的调味主要指色、香、味三要素。其中，调味是指用热水或温水从天然原料中提取的浸提物，含有多种呈味成分，主要为游离氨基酸、核酸、有机碱、酸、糖类、无机盐等，非提取成分为油脂（鸡脂、猪脂、牛脂）、高分子物质（蛋白质、明胶、糖原、淀粉）。调香是突出调味料芳香诱人、引起食欲的味觉特色。调色是通过将调味料着色，让人从视觉上感觉到美味。

调味技术是以原料的本味为基础，依据主辅料的质量状况，正确运用各种调味料，施以不同调味手段，使原料提鲜、增香、异味消除并形成各种复合美味的过程。通常影响口感的因素很多（图 6-1），其中调味技术的好坏直接影响口感的好坏。

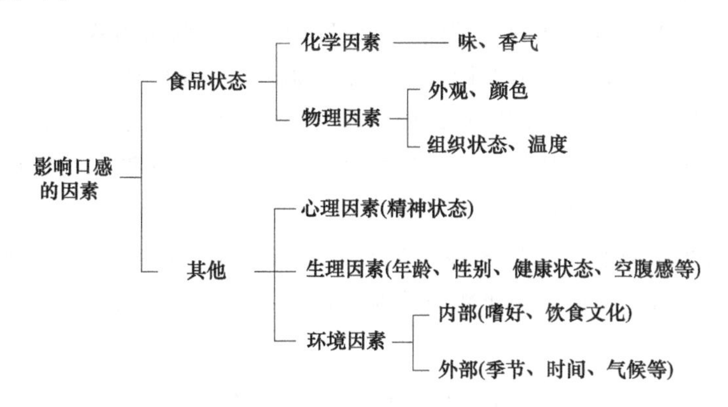

图 6-1　影响口感的基本因素

常见的味觉现象，包括味觉的增强、对比、掩盖和派生现象。食品的理化状态对味觉可产生影响，包括食品的黏稠度和细度、油脂、醇厚感以及香味和色彩对味觉的影响。因此，在实际的调味过程中遵循以下原理。

① 味觉强化原理

一种味觉的加入会改变另一种味觉。两种混合的味觉可以相同，也可以不同，且同味叠加的作用大于两种不同味觉叠加的作用。

② 味觉掩蔽原理

一种味觉的加入，使另一种味觉的强度减弱乃至消失。

③ 味觉干涉原理

一种味觉的加入，使另一种味觉失真。

④ 香效应原理

香气的三个阶段包括头香、体香、尾香；香气的四种感觉包括直冲感、圆润感、飘逸感、厚实感；香气的四个要点包括香型逼真、香气浓郁、留香持久、香气协调。根据香料在香气中所发挥的作用，可将香料分为四个部分，即主香剂、合香剂、矫香剂、定香剂。增香原本只能提供香味，并不能提供甜感之味，但由于条件反射，人会增强对增香调味品的吸引力，食用时产生愉快的感受。

⑤ 味觉派生原理

两种味觉的混合，产生出第三种味觉。

⑥ 味觉反应原理

原料中的某些物理、化学状态使人们对味觉的感知发生变化。根据各种呈味料和香味料的特点、各种味觉嗅觉现象，取得口味、香气、风味平衡，寻求各种呈味料、香味料之间的和谐美。在调味时应遵循调味的基本原则，即在进行调味时，应掌握好调味的范围进行“适中调味”；调味料的滋味应与原料的滋味接近；尽量使用天然调味料，使其具有较浓郁的调味香气；调味料的添加量要适当，不应掩盖主料的滋味；依据调味料的属性优选调味料进行调味；同时还要注意“因时、因地、因人”调味。

米粉的调味调香就是将各种呈味料、香味料在一定条件下组合，产生新味，并以一定形式使调料与米粉充分融合，使其具有独特的风味，对米粉的调味作用见表6-1。

表 6-1　调味料的调味作用

作用	体　现
鲜味增强作用	由于氨基酸、肽类、核苷酸等鲜味物质的作用，使其他调味料已经存在的鲜味进一步增强
呈味幅度增大作用（赋予厚味）	众多的呈味成分叠加后，呈味幅度变宽、厚味增强
赋予风味作用	能够提供肉类、海鲜、蔬菜等的特定风味
改善风味作用（掩蔽作用）	浓郁的香味能够掩蔽异味，体现出良好的风味

第二节　方便米粉的调味料

方便米粉的调味料主要是以鲜味和咸味为中心，以风味原料为基本原料

（如鸡肉、牛肉、猪肉、酱菜和海鲜等），以糖、香辛料等调味材料和脱水蔬菜、填充剂、赋形剂等为辅料，加以适当的调香和调色制成。制作调味料的原料品质好坏将直接影响产品的优劣，所以调味料的原料和辅料是方便米粉调味料品质的保证。

一、方便米粉调味料的原辅材料

1. 方便米粉调味料的主要原料

鲜味剂（味精、核苷酸、酵母、动植物蛋白水解液、动植物和鱼贝类热水浸出物）可以增强汤料的鲜味，提高人们的食欲。咸味剂主要是食盐，是其他风味的基础，提供咸味和增强鲜味。甜味剂（蔗糖、葡萄糖、果糖、麦芽糖、蜂蜜、木糖等）使汤料酸甜可口，还能与氨基酸发生美拉德反应产生焦香味。食用油（动植物油：花生油、菜籽油、芝麻油、棕榈油、米糠油、猪油、牛油、鸡油等）。这些原料又可以分为基础调味料和天然调味料。

天然调味料：天然调味料是将动、植物水溶性物质从原料本体溶出并进行适当加工的产物，主要包括膏状和粉状产品。初期生产天然调味料主要以猪、鸡、牛为主的动物肉类为原料，生产成本较高。随着原料研究的深化，人们逐步发现富含硬蛋白骨胶原的动物骨类、水产类及加工副产品、呈味蔬菜类、海藻类等原料更具个性风味，经加工后特别具有传统中国烹饪餐食的风味，营养丰富，易被消费者接受，且价格低廉、易于获得。同时，一些香辛料和药食同源的中药也被采用。它们在增强和改善制品风味、口感，矫正、抑制不良气味等方面发挥了良好的作用，经过不断地发现和积累，逐步形成了原料群（图 6-2）。

在实际生产中，较少使用一种原料制作单一味道的调味料，大多是以动物原料为主料的两种以上原料制作而成的复合味调味料，如肉骨混用、猪鸡混用、动植物混用等，使制品风味更加丰富，耐人品味。来源于各种水产（鱼、虾等）的天然海鲜调味料，能直接体现相应（鱼、虾等）的天然风味。经抽出、分解、加热、浓缩和干燥等工艺，产生并超过一般烹调直接添加的效果。同时它含有丰富的氨基酸、肽类、有机酸等，其中包括多种人体必需氨基酸，而其中的肽类更容易为人体所吸收，提高了人体对营养物质的有效利用。尽量选用水溶性好的原料，以增加调味料的呈味组分浓度，使被米粉复水吸收的着味液中有尽可能多的呈味成分。不同种类的米粉汤料中的基础味以及香辛料的配比是不一样的，特别是通过添加糊精和淀粉增加汤对米粉黏着性后的各种调味料的比例可能会发生比较大的变化。

鲜味剂：鲜味剂又称食品增味剂，是补充或增强食品原有风味的物质。食

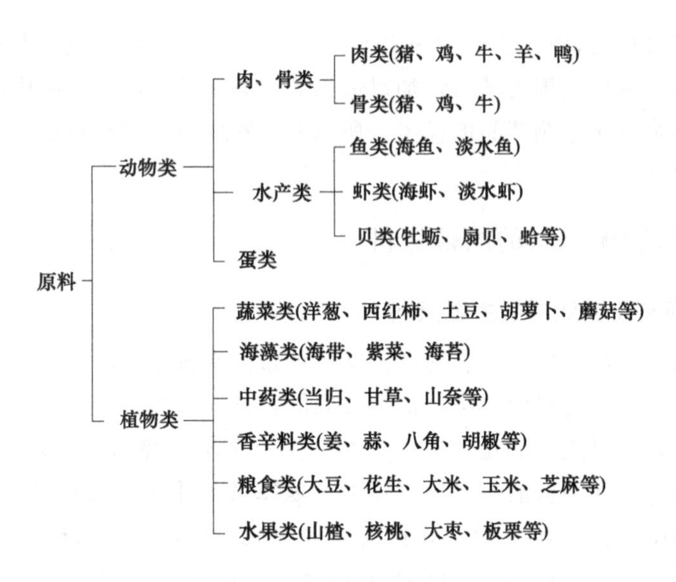

图 6-2　可作调味料的原料群

品鲜味剂不影响酸、甜、苦、咸等 4 种基本味和其他呈味物质的味觉刺激，而是增强其各自的风味特征，从而改进食品的可口性。鲜味剂的种类很多，但对其分类还没有统一的规定。如按来源可分为动物性鲜味剂、植物性鲜味剂、微生物鲜味剂和化学合成鲜味剂等；也可按化学成分分为氨基酸类增味剂、核苷酸类增味剂和正羧酸类增味剂三类。氨基酸类，如 L-谷氨酸及其钠盐（味精)、L-天冬氨酸钠、L-丙氨酸、L-甘氨酸等；5′-核苷酸类，如 5′-肌苷酸二钠、5′-鸟苷酸二钠、5′-呈味核苷酸二钠等；正羧酸类，如琥珀酸二钠等。我国《食品安全国家标准　食品添加剂使用标准》（GB 2760—2014）批准 6 种鲜味剂，即谷氨酸钠、5′-肌苷酸二钠、5′-鸟苷酸二钠、5′-呈味核苷酸二钠、琥珀酸二钠、L-丙氨酸。这些鲜味剂可以和天然鲜味抽提物，如肉类抽提物、酵母抽提物、水解动物蛋白和水解植物蛋白以不同的组合和配比，制成复合鲜味料，从而增强方便米粉汤料的鲜味，提高人们的食欲。这类鲜味剂不仅风味多样，而且富含蛋白质肽类、氨基酸、矿物质等营养功能成分，是一类很有发展前途的鲜味剂。

2. 方便米粉调味料的主要辅料

方便米粉调味料的主要辅料包括：香辛料、着色剂、香精、增稠剂、脱水蔬菜、香料等。

香辛料：又称辛香料，是指能给食物带来特殊风味、色泽和刺激性味感的植物。传统中国饮食中，花椒、辣椒、生姜、八角等香辛料作为主要调香调味材料，通过不同的配比调制出不同的风味，并形成了各具特色的地域特色和菜系，深受广大消费者喜爱。研究发现，香辛料不仅具有调香调味的作用，还含有精油等生物活性成分，具有很强的防腐抗菌、抗氧化作用。复合香辛调味料就是主要采用香辛料为原料，根据不同香辛料的呈味特点和功能作用，通过分析鉴定分离不同风味成分，依据味觉强化、掩蔽、干涉、派生及反应等原理，将各种香辛料风味成分物质在一定条件进行组合，产生独特风味，具有一定功能的复合调味品。复合调味香辛料具有食用方便、风味丰富的特点，深受现代消费者喜爱。

着色剂：食品着色剂（色素）种类很多，按其来源可分为天然色素和人工合成色素。天然色素有叶绿素、番茄红素、辣椒红、栀子黄等；人工合成色素有β-胡萝卜素、核黄素等。按照溶解性的不同，食用色素又可分为水溶性色素（如花青素、红曲红等）和脂溶性色素（如β-胡萝卜素、番茄红素、叶绿素等）。不同色素的着色效果和添加方法不同，主要用于改善方便米粉汤料的色泽。

香精：能够赋予产品主体香气，产生诱人的香味。香精可分为液体香精（调配香精、反应型香精）、固体香精（微胶囊香精、拌和粉体香精）。方便米粉用香精以肉味、海鲜、油味、蔬菜味香精为主，又称为调味香精。确定口味的香味时，应明确产品定位，即消费区域、消费群体和消费习惯；调味料与被调味物本身的香气和滋味应一致，底料、表面、成品调味相一致，使之能起到强化作用；选用原料时，应考虑耐热性、挥发性，头香、中味、底味连贯；在调味时应尽量选择天然调味料，使其具有浓郁、纯正、稳定的口感和香气；香辛料的添加要适当，应以烘托主体风味为原则；适当选择化学调味料，保证合理的成本。米粉可以多选用渗透性强的原料，比如辣味、酸味、甘草提取物、水溶性的合成原料等。

增稠剂：食品增稠剂通常指能溶解于水中，并在一定条件下充分水化形成黏稠、滑腻溶液的大分子物质，多为食品胶。食品增稠剂对保持流态食品的色、香、味、结构和稳定性起相当重要的作用。增稠剂是在食品工业中具有广泛用途的一类重要添加剂，用于胶凝剂以改善食品的物理性质或组织状态，使食品黏滑适口。增稠剂也可起乳化、稳定作用。常用的增稠剂有明胶、阿拉伯胶、琼脂、海藻酸钠（褐藻酸钠、藻胶）、卡拉胶、果胶、黄原胶、β-环状糊精、羧甲基纤维素钠和淀粉等。

在方便米粉调味料粉包中加入适量的增稠剂，如海藻酸钠、变性淀粉、魔芋精粉等，增强冲水后形成的着味液的附着力和复水后米粉内部的着味程度。也可以加入适量的马铃薯淀粉，马铃薯淀粉的黏度高、膨胀力大、保水性好，复水能力强。加入马铃薯淀粉后可使方便米粉在复水时吸收更多的水分，增加复水后米粉内部的着味程度。同时，膨胀力较大的马铃薯淀粉还能够改变复水米粉的口感，使其松软可口。

脱水蔬菜：指经过脱水干制而成的蔬菜。食用时不但味美、色鲜，而且能保持原有的营养价值。加上脱水蔬菜比新鲜蔬菜体积小、重量轻，入水便会复原，运输、食用方便等，备受人们的青睐。脱水干制方法分自然晒干及人工脱水两类。人工脱水包括热风干制、微波干制、膨化干制、红外线及远红外线干制、真空干制等。目前蔬菜脱水干制应用比较多的是热风干燥脱水和冷冻真空干燥脱水。冷冻真空脱水法是当前较先进的蔬菜脱水干制法，主要品种有胡萝卜粒（片、丝）、香菜、香葱片、南瓜条、蒜片（粉）、青（红）椒片、辣椒碎、芹菜、菠菜、海带芽、香菇粒、扁豆、黄花菜、筋豆角等。

二、方便米粉调味料的应用实例

1. 方便米粉调味料的加工工艺

目前方便米粉的调味料主要由酱包、粉末包和脱水食物包等组成。

酱包：也称油包，主要由精制食用油脂、酱油、香辛料提取物、肉骨酱等组成。其中，食用油脂要求新鲜的棕榈油或其他植物油；酱油要求采用品质优良的发酵级以上；香辛料要求无霉变、无虫蛀、新鲜。筒子骨、牛肉等肉骨酱原料要求新鲜、无腐败、无异味。加工时先将香辛料洗净，根据配方捣碎混合；酱油加热再加入乳化剂、增稠剂充分混合成糊状，将棕榈油加热至110℃左右时加入香辛料，待冷却后过滤得到含有香辛料提取的油脂。按配方比例称取各种预混料，将其混合均匀，呈半固体状，入包装机包成每袋10g左右的酱包；巴氏杀菌（85℃，20min），冷却，得到成品。

粉包：也称调味包，主要由食盐、糖、鲜味剂和香辛料等组成。其中，食盐要求精制食用盐，纯度在99%以上；糖为白砂糖，纯度在98%以上；鲜味剂选用味精、5′-鸟苷酸二钠和5′-肌苷酸二钠、酵母提取物等按一定比例混合粉碎；香辛料要求无虫蛀、无霉变、新鲜的上等料。加工时将各种香辛料先清洗干净、干燥、粉碎，糖、味精等分开粉碎。再将各种原料按配方倒入粉末混合机中混合均匀包装，得到成品。

脱水食物包：主要由脱水畜禽肉和脱水蔬菜组成。其中，畜禽肉类要求新鲜、无腐败、无异味的精瘦肉，解冻后清洗，去除杂质，切片（丁），放入高压蒸煮锅中蒸煮约15min，使之熟烂，干燥。蔬菜先挑选，清洗，护色，放入98℃左右的水中预煮或热烫，捞出，沥干水分。热风干燥或冷冻干燥脱水，使水分含量低于13%，切成产品要求的大小。干燥粉碎后的脱水食物包按配方比例混合均匀，包装，得到成品。

2. 方便米粉调味料的配方举例

(1) 香辣牛肉调味料

具有香辣可口、色泽宜人、口味鲜美、营养丰富、牛肉香味浓郁等特点，是方便米粉中重口味代表产品。

酱包：棕榈油300g、酱油180mL、辣椒30g、花椒8g、生姜30g、盐50g、味精12g、5′-鸟苷酸二钠和5′-肌苷酸二钠7g、香葱香精10mL、增稠剂10g、牛肉香精1g、胡椒粉6g（分装成40包）。

粉包：盐100g、黑胡椒16g、豆豉20g、花椒4g、辣椒23g、味精20g、5′-鸟苷酸二钠和5′-肌苷酸二钠8g、丁香2g、八角2g、生姜粉8g、大蒜粉4g、小茴香4g、肉桂4g、糖50g、月桂叶2g（分装成40包）。

脱水食物包：牛肉干60g、胡萝卜60g、脱水香葱40g（分装成40包）。

(2) 鸡汁香菇调味料

以鸡汁、香菇为主要香味和口感的一种调味料，具有浓郁的鸡肉香味和香菇香味，口感鲜美、咸淡适口、营养丰富，是方便米粉的清淡口味代表产品。

酱包：棕榈油300g、盐50g、味精12g、酵母提取物7g、八角1g、桂皮4g、生姜20g、大蒜10g、花椒1g、胡椒1g、增稠剂10g、水50mL、鸡精16g、香菇香精10mg（分装成40包）。

粉包：食盐120g、食糖80g、鸡精50g、八角2g、小茴香2g、丁香2g、肉桂2g、月桂叶2g、味精10g、大蒜8g、生姜4g、胡椒4g。

脱水食物包：牛肉干60g、胡萝卜60g、脱水香葱40g（分装成40包）。

第三节　方便米粉的软罐头配菜

随着近年来年轻一代对风味特色化的要求越来越高，越来越多的方便米粉企业将传统调味技术融合到现代化的生产加工中，打破酱包、粉包和脱水食物包的调味方式，研制出地方特色鲜明的调味品，搭配软罐头包装的配菜，形成新的方便米粉调味技术，成为市场新宠。

一、软罐头包装食品基础

软罐头包装食品是指采用复合塑料薄膜（很多还与铝箔复合）制成的密封容器，将经过预处理的食品进行包装封口，再高压杀菌使之达到商业无菌的一种罐头食品。软罐头食品从包装形态上分为袋装食品、盘状食品和结扎食品三类。其中，袋装食品又分为透明袋包装食品和铝箔袋（不透明袋）包装食品两种，是软罐头食品的主流，生产量最大。比如调味食品（咖喱类、汤类、炖制类）；米饭淀粉类（什锦饭、八宝饭、鲜湿方便米粉）等。

1. 软罐头食品包装材料

作为食品包装材料的一个分支，软罐头包装材料选用的是一些食品工程塑料和包装复合材料。目前生产中最常见的包装材料有聚乙烯（PE）、聚丙烯（PP）、聚酯（PET）、尼龙（PA）、聚氯乙烯（PVC）、聚偏（二）氯乙烯（PVDC）、铝箔等。

(1) 软罐头包装材料的性能及特点

隔氧性：氧的作用会促进好氧性微生物的繁殖，所以阻止产品与氧的接触，对于保持质量、提高保存性极为重要。薄膜的隔氧性就是隔绝氧气的透过性能力。这一性质应用广泛，尤其在真空包装和充气包装时更重要。隔氧性通常用透过量来表示，它的评价单位为 mL/（m^2 · 24h · 10^5Pa）。需注意的是要以成型时薄膜变薄部分的氧透过率为基准来进行薄膜设计，真空包装时理想值应在 10 以下。

防湿性：要防止产品中的水分以水蒸气的形式从包装薄膜内侧透出来及产品吸收从外侧透进来的水蒸气。因为产品水分的增加或损失对于风味、组织、内容量都有不良影响，尤其是含水量很少的食品，防止定量制品的自然损耗是极其重要的。防湿性就是阻挡水蒸气透过的性质。需要提出的是，这一性质不是恒定不变的，通常随温度变化发生较大的变化，温度升高水蒸气透过率加大。防湿性通常用水蒸气透过量的大小来表示，以 g/（m^2 · 24h）为单位。

耐冲击性：抵抗包装后在搬运过程中由于冲击而引起的破袋的能力称为耐冲击性。它通过材料的拉伸强度（MPa）、延伸率（%）、撕裂强度（N/cm）三者的平衡来保证。

遮光性：这一性质指包装材料对紫外线中有光学作用的 320～380nm 波长具有的遮挡性。透明的薄膜没有遮挡紫外线的作用。一般来说，有遮光作用的薄膜通常是不透明的，但它又有看不见包装袋中产品的缺点。为弥补这一缺陷，方法之一是往包装材料中添加紫外线吸收剂，但近来已被禁止。方法之二是利用光的反射性质，用缎纹加工滚筒在薄膜表面挤出凹凸花纹。方法之三是将油墨超微粒化，使波长短的紫外线被散射，波长长的可见光通过。遮光性用紫外线透射率（%）表示。

耐热性与耐寒性：耐热性好的包装材料软化点高，加热后不变形，这一性质对于包装后再杀菌的产品尤其重要。耐寒性好的包装材料在低温条件下薄膜也不变脆，仍可以保持密封强度和耐冲击性，这对于储藏期间及货架期间需要低温保藏的食品很重要。它们的评价单位用℃来表示。

耐油性：脂肪外渗，与空气接触发生氧化再向内扩散会影响产品风味。耐油性是指防止制品中析出的游离脂肪向薄膜外侧渗透的性质。具有良好耐油性的薄膜不易溶解油脂也不易渗透油脂。

带电性：目前食品工业中普遍采用的绝缘性好的工程塑料聚乙烯、聚丙烯、聚酯等表面几乎都带电，容易吸附灰尘，不利于薄膜粘接。可以添加带电防止剂或安装放电装置，消除静电。不容易带电的薄膜有聚乙烯醇、聚氯乙烯和玻璃纸等。

热收缩率：薄膜具有一经加热就收缩的性质，这一性质适于脱气收缩包装和真空包装。利用薄膜遇热收缩的特性，可以达到固定袋内制品位置、提高保存效果的目的。收缩性是将热塑性薄膜加热到软化点温度以上时，运动着的分子之间由于拉伸给予薄膜的性质，即恢复原状的复原性。与拉伸呈相反方向，并与拉伸率成反比，热收缩率正是应用这个性质。薄膜拉伸时被拉薄，但是在拉伸方向上由于薄膜中的分子发生了重新排列，因此其韧性、隔气性、防湿性等都有所提高。薄膜的热收缩率与薄膜本身的性质、薄膜的厚度、薄膜在受热温度下持续的时间有关。

（2）常用的软罐头食品包装材料

聚酯（PET）：分为 12μm 和 25μm 两种。优点是力学强度大，挺力强，耐冲击、耐油性、耐酸性好，耐热性、耐寒性好，透明度好、可视光线 90%以上可透过，阻止异味透过性最好，防潮性好。缺点是易带静电、价格高、熔点高、不易进行单层薄膜的热合、不能接触强碱。适于用作蒸煮袋，可在上面进行印刷。

聚丙烯（PP）：优点是防潮、防水、耐油、耐热、耐酸碱、耐折，常温条件下耐冲击、透明度高、弹性大、相对密度小。缺点是防氧气及二氧化碳透过性一般、带静电、隔绝异味和防止紫外线穿透性差。在成型加工性能方面其熔体黏度受温度的影响较大，应用直接挤出吹塑法生产容器时，易产生型坯的下淌，因而不易生产较大容积的中空容器。此外，除经特殊稳定配方稳定化外，聚丙烯的耐热性均不如聚乙烯类塑料。未拉伸型的聚丙烯适于用作蒸煮袋的内层材料。添加少量乙烯（3%～5%）形成聚烯烃共聚物则可改善其热封温度范围窄和耐低温性能差的缺点。

聚乙烯（PE）：优点是拉伸强度、延伸率、撕裂强度优良，封口适应性好。软罐头食品使用的特殊高密度聚乙烯的缺点是气体隔绝性差，耐热性不好（最高 120℃）。聚乙烯为乳白色蜡状固体，因聚合工艺不同分为高压低密度聚乙烯（LDPE）、中压中密度聚乙烯（MDPE）、低压高密度聚乙烯（HDPE）、线型低密度聚乙烯（LLDPE）等。LDPE 适用于包装防潮食品等，不宜包装有阻气要求的产品。HDPE 适用于可蒸煮的软罐头食品包装，用作复合薄膜的内层材料。

尼龙（PA）：双向拉伸薄膜尼龙的耐寒性、耐热性、撕裂强度和耐针孔穿刺性好，是软罐头包装材料不可缺少的基材。尼龙的深拉伸制品具有较大的抗张强度、延伸率和撕裂强度，适用温度较宽（−60～200℃）。适用于在复合薄膜材料中与其他薄膜复合，起到增强、加固、耐撕裂、阻隔气体的作用。

聚偏（二）氯乙烯（PVDC）：优点是对气体及湿气有极端不透过性，这种阻气性甚至接近于金属，是现有塑料薄膜中阻隔性最好的薄膜。另外它还具有机械性能好，密封性、结扎性、热收缩性、透明性好的优点。由于聚偏（二）氯乙烯热封性能不佳，但有良好的自粘性、熔黏性，所以一般采用脉冲热合或高频热合封口，用作需高温杀菌处理的食品的复合薄膜的基材。

铝箔：常用的金属包装材料有镀锡薄钢板、镀铬薄钢板和铝制包装材料。铝制包装材料又包括铝合金薄板和铝箔。铝箔可与比较敏感的内容物接触，不会因重金属离子析出而产生金属异味，在软罐头包装材料中使用较多。它具有较好的耐蚀性（某些场合优于不锈钢）、气体阻隔性和遮光性，而且成型加工性好、易开口、废物易回收、不产生静电、质量轻。缺点是弯曲后有产生针孔的危险，需以塑料薄膜作为外层与其复合。作为中间层，蒸煮袋所用铝箔厚度一般为 7～15μm。考察成本，一般采用 9μm 的铝箔，经内外二层复合制成蒸煮袋，铝箔几乎不透湿、不透气，可以长期保存含脂肪多的食物。

(3) 复合包装材料的特性

软罐头的包装形式中最为常见，也是最为实用的是复合薄膜。因为在现有的单一塑料品种中往往无法找到一种合适的材质来满足多种需要，起源于 20 世纪 50 年代。复合则主要用于提高塑料制品的阻隔性能，也用于降低生产成本。塑料容器从外观上相差不多，但是在性能上却有非常大的差异，特别是对氧、二氧化碳、氮气以及有机溶剂的阻隔性能方面，可相差数十倍乃至数百倍之多。

(4) 蒸煮袋

蒸煮袋种类很多，分类方法也很多。按外观，可分为带铝箔层的不透明蒸煮袋和不带铝箔层的半透明、透明蒸煮袋；按耐热程度，可分为普通蒸煮袋(RP-F)、耐高温蒸煮袋 (HiRP-F)、耐超高温蒸煮袋 (URP-F)，它们分别可以耐温 100～121℃、121～135℃、135～150℃；按容量，可分为 100g 以下的小袋，180～500g 装的一般袋，1000g 以上的业务用大袋；按外观，蒸煮袋可分为平袋和立袋。立袋不但外观美观，加压杀菌所需时间也短，可提高产量又保证质量。包装中聚酯薄膜用在最外层，具有防止铝箔腐蚀、堵住针孔的功能，可供印刷。内层的薄膜用何种聚烯烃要根据杀菌温度而定，杀菌温度在 120℃以下时可以用特殊高密度聚乙烯，杀菌温度在 135℃时需采用特殊聚丙烯，聚烯烃也可保护铝箔不受腐蚀，使针孔不被堵塞。

透明袋与不透明袋：带铝箔的蒸煮袋不透明，外观呈金属光泽，可使货架期像普通罐头一样达到两年以上。它可以完全隔绝空气、光、水蒸气，长期保存食品的色、香、味。但是要注意防止酸性的腐蚀以及因弯曲产生针眼造成的漏气。铝箔袋一般有三层结构：聚酯/铝箔/聚烯烃，厚度分别为 12μm、9μm、50～70μm，最内层是聚烯烃。当要求更高的杀菌温度和强度时，可以采用四层结构的蒸煮袋：聚酯/铝箔/尼龙/聚烯烃或者是聚酯/尼龙/铝箔/聚烯烃。尼龙薄膜的厚度为 20μm，它的作用是冲击保护。

半透明袋不采用铝箔，内容物清晰可见，深受厂家和消费者的喜爱。它通常采用两层结构：一种是聚酯/聚烯烃，用 RP-T 表示；另一种是尼龙/聚烯烃，用 RPN 表示。后者的抗张力、延伸率、撕裂强度都强于前者。

透明蒸煮袋分为聚酯/冲击吸收层/聚烯烃、尼龙/冲击吸收层/聚烯烃、聚酯/铝箔冲击吸收层/特殊聚丙烯等多种。适合在 120℃以下使用的蒸煮袋，其内层即密封层采用特殊高密度聚乙烯，而能够在 135℃温度下杀菌的蒸煮袋需用特殊聚丙烯作为密封层。现在普遍采用的高温短时杀菌技术，可以在短时间内杀死有害菌，使食品保持较高的风味品质。高温短时杀菌蒸煮袋的主要构成及物理性能与其他蒸煮袋相比，粘接温度高 (137℃)、粘接强度大 (＞8kN/20mm 宽)、热封温度也较高，铝箔袋为 190～250℃，透明袋只为 180～220℃。

立袋：能够站立的蒸煮袋，平放时的厚度比同容量的其他瓶、罐薄，所需杀菌时间也短。立袋与普通袋不同之处在于设计材料上要考虑底和腰的强度。随袋内装固体、半固体、液体的不同，材料的强度要求越加严格。底部一般出现的问题是有针孔，这是底部薄膜弯曲造成的，为了防止这种现象的产生，要选用韧性好的薄膜。

大型蒸煮袋：大型蒸煮袋内容物含量可达1kg以上，外面不使用盒包装，要求包装材料有很强的耐冲击能力和耐穿刺能力，必须使用四层薄膜。每种食品的具体包装材料和厚度要根据内容物的种类及数量而定。

需要指出，除考虑生产实际外，包装材料的选择还应从可持续发展战略的要求出发，使用的原材料要尽可能节约资源，不对环境产生有害影响。一般包装材料的生产过程对环境的影响尚不严重，应重视的是对于可以回收再利用的塑料包装容器，应尽量回收再利用；对于不能重复使用又难于回收的品种，要尽量开发可降解产品，使它们在废弃之后经过生物作用，在比较短的时间内分解回归自然。

2. 软罐头食品的加工工艺

图6-3是袋装软罐头食品的加工工艺流程图，具体工艺流程如下。

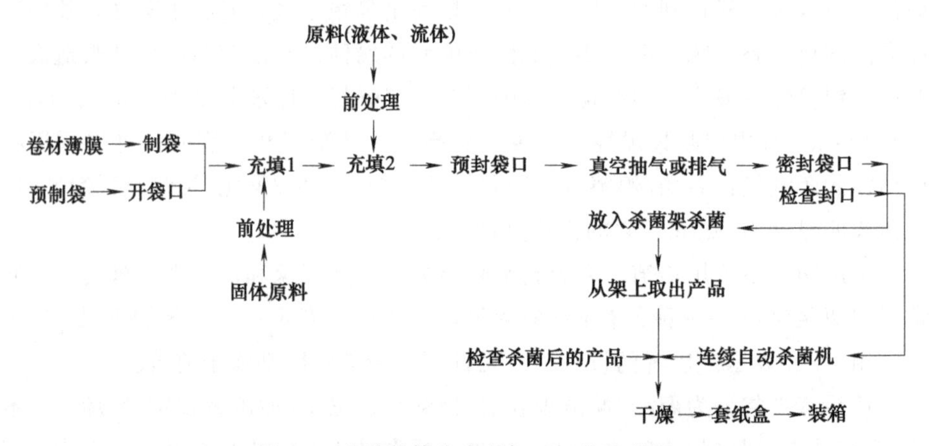

图6-3　袋装软罐头食品加工工艺流程图

（1）蒸煮袋材料的复合及制袋

以三层材料聚酯薄膜、铝箔、聚烯烃薄膜的二次复合为例。首先是外层和中层的复合，在复合前先将聚酯薄膜裁成所需要的规格，再上凹版印刷机印刷图案。复合时将有图案的一面与铝箔相复合，这样图案文字在内侧，聚酯薄膜外表面无印刷油墨。外层与中层复合时，采用聚氨酯型胶黏剂，应充分固化以达到理想的牢度。内层与中层复合时，采用改性聚丙烯胶黏剂，由于在复合时已结膜，因此可以保证理想的牢度，复合好即可制袋。成品要有撕裂口，以便于食用，袋角要制成圆角，以免尖锐的袋子相互刺伤、影响密封性，热封边要压纹，以增大制袋的强度，提高热封强度。蒸煮袋首次使用前应采用较全面的检验，包括检样、非破坏性感官检验、典型单体介质检验、强度检验、密闭性能检验、实罐检验和材料及卫生性能检验。上述检验通过后，在不改变薄膜材料、胶黏剂和复合工艺，仅有规格、批号、数量、时间上的变动时，可以简化检验程序，只进行前四项。

(2) 清洗

加工时需要先除去原料上附着的泥沙、尘埃、微生物和部分农药残留物等杂质。可单独采用浸渍清洗、搅拌清洗、流动水清洗等方法，也可几种方法结合起来使用，原则是按原料的种类选择最适宜的清洗方法。

(3) 热处理

① 预煮　对果蔬类原料预煮的主要目的是破坏氧化酶，以防止在加工过程中引起变色，使组织软化以易于装袋，除去表皮的蜡质以易于剥皮。对于肉、禽、水产类则主要是使组织脱去部分水分，使蛋白质凝固、组织紧密、具有一定的硬度而便于装罐，同时脱水后，在调味过程中，调味液可充分渗入组织内，保持一定浓度，对成品固形物及质量风味也有保证作用。当然预煮还对附着在果蔬类或肉禽类表面的一部分微生物有杀灭作用，而且对后道加热杀菌也有一定的辅助作用。

② 调味（包括油炸及烹调等）　调味是对处理后的原料进行烹调，以适合各地区人群的嗜好。在调味过程中必须注意调味汁的配方，以保证成品具有原料和香料的特有风味，色泽浓淡一致、汁液量和肉量保持一定比例，充分体现出产品应有的风味和滋味，没有其他异味。

(4) 充填密封

充填密封工艺的关键在于保持适当的充填量和合适的内容物，保持袋内一定的真空度，保持袋口处清洁、无污染。软罐头食品的充填量与其杀菌效果有直接关系，这主要与充填后袋的厚度有关。因为蒸煮袋若充填过多，一方面，会导致厚度增加，致使杀菌时间不足，造成成品败坏；另一方面，也可能因封口时袋子拉得太紧，造成袋封口处污染。因此充填量与包装袋的容量要相适宜，通常控制内容物离袋口距离至少 3～4cm。另外，内容物不要带骨和带棱角，以免影响封口强度或刺透包装袋，造成内容物败坏。

(5) 封口检验

充填后的软罐头进入封口工序。软罐头的封口采用热熔密封。目前，国内外普遍采用电加热法和脉冲封口法。软罐头食品的密封是个关键性操作，是决定软罐头质量的重要环节。封口后的封口强度必须经受 121℃或更高些的温度加热杀菌，经受储藏、运输、销售等流通过程的震动和碰撞，其密封性能及渗漏率必须和金属罐的标准相同。封口强度主要采用拉力测定，封口良好与否主要采用肉眼检测、针孔检验法、红外线审视法、测厚法等。

(6) 杀菌

填充密封好的软罐头必须经过杀菌，以达到长期保存的目的。软罐头的杀菌工艺过程分为升温阶段、杀菌阶段和冷却阶段。软罐头的杀菌时间一般比同类普通罐头短；容易破袋；并且杀菌方式因品种而异。

(7) 冷却

杀菌后的软罐头应快速冷却。与普通罐头冷却一样，软罐头应采取加压冷却，以防止锅内蒸汽冷凝时袋外压力急剧下降而导致破袋。冷却用水须符合饮用水标准，最好使用经氯化处理过的水，冷却水中含游离氯 3～5mg/kg，以控制细菌数，防止软罐头的后污染。

(8) 产品检验

产品一般需经过耐压强度试验、食品的保温试验、微生物分析、残留气体量测定、水分活性测定和总芳胺迁移量测定。

二、方便米粉的软罐头配菜应用实例

下面以螺蛳粉调味料和配菜为例介绍米粉的软罐头包装配菜。

螺蛳粉是以米粉、螺蛳汤、配菜调配而成的广西柳州著名小吃。螺蛳粉由米粉和调味料两部分组成，其中米粉多为干制圆粉，调味料有酸辣的螺蛳汤汁和酸笋、木耳、花生、油炸腐竹、黄花菜、鲜嫩青菜等软罐头配菜。汤料的主料为螺蛳、猪腿骨等，形成螺蛳汤料的底味；辅料包括发酵蔬菜、香辛料，主要形成汤料的风味，原辅材料配比对汤料的风味有很大的影响。其中，螺蛳是体外裹着一层锥形或纺锤形硬壳的软体动物，营养丰富，螺蛳肉中蛋白质含量高达 50.2%（其中赖氨酸占 2.84%，甲硫氨酸占 2.33%），矿物质含量 15.42%（其中钙 5.22%、磷 0.42%、钠 4.56%）。常用的螺蛳粉调味料和配菜为：干米粉 120g，酱料包 35g，汤料包 20g，粉包 5g，辣椒油包 15g，酸笋包 30g，花生包 8g，豆角、萝卜、黑木耳包 30g，腐竹包 30g，醋椒包 10g。下面详细介绍螺蛳粉的调料包与软罐头配菜。

酱料包：酸笋 75%、食用调和油 10%、螺蛳肉 10%、食用盐 1%、大蒜 2%、姜 1%、辣椒 1%。加工时先熟制螺蛳肉和酸笋，调和油将酸笋炒干后加入大蒜、姜、辣椒等，炒煸出味，加入螺蛳肉爆炒，混合绞碎成酱状，煮沸，趁热包装。注意螺蛳为螺蛳粉汤料中主要原料之一，风味独特，应慎重添加。

螺蛳肉若在汤料中比例过大，则色泽浑浊，棕色过深，有明显的土腥味及螺蛳特有的臭味，整体风味将无醇厚的口感和香气；若比例过小，则汤色较浅，无棕色，无螺蛳风味，整体风味平淡无奇，没有特色。一般螺蛳添加量在10%～15%较好。

汤料包：螺蛳肉10%、鸡骨10%、食用棕榈油2%、食用盐0.5%、酿造酱油5%、香辛料3%（香葱1.2%、大蒜0.78%、八角0.06%、小茴香0.03%、陈皮0.06%、香叶0.06%、甘草0.15%、白芷0.06%、生姜0.15%、干辣椒0.45%)、鸡精调味料0.5%、鸡粉调味料1%、水68%。加工时先将香辛料油炸10s捞起，与螺蛳肉、鸡骨加水慢火熬煮50min，过滤去渣，加入食盐、酿造酱油、鸡精调味料、鸡粉调味料，煮沸，冷却，包装。

粉包：食盐30%、味精10%、芝麻20%、香菇25%、辣椒5%、香辛料10%（八角2.5%、丁香1.2%、小茴香1.5%、桂皮1.8%、甘草3%)。加工时先将芝麻、香菇、辣椒、香辛料混合后粉碎过筛，再与食盐、味精混匀，包装。

辣椒油包：食用调和油90%、干辣椒10%。加工时先将干辣椒粉碎，用食用调和油爆香取辣味，滤辣椒渣，过滤，冷却后包装。

酸笋包：酸笋88%、辣椒油9%、蒜米5%。酸笋洗净切丝，慢火焙干并与辣椒油、蒜米爆炒，冷却后包装。

酸豆角、萝卜干、黑木耳包：酸豆角40%、萝卜干21%、黑木耳22%、辣椒油10%、蒜米5%、食用盐2%。酸豆角、萝卜干、水发黑木耳，用水洗净，切丁（木耳切条)，混煸炒，冷却后包装。

花生包：食用调和油10%、花生仁90%。拣选颗粒饱满均匀的花生仁，用食用棕榈油高温油炸，冷却后包装。

腐竹包：食用调和油15%、腐竹85%。优质短枝腐竹用食用棕榈油高温油炸，冷却后包装。

醋椒包：新鲜辣椒80%、酿造食醋20%。辣椒切碎，加入食醋调制，包装。

第七章
米粉的分析与检测

米粉的检测包括原辅材料检测、中间产品检测和成品检测。其中，原辅材料主要介绍大米的相关检测，中间产品检测和成品检测分别指完成某道工序后的制品和最终产品的检测。检测的标准因为米粉产品没有国家标准，但是国家部委和团体制定了相关标准，比如进出口检验检疫局制定的SN/T 0395—2018《进出口米粉检验规程》（附录1），农业部制定的NY/T 2964—2016《鲜湿发酵米粉加工技术规范》（附录2），中国粮油学会制定的T/CCOA 4—2019《干米粉》（附录3）等，为产品的统一规范要求提供了依据。此外，很多省份还制定了地方标准，正在实施有效的地方标准主要有：河南省地方标准DBS 41/008—2016《食品安全地方标准　米粉、米线》；广西壮族自治区地方标准DBS 45/050—2018《食品安全地方标准　鲜湿类米粉》；云南省地方标准DBS 53/017—2014《食品安全地方标准　鲜米线》等，这对加强米粉行业质量安全监管起到了很好的促进作用。

第一节　检测项目

一、原料大米的检测

（1）感官指标

外观、色泽、气味。

（2）理化指标

加工精度、新陈度、吸水率、膨胀率、糊化特性。

二、产成品的检测

1. 鲜湿米粉检测项目

(1) 感官指标

外观、色泽、气味、口感、烹调性等。

(2) 理化指标

水分（%）、酸度、蒸煮损失率（%）、含砂量（%）、断条率（%）、产成品得率（%）、卫生标准等。

2. 干米粉条检测项目

(1) 感官指标

外观、色泽、气味、口感、烹调性等。

(2) 理化指标

水分（%）、酸度、吐浆率（%）、含砂量（%）、断条率（%）、米粉条直径（mm）、米粉条长度（mm）、米粉条宽度（mm）、米粉条厚度（mm）、包装直径（mm）、卫生标准等。

3. 方便米粉检测项目

(1) 感观指标

外观、色泽、气味、口感、烹调性等。

(2) 理化指标

水分（%）、酸度、吐浆率（%）、含砂量（%）、断条率（%）、α度（%）、复水时间（min）。

(3) 卫生指标

含铅量（mg/kg）、含砷量（mg/kg）、食品添加剂含量（mg/kg）、黄曲霉毒素 B_1 含量（mg/kg）、细菌数（CFU/g）、大肠菌群数（CFU/g）、致病菌数（CFU/g）。

三、中间产品的检测

(1) 感观指标

外观、色泽、气味、口感、规格等。

(2) 理化指标

水分（%）、粉末粗细度（目）、米浆浓度（波美度）、酸度、吐浆率（%）。

第二节　原料大米的检测

1. 大米加工精度检测

检测方法：首先利用米粒皮层、胚与胚乳对伊红 Y-亚甲基蓝染色基团分子的亲和力不同，将米粒染色，米粒皮层、胚与胚乳分别呈现蓝绿色和紫红色。再通过以下三种方法观察大米的加工精度。

① 对比观测　利用染色后的大米试样与染色后的大米加工精度标准样品对照比较，通过观测判定试样的加工精度与标准样品加工程度的相符程度；

② 仪器辅助检测　染色后的大米试样与染色后的大米加工精度标准样品通过图像分析方法进行测定比较，根据米粒表面残留皮层和胚的程度，人工判定大米的加工精度；

③ 仪器检测　利用图像采集和图像分析法检测经过染色的大米试样的留皮度，仪器自动判定大米的加工精度。

大米的加工精度共分 2 等，分别如下。

精碾：背沟基本无皮、或有皮不成线，米胚和粒面皮层去净的占 80%～90%，或留皮度在 2.0%以下。

适碾：背沟有皮，粒面皮层残留不超过 1/5 的占 75%～85%，其中粳米、优质粳米中有胚的米粒在 20%以下；或留皮度为 2.0%～7.0%。

加工精度越高，米粒留皮越少，颜色越白，纤维含量越低，制出的米粉条质量越好。糠麸会导致米粉条口感粗糙，表面有斑点。

2. 大米新陈度的鉴别

鉴别大米的新陈度，最好同时用下面两种方法。

(1) 愈创木酚染色法

将 100 粒大米放入培养皿中，加入 1%愈创木酚溶液以淹没大米，摆动培养皿 1～2min 后，倒掉培养皿中的愈创木酚溶液，然后再加入 1%的过氧化氢溶液 1～3 滴，摇匀放置观察其颜色变化情况。染成红色的即为新米，没有着色的即为陈米。重复一次，计算着色数，按下列公式计算陈化率：

$$陈化率=\frac{(试验用总粒数-着色粒数)}{试验用总粒数}\times 100\%$$

（2）盐酸对二氨基苯显色法

取100粒大米放入具塞三角瓶中，取1%盐酸对二氨基苯水溶液5mL，倒入盛有大米的三角瓶中摇动2min，滴入36%醋酸溶液2滴与3%的过氧化氢溶液2滴再摇动后放置5min倒掉溶液，用清水冲洗后倒入培养皿内进行观察，记录显色情况，重复一次试验，按下列公式计算陈化率：

$$陈化率=\frac{(试验用总粒数-显色粒数)}{试验用粒数}\times 100\%$$

大米存放半年（稻谷存放1年）以后，就有陈化现象，储藏时间越长，陈化越严重。对米粉而言，稻谷加工成大米，储藏3～12个月对产品品质最好。

未经储藏的新鲜大米，黏性太大，内部结构尚不稳定，对米粉加工有不利影响；陈化期过长的大米，结构松散，黏性下降，香味减弱，食味变差，加工制成的米粉松脆易断，质量难以得到保证。

3. 大米吸水率的测定

取5g完整的大米样品，以50mL蒸馏水在具塞试管内于室温下浸渍30min，再将试管（不加塞）置于70℃下保温20min，然后将试管内的米放在20目筛网中用清水冲洗后，将大米粒撒在滤带上5min，以除去米粒表面的水分，称重，在105℃下干燥至恒重，测得含水量，按下列公式计算其吸水率：

$$大米吸水率=\frac{浸渍过的米含水量}{浸渍过的米的干物质含量}\times 100\%$$

吸水率越高，黏性越小，米饭松散；吸水率低，米饭黏性大。

4. 大米膨胀率的测定

取5g完整的大米，用25mL量筒，量出大米的体积，然后将米样放入金属网袋内，再将网袋放入具塞烧瓶或大试管内，用过量的开水浸没大米，煮8min，然后取出大米冷却1min，取出数粒切开看，观察是否已蒸熟（未熟的米当中有一砂粒的硬心），并在手心上搓动，鉴定米饭黏性和松散性。将煮过的米饭放入50mL量筒内加入25mL水，测量蒸煮后的米饭体积，按下列公式计算其膨胀率：

$$膨胀率=\frac{煮熟米饭的体积}{米样的体积}\times 100\%$$

膨胀率高者，煮后米饭松散，黏性小；反之黏性大。

5. 大米中直链淀粉含量的测定

将大米粉碎至细粉以破坏淀粉的胚乳结构，使其易于完全分散及糊化，并对粉碎试样脱脂，脱脂后的试样分散在氢氧化钠溶液中，向一定量的试样分散液中加入碘试剂，然后使用分光光度计于 720nm 处测定显色复合物的吸光度。

考虑到支链淀粉对试样中碘直链淀粉复合物的影响，利用马铃薯直链淀粉和支链淀粉的混合标样制作校正曲线，从校正曲线中读出样品的直链淀粉含量。直链淀粉含量越高，大米黏性越小；直链淀粉含量越低，黏性越大。

注：该方法实际上取决于直链淀粉-碘的亲和力，在 720nm 测定的目的是使支链淀粉的干扰作用减少到最小。

6. 大米糊化特性的测定

采用快速黏度仪法测定：将大米试样粉碎碾磨至适当细度（90%以上通过 CQ23 号筛网），并测定样品水分含量。量取（25.0±0.1）mL 水于干燥洁净的样品筒中，准确称取（3.00±0.01）g 试样（按 12%湿基校正）于样品筒中。将搅拌器置于样品筒中快速搅拌，使试样分散，若仍有试样块留存在水面上或黏附在搅拌器上，可重复此步骤直至样品完全分散。然后将置于样品筒中的搅拌器插接到搅拌器的连接器上，使搅拌器恰好居中。当快速黏度测定仪提示允许测试时，按下搅拌器电动机塔帽，驱动测试程序。测试程序设置为：以 12℃/min 升温至 50℃，保温 1min；以同等速率升温至 95℃，保温 2.5min；再以 12℃/min 冷却至 50℃，保温 2min，得到糊化特性曲线。如图 7-1 所示。

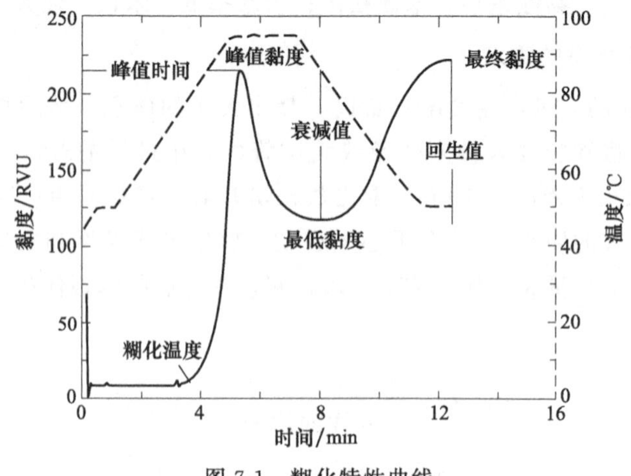

图 7-1 糊化特性曲线

数据处理：峰值黏度（peak viscosity）为试样开始糊化至冷却前达到的最大黏度值；最低黏度（minimum viscosity）为试样达到峰值黏度后，在冷却期间的最小黏度值；最终黏度（final viscosity）为测试结束时的试样黏度；糊化温度（pasting temperature）为试样黏度开始增大时的温度；衰减值（breakdown）为峰值黏度与最低黏度的差值；回生值（setback）为最终黏度与最低黏度的差值；峰值时间（peak time）为试样开始加热达到峰值黏度的时间。

大米糊化温度低，黏性大；糊化温度高，黏性小。

第三节　产成品的分析与检测

一、感官评价

1. 外观、色泽

用目测法检测。

2. 气味、口感

用鼻闻、口尝法检测。

3. 烹调性检测

（1）鲜湿米粉

从试样中任取完整米粉条 30 根，放入盛有 500mL 的沸水中，煮沸 2min，将米粉捞出来观察，以米粉不粘糊、不浑汤、断条率<10%为合格。

（2）直条米粉

从试样中任取完整米粉条 30 根，放入盛有 500mL 的沸水中，煮沸 5min，将米粉捞出来观察，以米粉不粘糊、不浑汤、熟后断条率<10%为合格。

（3）切粉、排粉、方便米粉、方便河粉

从试样中取出 30g，放入 5 倍的沸水中，浸泡 5min 或煮沸 2min 后捞出来观察，以米粉松散、不浑汤、不粘糊、韧性强、熟度高、断条少为合格。

注意：①在开始进行品尝评定之前，应通过鉴别试验来挑选感官灵敏度较高的人员。参照 GB/T 15682—2008《粮油检验　稻谷、大米蒸煮食用品质感官评价方法》挑选评价员。②米粉品评实验室的环境应符合 GB/T 10220 的规定，实验室应符合 GB/T 13868 的规定。

二、理化检测

1. 产成品得率

其指成品米粉条与原料大米的重量比，用百分数表示。

准确称量投入加工的原料大米重量，收集成品米粉并称重，按下式计算结果：

$$产成品得率=(M_1/M)\times100\%$$

式中，M_1 代表米粉重量，kg；M 代表大米重量，kg；试验允许误差 0.05%。

2. 产成品规格

取试样 10 根，用直尺检测长度，用游标卡尺测直径或宽度、厚度，测量 3～5 次，取其平均数。

3. 水分

称取 2～10g 米粉试样（精确至 0.0001g）放入恒重的称量瓶中，置于(105±2)℃烘箱中，瓶盖斜支于瓶边，干燥 2～4h 后盖好取出，放入干燥器内冷却 0.5h 后称重。然后再放入（105±2)℃烘箱中干燥 1h 左右，取出放入干燥器内冷却 0.5h 后再称重。并重复以上操作至前后两次质量差不超过 2mg 即为恒重，按下式计算结果：

$$水分=[(M_1-M_2)/(M_1-M_3)]\times100\%$$

式中，M_1 代表称量瓶和试样的质量，g；M_2 代表称量瓶和试样干燥后的质量，g；M_3 代表称量瓶的质量，g。

注意：①水分含量≥1g/100g 时，计算结果保留三位有效数字；水分含量<1g/100g 时，计算结果保留两位有效数字。②两次恒重值在最后计算中，取质量较小的一次称量值。③在重复性条件下获得的两次独立测定结果的绝对差值不得超过算术平均值的 10%。

4. 酸度

取混合均匀的样品 80～100g，粉碎。取试样 15g，加入蒸馏水 150mL（先加少量水与试样混成稀糊状，再全部加入），滴入三氯甲烷 5 滴，加塞后摇匀，在室温下放置提取 2h，每隔 15min 摇动 1 次（或置于振荡器上振荡 70min)，浸提完毕后静置数分钟后用中速定性滤纸过滤，用移液管吸取滤液 10mL，注入 100mL 锥形瓶中，再加水 20mL 和酚酞指示剂 3 滴，混匀后用氢氧化钠标准溶液滴定，边滴加边转动锥形瓶，直到颜色与参比溶液的颜色相似，且5s内不消退，整个滴定过程应在45s内完成。滴定过程中，向锥形瓶中吹氮气，防止溶液吸收空气中的二氧化碳。记下所消耗的氢氧化钠标准溶液毫升数。用30mL蒸馏水做空白试验，记下所消耗的氢氧化钠标准溶液毫升数。按下式计算结果：

$$酸度=(V_1-V_0)\times\frac{V_2}{V_3}\times\frac{c}{0.1000}\times\frac{10}{m}$$

式中，V_1 代表试样滤液消耗氢氧化钠标准溶液的体积，mL；V_0 代表空白试验消耗氢氧化钠标准溶液的体积，mL；V_2 代表浸提试样的水的体积，mL；V_3 代表用于滴定的试样滤液的体积，mL；c 代表氢氧化钠标准溶液的浓度，mol/L；m 代表试样的质量，g。

注意：①三氯甲烷有毒，操作时应在通风良好的通风橱内进行。②在重复性条件下获得的两次独立测定结果的绝对差值不得超过算术平均值的10%。

5. 色度

采用色差计测定。仪器预热30min左右。将米粉捣成糊状，混匀后放入试样杯，按压均匀，整平表面，拧上试样杯帽，使用CIE L^*，a^* 和 b^* 色标，记录 L^*、a^*、b^* 值变化，重复5次。采用亨氏白度公式计算米粉的白度。

$$W=100-[(100-L^*)^2+a^{*2}+b^{*2}]^{1/2}$$

式中，L^* 代表明度（物体表面的明亮程度，值越大越明亮）；a^* 代表红绿值（+方向代表红色增加，−方向代表绿色增加）；b^* 代表蓝黄值（+方向代表黄色增加，−方向表示蓝色增加）。

6. 吐浆率/蒸煮损失率

（1）干米粉

称取米粉100g左右，放入250mL沸水煮5min，全部捞出，取其汤的1/10放入恒重的称量瓶中，于(105±2)℃烘箱中烘干至恒重，称量得到水中固形物质量。该指标一般称吐浆率。

$$吐浆率=[(G_1-G_2)\times10/W(1-M)]\times100\%$$

式中，W 代表试样质量，g；G_1 代表烘干后固形物与称量瓶质量，g；G_2 代表恒重称量瓶质量，g；M 代表样品的含水量，%。

（2）鲜湿米粉

称取米粉10g左右，用250mL沸水煮2min，捞出，用50mL蒸馏水淋洗30s，将洗液一并转入烧杯，放在电炉上将大部分水煮干后，于(105±2)℃烘箱中烘干至恒重，称量得到的水中固形物质量。该指标一般称蒸煮损失率。

$$蒸煮损失率=[(G_1-G_2)/W(1-M)]\times100\%$$

式中，W 代表试样质量，g；G_1 代表烘干后固形物与烧杯质量，g；G_2 代表恒重烧杯质量，g；M 代表样品的含水量，%。

7. 断条率

(1) 自然断条率

从直条米粉试样中取 0.5kg，将长度不足规定数 2/3 的拣出，称重，按下式计算。

$$断条率=断条质量/样品质量\times100\%$$

(2) 直条米粉和鲜湿米粉的烹调断条率

见烹调性实验。

(3) 方便米粉或块状米粉

取试样 250g 放入沸水中煮 5min，滤干水，称重。将其中短于 50mm 的米粉条拣出，称重，按下式计算。

$$断条率=碎断条的质量/煮沸滤水后试样质量\times100\%$$

8. 含砂量

取试样 5g，放入恒重的坩埚内炭化，将坩埚中的灰分溶解于 10mL 10% 的盐酸中，并放入 80℃左右的水浴锅内加热 5min，再用无灰滤纸过滤，用 10mL 盐酸将坩埚中剩余不溶解物洗 2 次，原滤纸过滤，蒸馏水将坩埚及滤纸充分洗净至滤液不含氯离子为止（加入 3%的硝酸银溶液后不浑浊）。将滤纸烘干，放在已知重量的坩埚内炭化，炭化后灼烧（600℃）30min，冷却，称量，复烘 20min 后称重，至恒重。按下式计算：

$$含砂量=[(W_1-W_0)/W]\times100\%$$

式中，W_1 代表坩埚和细砂质量，g；W_0 代表坩埚质量，g；W 代表试样质量，g。

9. 复水时间

特指方便米粉。将样品倒入约 5 倍重量的沸水中，准确记录所有米粉软化可食用时间。

三、食味品质的分析与测定

1. 质构特性

仪器：TA-XT plus 质构仪，英国 Stable Micro System 公司。

测定方法：以全质构分析（TPA）为例介绍米粉质构特性的测定。在TPA分析中，样品被质构仪探头两次挤压来探究样品被咀嚼时的变化，主要是模拟人嘴巴的咬合动作。取3～5根米粉等间距放在P/36R探头的测定台上测定，程序参数设置为测前速率2mm/s，测定速率1mm/s，回程速率5mm/s，停留时间5s，变形量50%。每个样品重复测量10次，结果取平均值。得到图7-2所示的图谱。

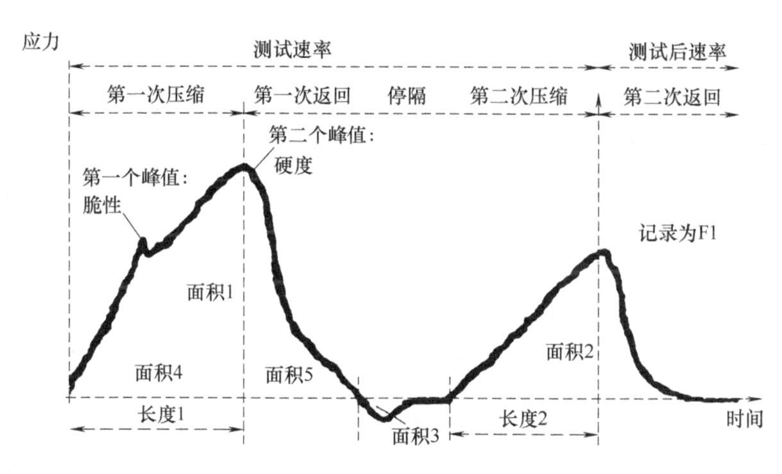

图7-2　典型的TPA质构图谱

数据处理：硬度是指第1次压缩时产生的峰值。脆性是指第1个峰的力值，不是所有的产品都有脆性，但是在探头第1次压缩样品的过程中，当它们破裂时，在曲线上有第1个峰的位置（在该处力值下降），出现脆性点。内聚性是指第2次压缩的正面积除以第1次压缩的正面积。内聚性是产品相对于第1次压缩的抵抗力抵抗第2次压缩的能力。弹性是第2次压缩检测到的高度除以第1次压缩距离。弹性是第1次压缩过程中产品形变后弹性恢复的程度，在两次压缩过程中有停留时间。在第2次压缩的下行过程中会测量回弹。在某些情况下停留时间过长，产品的回弹就会超过研究条件下的回弹（如你的两次咀嚼过程不会超过60s）。胶黏性仅适用于半固体产品，是硬度与内聚性的乘积。咀嚼性（固体）仅适用于固体产品，计算公式是硬度×内聚性×弹性。回复性为第1次压缩过程中上升过程的能量除以下降过程的能量。回复性是产品对抗回到初始状态的能力，是停留时间开始之前第1次穿刺收回之前完成测量的，测回速度必须和压缩速度一致，计算公式是面积4/面积3。黏着性为两峰间的负面积，即面积3。

2. 风味分析

(1) 电子鼻

仪器：电子鼻（含10个金属氧化物传感器阵列，各传感器的名称及性能描述见表7-1）：PEN3型，德国Airsense公司。

测定方法：取5g米粉于顶空瓶中，4℃密封1h，25℃平衡30min后进行测试。参数设置：Options，PEN3，Settings，Measurement（设置测试参数），Gap Flows（设置气流量）（样品准备5s；采样间隔1s，传感器自动清洗120s，传感器归零5s，进样流量600mL/min，测试60s，重复5次）。

表7-1 PEN3电子鼻传感器阵列及其性能特点

传感器序号	传感器名称	性能特点	参考物质及检测限
S1	W1C	对芳香成分灵敏	Toluene, 10^{-5}
S2	W5S	对氮氧化物很灵敏	NO_2, 10^{-6}
S3	W3C	对氨水、芳香类化合物灵敏	Propane, 10^{-6}
S4	W6S	对氢气有选择性	H_2, 10^{-7}
S5	W5C	对烷烃、芳香类化合物及极性小的化合物灵敏	Propane, 10^{-6}
S6	W1S	对甲烷灵敏	CH_3, 10^{-4}
S7	W1W	对硫化物、含硫有机化合物灵敏	H_2S, 10^{-6}
S8	W2S	对乙醇及部分芳香族化合物灵敏	CO, 10^{-4}
S9	W2W	对芳香族化合物、有机硫化物灵敏	H_2S, 10^{-6}
S10	W3S	对烷烃灵敏	CH_3, 10^{-4}

数据处理：可以使用各种基于化学计量学的模式识别技术如主成分分析（PCA）、线性判别分析（LDA）、Loadings分析等分析从传感器信号获得的气味模式。PCA可以快速简便且客观地分析挥发性成分，而Loadings分析用于对传感器贡献率的分析，不同传感器在负荷加载分析图中的位置可以反映传感器对样品挥发性气味的贡献率，若某传感器的位置接近于（0，0），则此传感器的识别作用可以忽略；反之，传感器的位置离（0，0）越远，则其识别作用越强。

注意：测定时样品需合适的处理时间，以便挥发性物质充分溢出；根据样品及需求选择合适的分析方法对数据进行分析。

(2) 固相微萃取-气相色谱-质谱联用技术（SPME-GC-MS）

仪器：气相色谱质谱联用仪（美国布鲁克-道尔顿公司）、固相萃取器。

固相微萃取：取米粉3g置于30mL样品瓶，40℃平衡1h。将已老化的固相萃取器的萃取头插入样品瓶中，吸附40min，之后将萃取头拔出并插入气相色谱仪进样口，250℃条件下解析5min，进行GC-MS分析。

气相色谱条件：色谱柱DB-5 MS（30m×0.25mm，0.25μm）；载气为He，流量为0.7mL/min；柱温采用程序升温，进样口温度为250℃；起始柱温40℃，保持3min，以速度4℃/min升温至160℃，保持3min，再以5℃/min升温至250℃，保持3min。不分流进样。

质谱条件为：EI电离子源，电子能量70eV，灯丝电流0.25mA，电子倍增器电压1500V，离子源温度250℃，扫描范围30～400amu。

数据处理：测定待测量标准品的标准曲线，标准曲线一旦建立后保存在方法中，之后处理样品数据直接调用方法即可。进入数据运算界面，对待分析文件进行定量及定性分析后，导出实验结果进行运算。对导出的文件中，各物质名称及CAS号进行统计，删除无气味或无含量的物质，对其余物质的含量进行计算，记录实验结果。归一化法计算质量分数。

四、微生物的测定

米粉中微生物指标主要包括微生物限量检测以及致病菌检测。检测结果中如果微生物指标不符合本标准，判定该批产品为不合格品，不得复检。干米粉和鲜湿米粉的要求不一样，其中鲜湿米粉的细菌总数≤10^5CFU/g，大肠菌群≤70MPN/100g；致病菌群不得检出。下面以菌落总数的测定为例介绍微生物的测定方法。

检样稀释及培养：①无菌称取25g米粉样品，放入盛有225mL磷酸盐缓冲液或生理盐水的无菌均质杯内，8000～10000r/min均质1～2min，或放入盛有225mL磷酸盐缓冲液或生理盐水的无菌均质袋中，用拍击式均质器拍打1～2min，制成1∶10的样品匀液。②用1mL灭菌吸管吸取1∶10稀释液1mL，沿管壁徐徐注入含有9mL灭菌生理盐水或其他稀释液的试管内（注意吸管尖端不要触及管内稀释液），振摇试管混合均匀，制成1∶100的稀释液。③另取1mL灭菌吸管，按上述操作程序，做10倍递增稀释液，如此每递增稀释一次，即换用1支1mL灭菌吸管。④根据食品卫生标准要求，或对样本污染情况的估计，选择2～3个适宜稀释度，分别在做10倍递增稀释的同时，以吸取该稀释度的吸管吸取1mL稀释液于灭菌平皿中，每个稀释度做2个平皿。⑤稀释液移入平皿后，应及时将15～20mL冷却至46℃的平板计数琼脂培养基［可放置于（46±1)℃水浴保温］注入平皿，并转动平皿使其混合均匀。同时将平板计数琼脂培养基倾入加有1mL稀释液（不含样品）的灭菌平皿内作空白对照。⑥待琼脂凝固后，翻转平板，置（36±1)℃温箱内培养（48±2）h

取出，计算平板内菌落数目。

菌落计数：作平板菌落计数时，可用肉眼观察，必要时用放大镜或菌落计数器，以防遗漏。记录稀释倍数和相应的菌落数量。菌落计数以菌落形成单位（colony-forming units，CFU）表示。

数据处理：①平板菌落数的选择：选取菌落数在30～300CFU之间、无蔓延菌落生长的平板计数菌落总数。低于30CFU的平板记录具体菌落数，大于300CFU的可记录为多不可计。每个稀释度的菌落数应采用两个平板的平均数。其中一个平板有较大片状菌落生长时，则不宜采用，而应以无片状菌落生长的平板作为该稀释度的菌落数；若片状菌落不到平板的一半，而其余一半中菌落分布又很均匀，即可计算半个平板后乘以2，代表一个平板菌落数。当平板上出现菌落间无明显界线的链状生长时，则将每条单链作为一个菌落计数。②稀释度的选择：若所有稀释度的平板上菌落数均＞300CFU，则对稀释度最高的平板进行计数，其他平板可记录为多不可计，结果按平均菌落数乘以最高稀释倍数计算。若所有稀释度的平板菌落数均＜30CFU，则应按稀释度最低的平均菌落数乘以稀释倍数计算。若所有稀释度（包括液体样品原液）平板均无菌落生长，则以＜1乘以最低稀释倍数计算。若所有稀释度的平板菌落数均不在30～300CFU之间，其中一部分＜30CFU或＞300CFU时，则以最接近30CFU或300CFU的平均菌落数乘以稀释倍数计算。

菌落总数报告：菌落数小于100CFU时，按“四舍五入”原则修约，以整数报告。菌落数≥100CFU时，第3位数字采用“四舍五入”原则修约后，取前2位数字，后面用0代替位数；也可用10的指数形式来表示，按“四舍五入”原则修约后，采用两位有效数字。若所有平板上为蔓延菌落而无法计数，则报告菌落蔓延。若空白对照上有菌落生长，则此次检测结果无效。

第八章

米粉中的HACCP体系

第一节　HACCP 体系原理

HACCP（hazard analysis and critical control point）体系是目前国际通用、确保食品生产安全的防御体系和常规管理办法，主要包括危害分析（HA，hazard analysis）和关键控制点（CCP，critical control point）两个部分。危害分析是对食品原料的种植、收获、生产加工、贮存、运输、销售以及食用等全过程中，每一个实际和潜在的危害进行分析、判定，以确定为保证食品安全而必须进行监控的关键控制点。关键控制点是食品生产、销售、食用等全过程中失去控制就会导致不可接受的健康危害性的任何一点或环节。关键控制点分为两类，一是能确保控制某种危害的关键控制点；二是能将危害减小到最低限度，但不能确保控制某种危害的关键控制点。

1993 年，国际食品法典委员会（CAC）的食品卫生部起草了《应用 HACCP 原理的指导书》，推行 HACCP 计划，并对 HACCP 名词术语、发展 HACCP 的基本条件、CCP 判断图的使用等细节进行了详细规定，即现在全世界执行的 HACCP 7 个原理：①危害性分析；②确定关键控制点；③确定关键限值，保证关键控制点受控制；④确定监控关键控制点的措施；⑤确定纠偏措施；⑥确立验证 HACCP 系统正常工作的评价程序；⑦建立有效的记录保留系统。

HACCP 体系可应用于从初级生产到最终消费整个食品链中，它的运用应以对人体健康风险的科学评价证据作为指导。在提高食品安全性的同时，实施 HACCP 体系也能带来其他明显的好处，如提高食品安全的可信度、促进国内外贸易等。

第二节　HACCP 体系在米粉中的应用

HACCP 体系应用于米粉生产之前，应按照 CAC 食品法典《食品卫生通则》(codex general principles of food hygiene) 适用的食品法典操作规范和适当的食品安全法规进行操作。管理层的承诺对于有效实施 HACCP 体系是必要的。在危害识别、评价以及随后建立和应用 HACCP 体系过程中，必须考虑原料、辅料、操作规程、加工过程对控制危害的作用、产品可能的最终用途、有关消费群体类别以及与食品安全有关的流行病学证据。

HACCP 体系的核心旨在针对关键控制点实施控制。如果某个必须予以控制的危害被识别，而对该危害未设立关键控制点，则应考虑重新设计操作过程。当产品、加工或任何步骤有改进时，对 HACCP 的应用要进行审核，并作出必要的修改。

一、组建 HACCP 工作小组

HACCP 小组人员的能力应满足米粉生产企业技术要求，人员组成应满足米粉生产企业的专业覆盖范围的要求，包括企业最高管理者、卫生质量控制人员、生产技术人员、品控人员、设施设备管理人员、原辅料采购运输和保管人员、销售人员等，并对职责和权限进行规定，详见表 8-1。小组成员应经过 HACCP 体系、相关专业知识及操作技能和法律法规等方面的培训，提高其专业素质，确保各级管理者和员工具备所必要的能力，从而保障企业能够按照 HACCP 体系的认证标准持续进行米粉生产加工，使该体系全面有效运行，保障米粉的质量安全。

表 8-1　HACCP 小组成员及职责表

姓名	组内职务	职责
	组长、 副组长	1. 组织对员工的 HACCP 培训； 2. 组织制定公司的 HACCP 计划； 3. 组织实施公司的 HACCP 方案
	组员 (生产部)	1. 监督实施生产加工严格按照米粉生产工艺流程操作； 2. 监督做好生产加工中所要求的各种记录，并对其认真审核； 3. 监督操作人员严格按照生产操作规程执行

续表

姓名	组内职务	职责
	组员 （技术部）	1. 负责制定公司的 HACCP 计划及其相关资料； 2. 负责落实公司的 HACCP 计划的实施方案； 3. 检查操作人员是否按照生产工艺流程和操作规程执行； 4. 监督检查 HACCP 计划中的各种记录表是否具备，并按规定进行记录； 5. 监督检查监控、纠偏、验证等过程正确性； 6. 监督检查环境、生产、设备的卫生是否符合要求
	组员 （设备维修部）	1. 监督检查生产设备是否正常运行； 2. 负责按规定校准各种生产和检测设备； 3. 监督检查设备是否按照规定进行清洗消毒并做好记录； 4. 负责检修各种生产的检测设备
	组员 （品控部）	1. 负责配置各种清洗消毒液和检测其浓度； 2. 负责对生产工序加工的产品检测，以保证各工序产品符合要求； 3. 负责对 HACCP 计划实施效果验证的实验室检验； 4. 负责各种检验效果的记录及保管； 5. 收集和整理米粉检测的新方法
	组员 （销售部）	负责米粉的销售以及销售后用户对产品安全卫生质量反馈信息的收集
	组员 （采购部）	1. 负责对大米及其辅料供方供货能力、产品质量保证能力进行综合评价，以确定合格供方； 2. 应对合格供方的能力、业绩和供货质量等进行动态综合评价，并建立和保存相关质量记录

二、产品描述

HACCP 小组的首要任务是对 HACCP 体系管理的产品进行描述，确定产品的预期用途，识别并确定进行危害分析所需的下列适用信息：

① 原辅料、包装材料的名称、类别、成分及其生物、化学、物理特性；

② 原辅料、包装材料的来源，以及生产、包装、储藏、运输和交付方式；

③ 原辅料、包装材料接收要求、接收方式和使用方式；

④ 产品名称、类别、成分及其生物、化学、物理特性；

⑤ 产品的加工方式；

⑥ 产品的包装、储藏、运输和交付方式；

⑦ 产品的销售方式和标识；

⑧ 产品的预期用途和消费人群；

⑨ 产品预期的食用或使用方式；

⑩ 产品非预期（但极可能出现）的食用或使用方法；

⑪ 其他必要的信息。

应保持产品描述的记录。以干米粉生产为例，参见表 8-2。

表 8-2 产品描述

产品名称	干米粉
产品规格	1000g/袋
组成成分	大米、水、××(如果有的话,按比例由大到小排)
加工方式	清理、浸泡、清洗、破碎、熟化、成型
包装方式	塑料袋内包装＋纸箱外包装
质量特性	熟断条率≤5.0%、水分≤13.5%等,SO_2 不得检出
保质期	一年
储存条件	阴凉、干燥、清洁
预期用途	煮熟后食用
标签说明	产品名称:干米粉 生产许可证号:×××××× 厂名:×××××× 厂址:×××××× 净含量:×××××× 执行标准:×××××× 配料:大米、水、××(如果有的话,按比例由大到小排) 电话:××××××

三、流程图的绘制和确认

HACCP 小组应在企业产品的生产范围内，根据产品的生产技术要求绘制工艺流程图，此图应包括：

① 每个步骤及相应操作；

② 这些步骤之间的顺序和相应关系；

③ 返工点和循环点（适宜时）；

④ 外包的过程和外包的内容；

⑤ 原辅料和中间产品的投入点；

⑥ 废弃物的排放点。

流程图的绘制应完整、准确、清晰。由熟悉生产工艺的 HACCP 小组人员对所有过程进行现场核查，确认并证实与所绘制流程图是否一致，并在必要时进行修改。米粉通常分为三大类：湿米粉、干米粉和方便米粉，其生产工艺流程示意框图参见图 8-1～图 8-3。

原料大米→采购和接收→清洗→大米浸泡→磨浆→脱水→打粉、熟化→挤丝→凉丝→复蒸→晾丝→烘干→分装→金属探测→装箱→成品→发放

图 8-1 干米粉生产工艺流程示意框图

原料大米→采购和接收→除杂清洗→浸泡→磨浆→搅拌混合→蒸浆→冷却成型→金属检测→包装→杀菌→检验→成品→发放

图 8-2 鲜湿米粉生产工艺流程示意框图

原料大米→采购和接收→浸泡发酵→洗米除砂→磨浆→搅拌→摊浆→蒸片→风冷→酶处理→挤丝→蒸粉→定长切断→洗散冷却→酸浸→内包装→金属检测→杀菌→冷却→加调味料→检验→外包装→成品→发放

图 8-3 鲜湿方便米粉生产工艺流程示意框图

四、危害分析和控制措施

米粉生产企业应按照 GB/T 27341 的相关要求，进行危害分析和制定控制措施。在实施危害分析时还应考虑化学污染物如农药残留、细菌、病毒及害虫和有害生物因子，微生物繁殖适宜条件，异物等信息，针对人为破坏或蓄意污染等造成的显著危害，米粉生产企业还应建立米粉的防护计划作为控制措施。

1. 列出危害分析表

危害分析表可以使企业明确危害分析的思路。HACCP 小组应根据工艺流程、危害识别、危害评估、控制措施等结果提供形成文件的危害分析表，包括加工步骤、考虑的潜在危害、显著危害判断的依据、控制措施，并明确各因素之间的相互关系。在危险分析表中，应描述控制措施与相应显著危害的关系，为确定关键控制点提供依据。HACCP 小组应在危害分析结果受到任何因素影响时，对危害分析表作出必要的更新和修订。应保持形成文件的危害分析表，参见表 8-3～表 8-5。

表 8-3　干米粉加工生产过程危害分析与关键控制点

工序	本步引入、控制或增加的危害	危害是否显著	对危害显著性判断依据	防止危害的控制措施	是否为关键控制点
原料采购和接收（CCP1）	物理危害：金属碎片、砂石等杂质	否	原料中可能带有或运输中混入	向供应商索取产品合格证明文件，对无法提供合格证明文件的原料，按食品安全标准进行检验，不合格的拒收；验收合格后方可使用	是
	化学危害：农药残留、重金属、黄曲霉毒素	是	原料在种植过程中可能受环境污染和施药不合理造成的污染		
	生物性危害：细菌、霉菌等	是	原料在种植过程和运输储存中可能受到害虫和微生物污染		
大米浸泡（CCP2）	物理危害：无	否			是
	化学危害：重金属	是	水可能受化学物污染，浸泡容器可能受污染	使用符合国家标准的饮用水	
	生物性危害：致病菌、微生物	是	水可能受微生物污染		
磨浆、脱水、打粉、熟化、挤丝、凉丝、复蒸、晾丝	物理危害：金属、毛发等杂质	是	设备和人员可能会带人	金属碎片通过金属探测仪控制，保持良好的个人卫生	否
	化学危害：无	否			
	生物性危害：致病菌	是	环境、作业面消毒不彻底导致污染	通过卫生标准操作规范（SSOP）控制和保持良好的个人卫生	
烘干（CCP3）	物理危害：金属、毛发等杂质，水分	是	使用金属器具或操作人员个人卫生导致污染	通过金属探测工序控制及 SSOP 程序控制和保持良好的个人卫生，严格控制烘干温度和时间	是
	化学危害：SO_2	是	米粉加工过程添加亚硫酸盐等含硫物质导致污染或烘干车间管道漏煤、使用含硫燃料等	严格控制烘干房内温度、湿度、烘干时间、蒸汽压等参数，通过 SSOP 程序控制烘干过程，并严格按照国家标准添加和使用食品添加剂	

续表

工序	本步引入、控制或增加的危害	危害是否显著	对危害显著性判断依据	防止危害的控制措施	是否为关键控制点
烘干(CCP3)	生物性危害:致病菌	否	烘干过程温度、时间、气压控制不当,致病菌易繁殖生长	通过卫生标准操作规范(SSOP)控制,并严格控制烘干房内的温度、湿度等	
分装(CCP4)	物理危害:异物	是	包装材料及操作人员个人卫生导致污染	购买符合卫生要求的包装材料和保持良好的个人卫生	是
	化学危害:重金属	是	包装材料不符合要求	向供应商索取产品合格证明文件,对无法提供合格证明文件的原料,按食品安全标准进行检验,不合格的拒收;验收合格后方可使用	
	生物性危害:细菌、虫害等	是	操作接触面污染类,内包装材料微生物污染等	通过卫生标准操作规范(SSOP)控制和保持良好的个人卫生	
金属探测(CCP5)	物理危害:金属	是	仪器灵敏度不够或发生机器故障,残留金属对人体造成显著危害	定期检查金属探测仪的灵敏度,及时排除金属探测仪故障	是
	化学危害:无				
	生物性危害:无				
装箱、入仓、出运	物理危害:无	否			否
	化学危害:无				
	生物性危害:无				

表 8-4 鲜湿米粉加工生产过程危害分析与关键控制点

工序	本步引入、控制或增加的危害	危害是否显著	对危害显著性判断依据	防止危害的控制措施	是否为关键控制点
原料采购和接收（CCP1）	物理危害：金属碎片、砂石等杂质	是	原料中可能带有或运输中混入	向供应商索取产品合格证明文件，对无法提供合格证明文件的原料，按食品安全标准进行检验，不合格的拒收；验收合格后方可使用	是
	化学危害：农药残留、重金属、黄曲霉毒素		原料在种植过程中可能受环境污染和施药不合理造成的污染		
	生物性危害：细菌、霉菌等		原料在种植过程和运输储存中可能受到害虫和微生物污染		
除杂和清洗	物理危害：无	否		通过净水处理和 SSOP 控制	否
	化学危害：无	否			
	生物性危害：致病菌、微生物污染和生长	否	水可能受微生物污染		
大米浸泡（CCP2）	物理危害：无	否			是
	化学危害：重金属	是	水可能受化学物污染，浸泡容器也可能受污染	购买符合卫生要求的设备及使用符合国家标准的饮用水，净水处理	
	生物性危害：致病菌	是	水可能受微生物污染		
磨浆	物理危害：金属、砂粒	是	磨盘可能脱落铁屑、砂粒	通过金属检测工序控制	否
	化学危害：无	否			
	生物性危害：无	否			
搅拌混合	物理危害：无	否			否
	化学危害：重金属	是	危害可能来源于非法添加剂本身	严格按 GB 2760 执行	
	生物性危害：无	否			

续表

工序	本步引入、控制或增加的危害	危害是否显著	对危害显著性判断依据	防止危害的控制措施	是否为关键控制点
蒸浆	物理危害:无	否			否
	化学危害:无	否			
	生物性危害:无	否			
冷却成型	物理危害:异物等外来杂质	否	冷却风有可能把污染物吹落到米粉上	改善车间卫生环境	否
	化学危害:无	否			
	生物性危害:微生物	是	传送带不及时清洗消毒会积累大量微生物	通过后续的杀菌工序进行消除	
金属探测(CCP3)	物理危害:金属	是	仪器灵敏度不够或发生机器故障,残留金属对人体造成显著危害	定期检查金属探测仪的灵敏度,及时排除金属探测仪故障	是
	化学危害:无				
	生物性危害:无				
包装	物理危害:无	否			否
	化学危害:无	否			
	生物性危害:致病菌、微生物	是	可能由包装袋带入和前段工序产生	通过防止污染物污染程序和杀菌工序控制	
杀菌(CCP4)	物理危害:无	否			是
	化学危害:无	否			
	生物性危害:微生物	是	由前段工序污染产生,如果杀菌条件控制不当,产品中有可能存活微生物,且无后续有效措施消除此危害	通过 GMP 和 SSOP 控制	

续表

工序	本步引入、控制或增加的危害	危害是否显著	对危害显著性判断依据	防止危害的控制措施	是否为关键控制点
人工预检、复检(CCP5)	物理危害:无	否			是
	化学危害:无	否			
	生物性危害:致病菌、微生物	是	食品安全法要求	仔细观察每一包,剔除有问题的米粉	
成品发放	物理危害:无				否
	化学危害:无				
	生物性危害:无				

表 8-5 鲜湿方便米粉加工生产过程危害分析与关键控制点

工序	本步引入、控制或增加的危害	危害是否显著	对危害显著性判断依据	防止危害的控制措施	是否为关键控制点
原料采购和接收(CCP1)	物理危害:金属碎片、砂石等杂质	是	原料中可能带有或运输中混入	向供应商索取产品合格证明文件,对无法提供合格证明文件的原料,按食品安全标准进行检验,不合格的拒收;验收合格后方可使用	是
	化学危害:农药残留、重金属、黄曲霉毒素	是	原料在种植过程中可能受环境污染和施药不合理造成的污染		
	生物性危害:细菌、霉菌等	是	原料在种植过程和运输储存中可能受到害虫和微生物污染		
大米浸泡发酵(CCP2)	物理危害:无	否			是

续表

工序	本步引入、控制或增加的危害	危害是否显著	对危害显著性判断依据	防止危害的控制措施	是否为关键控制点
大米浸泡发酵(CCP2)	化学危害:重金属	是	水可能受化学物污染,浸泡容器也可能受污染	通过接种优势菌种和降低发酵过程中的 pH 来抑制杂菌;净化水质和空气	是
	生物性危害:微生物	是	发酵过程可能有来自空气和原料的生物危害	通过接种优势菌种和降低发酵过程中的 pH 来抑制杂菌;净化水质和空气	
洗米和除砂	物理危害:无	否	生产过程用水通过 SSOP 控制可达到安全使用要求	SSOP 控制	否
	化学危害:无	否			
	生物性危害:无	否			
磨浆	物理危害:铁屑、砂粒	否	磨盘可能脱落铁屑、砂粒	通过金属探测工序控制	否
	化学危害:无	否			
	生物性危害:无	否			
吹风冷却	物理危害:无	否			否
	化学危害:润滑油	否	通过 GMP、SSOP 可以消除危害	使用能保证食品安全要求的油脂	
	生物性危害:无	否			
水洗冲散	物理危害:无	否			否
	化学危害:无	否			
	生物性危害:微生物	否	通过 GMP、SSOP 可以消除危害	通过食品用水卫生标准控制程序来控制水的安全卫生	

续表

工序	本步引入、控制或增加的危害	危害是否显著	对危害显著性判断依据	防止危害的控制措施	是否为关键控制点
酸浸	物理危害:无	否			否
	化学危害:酸浓度过高	否		通过对配酸过程和有毒有害物品的控制来降低危害	
	生物性危害:无	否	通过 SSOP 可以消除危害		
包装	物理危害:无				否
	化学危害:无				
	生物性危害:无				
金属探测（CCP3）	物理危害:金属	是	仪器灵敏度不够或发生机器故障,残留金属对人体造成显著危害	定期检查金属探测仪的灵敏度,及时排除金属探测仪故障	是
	化学危害:无				
	生物性危害:无				
杀菌(CCP4)	物理危害:无	否			是
	化学危害:无	否			
	生物性危害:微生物	是	由前段工序污染产生,如果杀菌条件控制不当,产品中有可能存活微生物,且无后续有效措施消除此危害	GMP 和 SSOP 控制	
人工预检、复检(CCP5)	物理危害:无	否			是
	化学危害:无	否			
	生物性危害:致病菌、微生物	是	食品安全法要求	仔细观察每一包,剔除有问题的米粉	
装箱、入仓、出运	物理危害:无				否
	化学危害:无				
	生物性危害:无				

2. 确定关键控制点

HACCP 小组应根据危害分析所提供的显著危害与控制措施之间的关系，识别针对每种显著危害控制的适当步骤，以确定关键控制点（CCP），确保所有显著危害得到有效控制。

3. 关键控制点（CCP）分析（以干米粉生产为例进行分析）

（1）大米的采购与接收（CCP1）

米粉生产所用大米，在生长时受到栽培或生长地域土壤成分、周围环境和空气污染物的影响（如地处交通要道附近）；在种植管理时给排水、施药等，可能造成大米中砷、铅、铜等重金属及农药残留超标，所以在采购大米时，应充分了解其种植环境和生长环境，了解其周围是否有冶炼、选矿、石油、染料、化工、农药、蓄电池制造等工业“三废”污染，对产自“三废”污染区的大米拒绝收购。大米发霉、腐烂变质会造成生物毒素（如黄曲霉毒素）污染危害。因此，对采购来的大米要进行重金属、农药残留、黄曲霉毒素检测，确定关键控制点的关键限值，剔除不合格原料。原料接收要严格执行《供应商评审程序》，建立合格供应商目录，按照国家卫生标准及企业《原料规格书》的要求采购原材料，进货验收时供应商应提供合格的原材料有关证明，并进行抽样检验，以保证原材料的安全卫生，从而控制产品的化学性危害。此工序为第一个关键控制点。

（2）大米浸泡（CCP2）

大米浸泡的时间长短对米粉的品质有着直接的影响，浸泡时间过短，米粒过硬，含水量不够，挤丝机挤出的米粉条断条率高，影响米粉的质量；浸泡时间过长，容易受杂菌污染，引起腐败变质，米浆中破损性淀粉比例会偏高，同时食源性中毒的概率也大大提高，在粉碎时容易结成团。如果浸泡时有害微生物污染严重，会给消除生物危害带来困难。因此，从产品品质和安全性角度考虑，将此工序设为第二个关键控制点。

（3）烘干（CCP3）

烘干工序是决定米粉水分的关键工序，而且由于该工序加热温度较高，烘干时间较长，因此该工艺也是杀灭原材料及前面工序中残留的细菌、致病菌等微生物的关键工序，以保证产品水分、微生物指标符合国家产品卫生要求；但是在该工序过程中温度应适宜。温度太低，米粉不容易烘干，易造成水分、微生物指标不合格，影响米粉的质量；温度太高，米粉容易发脆、断裂，从而也影响到米粉的质量，因此，将此工序设为第三个关键控制点。

（4）分装（CCP4）

分装工序是米粉生产冷却后又可能发生微生物、细菌、虫害等二次污染的最后一道工序，也是较容易产生物理危害（如头发丝等外来杂质）的工序，因此，该工序也作为物理、化学和生物性危害控制的第四个关键控制点。

（5）金属探测（CCP5）

米粉加工工序中的物理危害主要是磁性和非磁性杂质对人体造成危害，通过控制金属检测器的灵敏度和检测范围，可将危害降低。调节好金属检测器的灵敏度和检测范围，把内包装后的产品过金属探测器，在发现有金属超标时对产品进行隔离，并对产品进行标记。金属探测器在上班前及工作中每隔 2h 用标准件进行校正，并做好相关记录。因后面无其他措施消除此危害，故将该工序作为第五个关键控制点。

4. 建立每个关键控制点的关键限值（以干米粉生产为例）

HACCP 小组应为每个 CCP 建立关键限值。一个 CCP 可以有一个或一个以上的关键限值。关键限值的设立应科学、直观、易于监测，确保产品的安全危害得到有效控制，而不超过可接受水平。关键限值的确定应以科学为依据，参考资料可来源于科技期刊、法规性指南和试验研究等。基于感知的关键限值，应由经评估且能够胜任的人员进行监控、判定。为了防止或减少偏离关键限值，HACCP 小组宜建立 CCP 的操作限值，应保持关键限值确定依据和记录的结果。米粉生产通常关键限值所使用的指标包括：浸泡时间、干燥温度、细菌数、感官指标等。

（1）大米采购和接收的关键限值

原料大米的采购和接收实行定点采购，并要求严格执行《供应商评审程序》，建立合格供应商目录。按照国家卫生标准及企业《原料规格书》要求采购原材料。进货验收时，供应商应提供权威机构出具的合格原材料检验报告。为保证原材料的安全卫生，应对该批次原料进行随机抽样检验，农药残留、金属及黄曲霉毒素等指标不得超过国家卫生标准的限量值。

（2）大米浸泡时间关键限值

一般来说夏天浸泡大米的时间短些，冬天时间稍长些，根据天气变化，浸泡 2～3h，最后以手用力可将大米搓开、无硬实粒为准。另外，浸泡大米所使用的水一定要符合国家饮用水的卫生要求，严格避免被化学物和微生物污染。

（3）烘干关键限值

通常将烘干温度控制在 40～50℃，时间 3h 以上，气压 0.3MPa，以保证产品水分及微生物指标得到有效控制。

表 8-6　鲜湿米粉的 HACCP 计划表

关键控制点(1)	显著危害(2)	关键限值(3)	监测(4)				纠偏措施(5)	记录(6)	验证(7)
			对象	方法	频率	人员			
原辅料的采购和接收	药物和重金属残留、黄曲霉毒素	大米符合 GB/T 1354，食用淀粉符合 GB 31637，食用油符合 GB 2716，食品添加剂符合 GB 2760 和 GB 14881，农药残留量符合 GB 2763，包材符合 GB 9683	供货商证明、原材料	审核是否有供货商产品合格证明或官方检验报告、并进行抽样检查	每批	原料验收员	拒收无证明或无合格检验报告的原料	原料验收记录表	每日审核记录；每周审核纠偏行动记录；每月审查供货商证明及原料验收报告；每季送原料到有关部门进行药物和重金属残留、黄曲霉毒素检测
大米浸泡	化学物和微生物污染	水温<35℃ 浸泡时间：水温 15℃时 3h，水温 30℃时 2h	时间、水质	记录浸泡大米时间和浸泡用水的检验	浸泡期间连续监控	品控员、检验员	对操作人员进行技术培训，使用符合卫生标准的饮用水，定时更换浸泡用水	生产记录和人员培训记录	定时对成品进行微生物、水分检验，要符合 GB 14881 中的相关规定；每周审核纠偏行动记录
金属探测	金属	铁小于 Φ1.0mm，非铁小于 Φ1.5mm	金属夹杂物	过金属探测仪	连续监控	生产负责人和品控员	停止生产、追回和隔离金属探测器异常前半小时产品并重检，纠正设备问题后，再重新生产，定期对操作人员培训	设备维护保养记录、使用记录和人员培训记录	操作前用标准的金属模块测试，操作中每 2 h 验证一次，每月一次审查记录

续表

关键控制点(1)	显著危害(2)	关键限值(3)	监测(4)				纠偏措施(5)	记录(6)	验证(7)
			对象	方法	频率	人员			
杀菌	微生物、致病菌	80～90℃时20～40min，如杀菌前进行酸浸处理，可相应降低杀菌强度	时间、温度	检查温度计、温度记录仪、时间显示器	每15min记录一次	生产负责人和品控员	调节温度和时间，定期对操作人员培训	生产记录和人员培训记录	定期统计分析复检中检出的霉变、胀包等变质情况，验证杀菌公式的合理性及控制的有效性，每年进行一次热分和热渗透测试
人工预检、复检	微生物、致病菌	无霉变、胀包和破损或变色现象	外观	目测	连续监控每一袋	生产负责人和品控员	剔除有问题产品	生产记录和人员培训记录	定期对复检人员进行培训，分析统计市场反馈信息，及时提出改进措施

表 8-7　干米粉的 HACCP 计划表

关键控制点(1)	显著危害(2)	关键限值(3)	监测(4)				纠偏措施(5)	记录(6)	验证(7)
			对象	方法	频率	人员			
大米采购和接收	药物和重金属残留、黄曲霉毒素	大米符合GB/T 1354，食用淀粉符合GB 31637，食用油符合GB 2716，食品添加剂符合GB 2760和GB 14881，农药残留量符合GB 2763，包材符合GB 9683	供货商证明	审核是否有供货商产品合格证明或官方检验报告	每批	原料验收员	拒收无证明或无合格检验报告的原料	原料验收记录表	每日审核记录；每周审核纠偏行动记录；每月审查供货商证明及原料验收报告；每季送原料到有关部门进行药物和重金属残留、黄曲霉毒素检测

续表

关键控制点(1)	显著危害(2)	关键限值(3)	监测(4)				纠偏措施(5)	记录(6)	验证(7)
			对象	方法	频率	人员			
浸米	化学物和微生物污染	根据天气变化,浸泡2～3h,以手用力可将大米搓开、无硬实粒为准	时间、水质	记录浸泡大米时间和浸泡用水的检验	浸泡期间连续监控	品控员、检验员	对操作人员进行技术培训	生产记录和人员培训记录	定时对成品进行微生物、水分检验,要符合GB 14881中的相关规定;每周审核纠偏行动记录
烘干	致病菌、霉菌	温度45～50℃,时间3h以上,气压0.3MPa	温度、时间、气压	观察	连续监控	烘干操作员	随时调节烘干温度和气压,定期进行设备维护和操作人员培训	现场品控记录、设备维护保养记录、人员培训记录	每季度一次用温度计验测烘干温度;每季度一次用计时器验测烘干时间;每年校准气压表准确度;每周审核纠偏行动记录
分装	细菌、微生物	霉菌应小于1000CFU/g,致病菌不得检出	操作工及作业设备、包材的卫生情况	全部消毒处理	进入包装车间前及分装全程连续监控	管理员和品控员	立即重新消毒、定期对仪器设备和包装材料进行检验	人员及仪器设备、包材消毒记录,成品微生物、水分等检验记录	定期手检、工器具检;每批产品抽检;每周次审核纠偏行动记录

续表

关键控制点(1)	显著危害(2)	关键限值(3)	监测(4)				纠偏措施(5)	记录(6)	验证(7)
			对象	方法	频率	人员			
金属探测	金属	铁小于 Φ1.0mm，非铁小于 Φ1.5mm	金属夹杂物	过金属探测仪	连续监控	生产负责人和品控员	停止生产、追回和隔离金属探测器异常前半小时产品并重检，纠正设备问题后，再重新生产，定期对操作人员培训	设备维护保养记录、使用记录和人员培训记录	操作前用标准的金属模块测试，操作中每 2 h 验证一次，每月一次审查记录

表 8-8　鲜湿方便米粉的 HACCP 计划表

关键控制点(1)	显著危害(2)	关键限值(3)	监测(4)				纠偏措施(5)	记录(6)	验证(7)
			对象	方法	频率	人员			
原辅料的采购和接收	药物和重金属残留、黄曲霉毒素	大米符合 GB/T 1354，食用淀粉符合 GB 31637，食用油符合 GB 2716，食品添加剂符合 GB 2760 和 GB 14881，农药残留量符合 GB 2763，包材符合 GB 9683	供货商证明	审核是否有供货商产品合格证明或官方检验报告	每批	原料验收员	拒收无证明或无合格检验报告的原料	原料验收记录表	每日审核记录；每周审核纠偏行动记录；每月审查供货商证明及原料验收报告；每季送原料到有关部门进行药物和重金属残留、黄曲霉毒素检测

续表

关键控制点(1)	显著危害(2)	关键限值(3)	监测(4)				纠偏措施(5)	记录(6)	验证(7)
			对象	方法	频率	人员			
大米浸泡和发酵	化学物和微生物污染	水质 pH6～6.5,浊度 3°以下,硬度 50mg/kg 以下,大肠菌群＜3CFU/100g;加工区域内空气菌落总数≤30CFU/皿	水质、菌落总数、发酵时间	记录大米浸泡和发酵时间,浸泡用水和空气的检验	浸泡期间连续监控	生产负责人和品控员、检验员	对操作人员进行技术培训,使用符合卫生标准的饮用水,净化加工区域空气,按技术要求调整浸泡发酵时间	生产记录和人员培训记录	定时对成品进行微生物、水分检验,要符合 GB 14881 中的相关规定;每周审核纠偏行动记录
金属探测	金属	铁小于 Φ1.0mm,非铁小于 Φ1.5mm	金属夹杂物	过金属探测仪	连续监控	生产负责人和品控员	停止生产、追回和隔离金属探测器异常前半小时产品并重检,纠正设备问题后,再重新生产,定期对操作人员培训	设备维护保养记录、使用记录和人员培训记录	操作前用标准的金属模块测试,操作中每 2h 验证一次,每月一次审查记录
杀菌	微生物、致病菌	(95±2)℃杀菌时间(30±1)min,温度低于 93℃或少于 29min 时进行纠偏	时间、温度	检查温度计、温度记录仪、时间显示器	每 15min 记录一次	生产负责人和品控员	调节温度和时间,定期对操作人员培训	生产记录和人员培训记录	定期统计分析复检中检出的霉变、胀包等变质情况,验证杀菌公式的合理性及控制的有效性,每年进行一次热分和热渗透测试
人工预检、复检	微生物、致病菌	无霉变、胀包和破损或变色现象	外观	目测	连续监控每一袋	生产负责人和品控员	剔除有问题产品	生产记录和人员培训记录	定期对复检人员进行培训,分析统计市场反馈信息,及时提出改进措施

(4) 分装关键限值

操作工人必须严格按照卫生标准操作规范(SSOP)的要求进行操作，定期安排工作人员体检，并对员工个人卫生状况、操作工手部的细菌、大肠杆菌等进行检验，菌落总数应小于100CFU/cm^2，致病菌不得检出，必要时进行消毒处理。操作人员需持证上岗，确保规范操作，从而保证产品的微生物指标得到有效控制。

(5) 金属探测关键限值

依据食品安全卫生标准，要求产品中铁小于 Φ1.0mm，非铁小于 Φ1.5 mm，定期检查金属探测器的灵敏度，每隔 2h 检查一次，从而保证产品的金属含量得到有效控制。

5. 建立对每个关键控制点进行监控的系统

通过监测能够发现关键控制点是否失控，此外，通过监控还能提供必要的信息，以便及时调整生产过程，防止超出关键限值。

6. 建立纠偏措施

在 HACCP 体系中，应对每一个关键控制点预先建立相应的纠偏措施，以便在出现偏离时实施。纠偏措施应包括：确定引起偏离的原因、确定偏离期间产品采取的处理方法、记录纠偏措施。

7. 建立验证程序

通过验证、审查、检验(包括随机抽样化验)，可确定 HACCP 体系是否有效运行，验证程序包括对 CCP 的验证和对 HACCP 体系的认证。

8. 建立记录档案

米粉生产企业应按照 GB/T 27341 的相关要求，保持 HACCP 计划的相关记录，参见表 8-6～表 8-8。

9. 米粉生产的 HACCP 计划的确认报告(表 8-9)

表 8-9 HACCP 计划确认报告

HACCP 小组于××××年××月××日对本公司××米粉 HACCP 计划的制定情况进行确认，结果如下：	
企业名称	
企业地址	
产品描述	
预期用途	

续表

储存条件		预期消费人群	
计划确认情况			
结论及建议	报告人：	报告日期：	
审批意见	签名：	审批日期：	

附录 1

中华人民共和国进出口商品检验行业标准 SN/T 0395—2018

进出口米粉检验规程（报批稿）

1　范围

本标准规定了进出口米粉的术语和定义、抽样和制样、检验方法、包装和标志检验、运输和贮存、检验结果的判定、不合格产品处置、复验、检验有效期。

本标准适用于进出口米粉的检验。

2　规范性引用文件

下列文件对于本文件的应用是必不可少的，凡是注日期的引用文件，仅注日期的版本适用于本文件。凡是不注日期的引用文件，其最新版本（包括所有的修改单）适用于本文件。

GB 2763　食品安全国家标准　食品中农药最大残留限量

GB 4789.1　食品安全国家标准　食品微生物学检验　总则

GB 4789.2　食品安全国家标准　食品微生物学检验　菌落总数测定

GB 4789.3　食品安全国家标准　食品微生物学检验　大肠菌群计数

GB 4789.4　食品安全国家标准　食品微生物学检验　沙门菌检验

GB 4789.5　食品安全国家标准　食品微生物学检验　志贺菌检验

GB 4789.10　食品安全国家标准　食品微生物学检验　金黄色葡萄球菌检验

GB 4789.15　食品安全国家标准　食品微生物学检验　霉菌和酵母计数

GB 5009.3　食品安全国家标准　食品中水分的测定

GB 5009.11　食品安全国家标准　食品中总砷及无机砷的测定

GB 5009.12　食品安全国家标准　食品中铅的测定

GB 5009.15　食品安全国家标准　食品中镉的测定

GB 5009.17　食品安全国家标准　食品中总汞及有机汞的测定

GB 5009.22　食品安全国家标准　食品中黄曲霉毒素 B 族和 G 族的测定

GB 5009.34　食品安全国家标准　食品中二氧化硫的测定

GB 5009.123　食品安全国家标准　食品中铬的测定
GB 5009.239　食品安全国家标准　食品酸度的测定
GB 7718　食品安全国家标准　预包装食品标签通则
GB/T 21126　小麦粉与大米粉及其制品中甲醛次硫酸氢钠含量的测定
GB 5009.275　食品安全国家标准　食品中硼酸的测定
GB 28050　食品安全国家标准　预包装食品营养标签通则
JJF 1070　定量包装商品净含量计量检验规则

3　术语和定义

下列术语和定义适用于本文件。

3.1　干米粉　dry rice noodles

3.1.1　水煮粉　boiled rice noodles

以大米为原料，加水浸泡、磨制、挤压煮成型，经干燥而达到一定熟度的条状米粉，简称水粉。包括：发酵水煮粉（如桐口米粉、吻沙米粉等）；非发酵水煮粉（如濑粉等）。

3.1.2　汽蒸粉　steamed rice noodles

以大米为原料，加水浸泡、磨制、挤压汽蒸糊化成型，经干燥而达到一定熟度的条状米粉，简称蒸粉。包括：快食粉（包括快食方块粉、杯装粉、银丝粉、沙河粉等）；非快食粉（包括排状粉、方块粉、直条粉）。

3.2　湿米粉　wet rice noodles

3.2.1　切粉（河粉、卷粉）　cut rice noodles

以大米为主要原料，经洗米、浸泡、磨浆、蒸片、切条、冷却等工艺加工而成的产品。

3.2.2　榨粉（米线、水榨粉）　pressed rice noodles

以大米为主要原料，经浸泡、磨浆（粉碎）、发酵、蒸煮、挤压成型、冷却等工艺加工而成的产品。

3.3　净含量　net quantity

除去包装容器和其他包装材料后内装商品的量。

3.4　检验批　inspection lot

同一发货人和收货人的同一品种，同一包装标记，同一运输工具，来自或运往同一地点，同时出境或入境的货物为同一检验批。

3.5 碎粉率 flour rate

按本标准规定的检验方法，拣出其长度不足10cm的米粉为碎粉，其含量以质量分数表示。

3.6 断条率 parted rice noodle rate

按本标准规定的检验方法，从浸泡过的试样中拣出不足10cm的米粉即为断条，其含量以质量分数表示。

3.7 汤汁沉淀物 soup precipitate

按本标准规定的检验方法，将试样经沸水浸泡后，让浸泡液自然沉淀（或在沉降剂作用下），汤汁清晰，量器底部沉积的絮状凝聚物，即为汤汁沉淀物，其含量以mL/10g表示。

3.8 复水率 rehydration rate

按本标准规定的检验方法，将试样经85℃以上水浸泡一定时间，试样恢复鲜粉性状，试样复水后增加的质量与复水前质量的百分比，即为复水率，其数值用%表示。

3.9 粘条率 sticky rice noodle rate

米粉块按规定条件复水后，两条或两条以上粘合在一起的米粉为粘条，其含量以质量分数表示。

3.10 吐浆量 slurry volume

米粉经沸水煮沸后，能溶解于水的米粉的干物质，其含量以质量分数表示。

4 抽样和制样

4.1 抽样比例

以检验批为单位，100件以下，随机抽取7件（7件以下全抽）；100件以上，抽取件数按式（1）计算每批应抽取的件数：

$$A=\frac{\sqrt{N}}{2} \qquad \cdots\cdots(1)$$

式中 A——应抽取的件数，件；

N——抽样批次的总件数，件。

计算应抽取件数时，不足一件者以一件计，每件抽样数量不得少于1包，但每包净重在200g及以下者，则每件至少抽样2包。

4.2 抽样方法

4.2.1 按报验单所列规格、件数、质量、唛头与实际货物核对相符后，在堆垛的上、中、下各部位以曲线形走向随意抽取规定的货物作样件。

4.2.2 微生物样品：对于散装样品，取样过程应遵循无菌操作程序，防止一切可能的外来污染。每取完一件样品，应更换取样工具或将用过的取样工具迅速消毒。用已消毒的取样工具抽取5份，样品放于无菌样品袋中，立即密封保存。对于独立包装的样品，抽取5份进行实验室检验。

4.2.3 其他检验样品：在完成微生物样品抽取后，分别在每件样品的上、中、下各层分别抽取100～150g或整袋（小包装）为原始样品作为其他检验项目样品。每件抽取的原始样品应基本一致。每批抽取的原始样品，应不少于2kg。

4.3 制样

4.3.1 微生物样品和水分样品不缩分。

4.3.2 用四分法缩分：每件抽取适量的样品，混匀，然后以四分法缩分至约2kg分成2份，分别装入洁净密闭的样品容器内，并做好标记，约1kg用于检验，约1kg用于存查。

4.3.3 样品保存：将样品装入清洁密闭的容器内携回实验室，样品标识要记录批号、报验号、数量、取样日期等信息。留样要标识清楚，放置在有防潮、防虫、防鼠设施的专用保管室或样品橱柜内，确保不引起霉变等。留样应保管至发证后6个月。

5 检验方法

5.1 感官检验

先检查其包装外观，打开包装后，立即嗅其气味，再倒入洁净干燥的白色瓷盘，置于明亮处，观察其色泽、组织形态和杂质，后用沸水煮熟品尝其滋味与口感，并观察有无并条，按感官鉴定的实际情况记录评定结果。

5.2 净含量

按JJF 1070规定的方法测定。

5.3 碎粉率

从已拆开的样品中，逐包检验，称取样品两块或两扎（精确至0.1g），用手拿起样品（每排或每块）正反轻轻翻扬，使其断条自然落于瓷盘内，至无断条下落为止（扎粉逐扎松开），从散落下来的断条中拣出10cm以上的米粉，剩下的称重，精确至 0.1g，按式（2）计算碎粉率：

$$F=\frac{m_1}{m}\times 100\% \qquad \cdots\cdots(2)$$

式中 F——碎粉率，以百分数表示；

m_1——碎粉质量，g；

m——试样质量，g。

5.4 断条率

5.4.1 干米粉

从已拆开的样品中，选择任意完整的粉块两件，如为排状粉、直条粉则称取两份 15cm 以上的米粉约 10g（精确至 0.1g），按质量比 1∶20 的比例（粉∶水）加入沸水浸泡 5min，快食粉加盖浸泡 3min，用筷子将试样搅散，滤去汤汁，过冷水，滤干，当即分开不足 10cm 和 10cm 以上的米粉，分别称重，按式（3）计算断条率，取两份样品的平均值为检测结果。

5.4.2 湿米粉

称取试样 250g（精确至 0.1g）于容器中，加入水温不低于 85℃的水，使其完全覆盖试样，煮 3min 后将试样全部粉条倒入白色搪瓷盘内，加入常温水覆盖粉条，用圆头筷子从中挑出所有的不足 10cm 的米粉，放试验筛中滤水 2min 后称其质量（m_2），再将试样剩余的粉条放试验筛中滤水 2min，然后与滤水后的不足 10cm 的米粉一起称量，得全部粉条的质量（m_3），记录二次称量的结果（精确至 0.1g），按式（3）计算断条率，取两份样品的平均值为检测结果。

$$P=\frac{m_2}{m_3}\times 100\% \qquad \cdots\cdots(3)$$

式中 P——断条率，以百分数表示；

m_2——不足 10cm 米粉质量，g；

m_3——浸泡后试样总质量，g。

5.5 汤汁沉淀物

称取试样 50g（精确到 0.1g），置于相当容积的保温瓶中按 1∶10 比例（粉∶水）加沸水，加盖浸泡 15min（银丝浸泡 10min，快食粉浸泡 3min），搅拌后，捞起全部湿粉，汤汁每静置 20min 倾去上层部分清液，至 60min 把余液连同混浊物转移到 10mL 离心管中，若余液量太大，则每隔 15min 倾去上清液，再补充余液至离心管中，静置 60min，记录沉淀物体积，按式（4）

计算：

$$S=\frac{V}{m}\times 10 \qquad \cdots\cdots(4)$$

式中　S——汤汁沉淀物，mL/10g；

V——沉淀物体积，mL；

m——试样质量，g。

5.6　**复水率**

取米粉块样品一块，用天平称其质量（精确到0.1g），置于1000mL带盖保温容器中，加入米粉块质量7.5倍的水（85℃以上），加盖浸泡5min后倒入水平放置的标准试验筛中，静置2min，然后称量浸泡后粉条的质量，按式（5）计算：

$$R=\frac{m_4-m}{m}\times 100\% \qquad \cdots\cdots(5)$$

式中　R——复水率，以百分数表示；

m_4——米粉块复水后的质量，g；

m——试样质量，g。

5.7　**粘条率**

取米粉块样品一块，放入1000mL带盖保温容器中，加入米粉块质量7.5倍的水（85℃以上），加盖浸泡5min后，将粉条倒入盘内，加入米粉块质量25倍的常温水，让粉条全部浸泡在水中，使粉条温度降至常温，用筷子从中挑出所有粘合在一起的粉条，并在离粘合部分两端0.5cm处剪断，过筛后称量所有粘条的质量（精确到0.1g），然后称量经过筛的全部粉条的质量，记录称量结果，精确至0.1g，按式（6）计算：

$$D=\frac{m_5}{m_6}\times 100\% \qquad \cdots\cdots(6)$$

式中　D——粘条率，以百分数表示；

m_5——粘条总质量，g；

m_6——复水后全部粉条质量，g。

5.8　**吐浆量**

称取样品100g（精确到0.1g），放入750mL已沸腾的开水中，继续煮沸3min，用不锈钢漏勺捞起全部米粉，用玻璃棒搅匀米粉汤，量取米粉汤总量的 1/10，放入已恒重的称量器中，于水浴上蒸干后放入（105±2）℃的烘箱中烘至恒重，称取干物质质量，按式（7）计算：

$$T=\frac{m_7-m_8}{m(1-X)}\times 10\times 100\% \quad\cdots\cdots(7)$$

式中　T——吐浆量，以百分数表示；

m_7——干燥后试样与称量皿的质量，g；

m_8——干燥前已恒重称量皿的质量，g；

m——试样质量，g；

X——试样中的水分含量，以百分数表示；

10——提取试样的换算系数。

5.9　水分

按 GB 5009.3 规定的方法测定。

5.10　酸度

按 GB 5009.239 规定的方法测定。

5.11　二氧化硫残留量

按 GB 5009.34 规定的方法测定。

5.12　硼酸

按 GB 5009.275 规定的方法测定。

5.13　甲醛次硫酸氢钠

按 GB/T 21126 规定的方法测定。

5.14　铅

按 GB 5009.12 规定的方法测定。

5.15　总砷

按 GB 5009.11 规定的方法测定。

5.16　总汞

按 GB 5009.17 规定的方法测定。

5.17　镉

按 GB 5009.15 规定的方法测定。

5.18　铬

按 GB 5009.123 规定的方法测定。

5.19 农药残留

应符合 GB 2763 的规定。

5.20 菌落总数

按 GB 4789.2 规定的方法测定。

5.21 大肠菌群

按 GB 4789.3 规定的方法测定。

5.22 沙门氏菌

按 GB 4789.4 规定的方法测定。

5.23 金黄色葡萄球菌

按 GB 4789.10 规定的方法测定。

5.24 黄曲霉毒素 B_1

按 GB 5009.22 规定的方法测定。

6 包装和标志检验

6.1 包装检验

6.1.1 外包装

现场检查全批外包装箱的外观是否坚固、完整、清洁、卫生，有无污染和异味，是否适合长途运输要求。

6.1.2 内包装

有内包装袋者，开箱检查内包装袋是否破损，封口是否良好，有无污染。

包装用纸应符合国家或进口国的有关规定，包装紧实、完整、清洁、干燥，米粉排列整齐，封口严密，无明显胶水痕迹和粘包。

6.2 标志检验

6.2.1 包装上印刷的中、英文与商品名称、规格、毛重、净重、商标、厂名、代号、批次、生产日期等内容，均应字迹清晰、不褪色。进口米粉应符合我国国家标准有关要求，出口米粉应符合对方进口国国家标准有关要求。

6.2.2 合同、信用证或进口国对标签另有具体规定的，按其规定执行。

7 运输和贮存

7.1 运输

7.1.1 在搬运过程中，应轻拿轻放，严禁扔、砸、磕、碰。

7.1.2 在运输过程中应防雨、防尘、防潮、防晒。
7.1.3 运送的交通工具必须清洁，干燥无害，不得与有毒、有害、有腐蚀性物质及其他污染物混装。

7.2 贮存

7.2.1 产品应放在通风阴凉、干燥、清洁、无异味的仓库中，要注意防潮、防霉、防鼠、防虫、防污染。
7.2.2 产品贮存必须有垫仓板，堆垛应至少离墙 0.5m，至少离地面 0.1m，批次分明。
7.2.3 产品在符合上述贮存条件下，保质期为一年。

8 检验结果判定

按照本标准检验后形成的检验结果，依据进口国家/地区的有关法律法规规定、贸易合同和信用证以及有关标准规定的要求进行综合评定。符合规定要求的判为合格批，否则为不合格批。

9 不合格品处置

9.1 对经检验不合格的出口产品，产品应当在检验检疫机构的监督下进行返工整理，经重新检验合格后方准出口；经重新检验判定为不合格批的产品，由检验检疫机构出具不合格证明，出口产品不准出口。重新检验仅限一次。安全卫生项目不符合输入国或地区要求的，不准出口。
9.2 对经检验不合格的进口产品，按照合同或信用证要求执行，涉及安全卫生的产品进行退运或销毁。

10 复验

货主或其代理人对出入境检验检疫机构作出的检验结果有异议的，可以按《进出口商品复验办法》的规定申请复验。各级出入境检验检疫机构按照《进出口商品复验办法》实施复验。

11 检验有效期

检验合格后有效期为 60 天。

附录2

中华人民共和国农业行业标准 NY/T 2964—2016

鲜湿发酵米粉加工技术规范

1 范围

本标准规定了鲜湿发酵米粉的术语和定义、分类、加工厂安全卫生管理要求、原辅料要求、主要工艺加工技术要求及标志、包装、运输、储藏。

本标准适用以籼米为主要原料，经发酵、磨浆、熟化等加工过程生产出来的高水分含量米粉产品。

2 规范性引用文件

下列文件对于本文件的应用是必不可少的。凡是注日期的引用文件，仅注日期的版本适用于本文件。凡是不注日期的引用文件，其最新版本（包括所有的修改单）适用于本文件。

GB/T 191 包装储运图示标志

GB 1354 大米

GB 2760 食品安全国家标准 食品添加剂使用标准

GB 5083 生产设备安全卫生设计总则

GB 5479 生产饮用水卫生标准

GB/T 6453 运输包装用单瓦楞纸箱和双瓦楞纸箱

GB 7718 食品安全国家标准 预包装食品标签通则

GB 9681 食品包装用聚氯乙烯成型品卫生标准

GB 9687 食品包装用聚乙烯成型品卫生标准

GB 9688 食品包装用聚丙烯成型品卫生标准

GB 9689 食品包装用聚苯乙烯成型品卫生标准

GB 14881—2013 食品安全国家标准 食品生产通用卫生规范

GB 14930.1 食品工具、设备用洗涤剂卫生标准

GB 14930.2 食品安全国家标准 消毒剂

GB 28050 食品安全国家标准 预包装食品营养标签通则

JJF 1070 定量包装商品净含量计量检验规则

国家质量监督检疫总局令　2007年第102号　食品标识管理规定

国家质量监督检疫总局令　2009年第123号　关于修改《食品标识管理规定》的决定

3　术语和定义

下列术语和定义适用于本文件。

3.1　鲜湿发酵米粉 fresh fermented rice noodles

以籼米为原料，添加或不添加其他辅料（淀粉、果蔬、杂粮等），经发酵、磨浆、熟化等主要工序制成、水分含量不低于50%的米粉样品。

4　分类

按产品保质期分为短货架期与长货架期两类产品，其中短货架期指货架期在5d以内，长货架期指货架期在180d以上。

5　加工厂安全卫生管理要求

5.1　加工企业卫生条件应符合　GB 14881—2013的规定.

5.2　生产设备与器具安全卫生设计应符合GB 5083的规定。

5.3　生产设备所用洗涤剂应符合GB 14930.1的规定。

5.4　生产设备所用消毒剂应符合GB 14930.2的规定。

5.5　建立生产过程质量安全管理标准文件，文件中应包括生产设备的清洁。

6　原辅料的要求

6.1　籼米

应符合GB 1354的规定。

6.2　生产用水

应符合GB 5479的规定。

6.3　食品添加剂

应符合GB 2760的规定。

6.4　其他辅料

应符合相应的食品标准和有关规定。

7 主要工艺加工技术要求

7.1 发酵

若采用室温下自然发酵，一般控制夏天发酵 2～3d，冬天 3～6d；若采用夹层发酵罐控温发酵，发酵温度 26～40℃，发酵时间 8～48h。发酵前可加入前次发酵液以促进发酵。

7.2 清洗、去石

对发酵后的籼米用清水冲洗至水澄清；另在物料输送过程中设置除砂槽用以去除砂石。

7.3 磨浆

将发酵好的籼米加水磨制成米浆，以保证米浆能通过 80 目筛。

7.4 熟化

7.4.1 生产挤压成型的产品需将米浆加热糊化，形成具有一定黏性和可塑性的淀粉凝胶块，淀粉的糊化度控制在 90%以上。

7.4.2 生产切片成型的产品需要将米浆在蒸片机上布浆熟化，熟化姜片厚度应控制在 2 mm 以内。

7.5 成型

7.5.1 挤压成型产品是将熟化后的淀粉凝胶块用挤压机制成所需形状。

7.5.2 切片成型产品将熟化后的淀粉凝胶直接切片即可成型。

7.6 水煮

7.6.1 挤压成型的米粉需进一步水煮熟化，水温控制在 95℃以上，时间 10～20s。

7.6.2 切片成型的产品则不需要此步。

7.7 蒸粉

通过蒸粉工艺确保产品完全糊化，蒸粉温度应控制在 100℃以上，时间 100～200s。

7.8 冷却

可采用冷风或者水冷，冷却后应保证米粉中心温度降至 30℃以下。

7.9 酸浸

可采用有机酸或者酸性电解水浸泡处理达到表面杀菌的要求。

7.10 包装、封口

对于预包装米粉，可根据市场需求包装成不同规格产品。定量包装产品计量应符合 JJF 1070 的规定。

7.11 杀菌

7.11.1 对于短货架期产品，可不经过杀菌处理。

7.11.2 对于长货架期产品，采用热杀菌的方式达到货架期内的质量安全要求。

8 标志、包装、运输、储藏

8.1 标志

8.1.1 产品的预包装标志应符合 GB 7718、GB 28050、国家质量监督检验检疫总局令 2007 年第 102 号和国家质量监督检验检疫总局令 2009 年第 123 号的规定。

8.1.2 外包装储运图示标志应符合 GB/T 191 的规定。

8.2 包装

包装材料必须无毒、无害、无异味、清洁卫生。内外包装应符合 GB/T 6543、GB 9681、GB 9687、GB 9688 和 GB 9689 的规定要求。

8.3 运输

运输设施应保持清洁卫生、无异味。产品不得与有毒、有害、有异味的物质一起运输。

8.4 储藏

8.4.1 储藏应符合 GB 14881—2013 中 8.1 中对于产品污染风险控制的规定。

8.4.2 仓库中产品应遵循先进先出原则。

8.4.3 储藏于阴凉干燥处，严禁日光直射。

8.4.4 库房应有专人负责，并备有专门的产品出入库记录。

8.5 保质期

根据产品生产的季节、工艺不同，在产品包装或其他标识上标明保质期。

附录 3

中国粮油学会团体标准 T/CCOA 4—2019

干米粉

1　范围

本标准规定了干米粉的术语和定义、分类、要求、检验方法、检验规则、标签和标识、包装、储藏和运输。

本标准适用于以大米（或碎米）为主要原料（大米和碎米含量不低于70%），添加或不添加其他原料，经加工形成的米粉干制品。

2　规范性引用文件

下列文件对于本文件的应用是必不可少的。凡是注日期的引用文件，仅注日期的版本适用于本文件。凡是不注日期的引用文件，其最新版本（包括所有的修改单）适用于本文件。

GB/T 191　包装储运图示标志

GB/T 1354　大米

GB 2715　食品安全国家标准　粮食

GB 2760　食品安全国家标准　食品添加剂使用标准

GB 2761　食品安全国家标准　食品中真菌毒素限量

GB 2762　食品安全国家标准　食品中污染物限量

GB 4806.7　食品安全国家标准　食品接触用塑料材料及制品

GB 4806.8　食品安全国家标准　食品接触用纸和纸板材料及制品

GB 5009.3　食品安全国家标准　食品中水分的测定

GB 5009.34　食品安全国家标准　食品中二氧化硫的测定

GB 5009.239　食品安全国家标准　食品酸度的测定

GB 5749　生活饮用水卫生标准

GB 7718　食品安全国家标准　预包装食品标签通则

GB/T 8946　塑料编织袋通用技术要求

GB 14881　食品安全国家标准　食品生产通用卫生规范

GB 28050　食品安全国家标准　预包装食品营养标签通则

GB 31621　食品安全国家标准　食品经营过程卫生规范

JJF 1070　定量包装商品净含量计量检验规则

LS/T 3246　碎米

定量包装商品计量监督管理办法（原国家质量监督检验检疫总局令〔2005〕第75号）

3　术语和定义

下列术语和定义适用于本文件。

3.1　干米粉　dried rice vermicelli

以大米（或碎米）为主要原料（大米和碎米含量不低于70%），添加或不添加其他原料，经加工而成的米粉干制品。

3.2　发酵干米粉　fermented dried rice vermicelli

以大米（或碎米）为主要原料（大米和碎米含量不低于70%），经发酵等工艺加工而成的米粉干制品。

3.3　吐浆率　cooking loss rate

米粉经沸水煮熟后，留于水中的干物质含量，以质量分数表示。

3.4　熟断条率　cooked broken rate

一定根数的米粉样品在规定条件下煮熟后，被煮断的根数占样品根数的百分比。

3.5　烹调性　cooking property

反映米粉在煮熟后的性能，要求不粘、不浑汤，具有米粉特有的韧性和滋味。

4　分类

按生产工艺可分为非发酵干米粉和发酵干米粉。

5　要求

5.1　原料要求

5.1.1　大米

应符合GB/T 1354、GB 2715的要求，其中碎米和不完善粒指标不作要求。

5.1.2 碎米

应符合 LS/T 3246、GB 2715 的要求，其中互混指标不作要求。

5.1.3 水

应符合 GB 5749 的规定。

5.1.4 其他原料

应符合相应国家标准要求。

5.2 感官要求

干米粉感官要求见表 1。

表 1 干米粉感官要求

项目	要求
色泽	正常、均匀一致
组织形态	具有该品种应有的形态，外形完整，组织结构均匀
杂质	无肉眼可见外来异物
气味	正常，无酸味、无霉变及其他异味
烹调性	煮熟后口感爽滑，不粘牙，无牙碜

5.3 质量指标

干米粉的质量指标见表 2。

表 2 干米粉质量指标

项目		指标
水分/(g/100 g)	≤	14.5
吐浆率	≤	15%
熟断条率	≤	10%
酸度(非发酵米粉)/°T	≤	2.0
酸度(发酵干米粉)/°T	≤	4.0
二氧化硫/(mg/kg)	≤	30

5.4 净含量

预包装产品应符合《定量包装商品计量监督管理办法》的规定。

5.5 食品安全要求

应符合 GB 2761、GB 2762 和国家有关规定。

5.6 食品添加剂

5.6.1 食品添加剂的质量应符合相应的标准和有关规定。

5.6.2　食品添加剂的使用应符合 GB 2760 及国家相关法律法规的规定。

5.7　生产加工过程卫生要求

应符合 GB 14881 的规定。

6　检验方法

6.1　感官测定

取适量样品在自然光线下，用目视法观察色泽、组织形态和杂质，用鼻嗅法检查气味。烹调性按附录 A 中 A.2 规定的方法测定。

6.2　质量指标的检验方法

质量指标检验方法见表 3。

表 3　质量指标检验方法

项目	检验方法
水分	GB 5009.3
吐浆率	按附录 A 中 A.1 规定的方法测定
熟断条率	按附录 A 中 A.2 规定的方法测定
酸度(非发酵米粉)	GB 5009.239
酸度(发酵干米粉)	GB 5009.239
二氧化硫	GB 5009.34

6.3　净含量的检测方法

按 JJF 1070 规定的方法测定。

7　检验规则

7.1　组批

以同一原料、同一工艺配方、同一生产线在同一生产日期加工的同一包装规格的产品为一组批。

7.2　抽样

每批产品按生产批次及数量比列随机抽样，抽样数量应满足检验要求。

7.3　检验分类

7.3.1　出厂检验

7.3.1.1　每批产品应经检验，检验合格方可出厂。

7.3.1.2　出厂检验项目为感官、水分、吐浆率、酸度、熟断条率、净含量。

7.3.2　型式检验

7.3.2.1　型式检验为本标准的全项目检验。

7.3.2.2　正常情况为每半年进行一次，发生下列情况之一时也应进行型式检验：

① 停产3个月以上再恢复生产时；

② 原料来源、生产工艺发生变化时；

③ 更换主要生产设备时；

④ 本次检验结果与上次检验结果发生较大差异时；

⑤ 相关监督部门提出进行型式检验的要求时。

7.4　判断规则

7.4.1　出厂检验项目全部符合要求，判定该批产品合格。有一项或一项以上不符合要求，允许按相关规定进行复检，如复检结果仍有不符合要求项，判定该批次产品为不合格。

7.4.2　型式检验项目全部符合要求，判定该批次产品合格。有一项或一项以上不符合要求，允许按相关规定进行复检，如复检结果仍有不符合要求项，判定该批次产品不合格。

8　标签和标识

产品标签和标识应符合 GB 7718 和 GB28050 的规定。企业可根据自身产品质量状况及贮存条件确定保质期。

9　包装、储藏、运输

9.1　包装

9.1.1　包装袋应符合 GB 4806.7 的规定，包装纸应符合 GB 4806.8 的规定，编织袋应符合 GB/T 8946 的规定。

9.1.2　包装要求：应封口严密，整洁，完好，无破损。

9.1.3　产品包装储运图示标志应符合 GB/T 191 的规定。

9.2　储藏

应符合 GB 31621 的规定。

9.3　运输

应符合 GB 31621 的规定。

附　录　A
（规范性附录）
吐浆率、烹调性、熟断条率的检验方法

A.1　吐浆率

A.1.1　原理

米粉经沸水煮熟后，留于水中的干物质，以其质量分数表示吐浆率。

A.1.2　仪器和设备

A.1.2.1　可调式电炉：1000W。

A.1.2.2　天平：感量 0.1g、0.1mg。

A.1.2.3　电热恒温干燥箱：50～300℃。

A.1.2.4　量筒：25mL。

A.1.2.5　烧杯：1000mL、250mL。

A.1.2.6　干燥器：内附有效干燥剂。

A.1.2.7　秒表。

A.1.2.8　玻璃板：2 块，100mm×50mm。

A.1.2.9　容器瓶：500mL。

A.1.2.10　移液管：50mL。

A.1.2.11　不锈钢锅。

A.1.3　分析步骤

A.1.3.1　用可调式电炉加热盛有约 50 倍样品质量的沸水的烧杯或不锈钢锅，保持水的微沸状态。随机抽取样品 40 根，放入沸水中，用秒表开始计时。从 3min 开始取样，然后每隔 30s 取样一次，每次取一根，用两块玻璃板压扁，观察样品内部硬芯线，硬芯线消失时所记录的时间即为烹调时间。

A.1.3.2　称取试样 10.00g，量取 500mL 水置于烧杯中，在可调试电炉上加热至沸腾，放入试样，保持水的微沸状态，达到 A.1.3.1 所测的烹调时间后，迅速捞出米粉，粉汤放至常温后，转入 500mL 容量瓶中定容、混匀。用移液管移取 50mL 粉汤倒入恒重的 250mL 烧杯中，放在可调式电炉上蒸发掉大部分水后，再加入粉汤 50mL 继续蒸发至近干，放入（105±2)℃电热恒温干燥箱内烘至恒重（前后两次烘至重量差不超过 2mg)。

A.1.4 结果计算

吐浆率按式（A.1）计算，数值以百分数表示：

$$吐浆率=(m_1-m_2)/[m_0(1-w)]\times 5\times 100\% \qquad (A.1)$$

式中 m_1——干燥后样重与瓶质量，g；

m_2——干燥前瓶质量，g；

m_0——试样的质量，g；

w——试样中的水分含量，以百分数表示；

5——提取试样的换算系数。

测定结果取小数点后 1 位。

A.2 烹调性、熟断条率

A.2.1 仪器和用具

A.2.1.1 可调式电炉。

A.2.1.2 天平：感量 0.1g。

A.2.1.3 不锈钢锅或烧杯。

A.2.1.4 不锈钢盘。

A.2.1.5 筷子。

A.2.1.6 不锈钢漏勺。

A.2.2 检验步骤及结果计算

A.2.2.1 烹调性

称取 50g 完整样品，放入 500mL 已沸腾的水中，保持水的微沸状态，达到 A.1.3.1 所测的烹调时间后，用不锈钢漏勺捞起全部米粉观察、品尝。

A.2.2.2 熟断条率

任取样品适量根数（长度 30cm 以下取 30 根，30cm 以上取 20 根），放入盛有约 50 倍样品质量的沸水的烧杯或不锈钢锅中，用可调式电炉加热，保持水的微沸状态，达到 A.1.3.1 所测的烹调时间后，用筷子将样品轻轻挑出置于不锈钢盘中，计算完整的样品根数。

熟断条率按式（A.2）计算，数值以百分数表示：

$$熟断条率=(n-n_1)/n\times 100\% \qquad (A.2)$$

式中 n——取样总根数；

n_1——完整样品根数。

测定结果取小数点后 1 位。

参考文献

[1] Lu Z H，Collado L S. Rice chemistry and technology [M]. (4th ed.). In Bao，J. S (Ed.)，Rice noodles (pp. 557-588). Amsterdam：Elsevier inc. 2019.

[2] 孙庆杰编著. 米粉加工原理与技术 [M]. 北京：中国轻工业出版社，2006.

[3] 傅晓如主编. 米粉条生产技术 [M]. 北京：金盾出版社，1999.

[4] 夏文水主编. 食品工艺学 [M]. 北京：中国轻工业出版社，2019.

[5] 朱蓓薇主编. 方便食品加工工艺学及设备选用手册 [M]. 北京：化学工业出版社，2003.

[6] GB 1350—2009 《稻谷》

[7] GB/T 1354—2018 《大米》

[8] LS/T 6116—2017 《大米粒型分类判定》

[9] GB 5749—2006 《生活饮用水卫生标准》

[10] GB/T 22515—2008 《粮油名词术语 粮食、油料及其加工产品》

[11] GB/T 26630—2011 《大米加工企业良好操作规范》

[12] GB/T 26631—2011 《粮油名词术语 理化特性和质量》

[13] GB 2760—2014 《食品安全国家标准 食品添加剂使用标准》

[14] Zhou Z K，Wang X F，Si X，et al. The ageing mechanism of stored rice：A concept model from the past to the present [J]. Journal of Stored Products Research，2015，64：80-87.

[15] 王娜. 储藏条件对稻谷陈化的影响研究 [D]. 武汉：华中农业大学，2010.

[16] 谢宏. 稻米储藏陈化作用机理及调控的研究 [D]. 沈阳：沈阳农业大学，2007.

[17] 谢岚，全珂，刘艳兰，等. 储藏温度和时间对籼稻糊化特性的影响 [J]. 食品与机械，2020 (2)：129-133+170.

[18] 易翠平，刘旸，樊振南，等. 籼米陈化对鲜湿米粉品质的影响 [J]. 中国粮油学报，2018，33 (6)：1-5.

[19] 梁兰兰. 稻谷储藏时间及品种对米排粉品质影响机理研究 [D]. 广州：华南理工大学，2010.

[20] 闵伟红. 乳酸菌发酵改善米粉食用品质机理的研究 [D]. 北京：中国农业大学，2003.

[21] 丁文平. 大米淀粉回生及鲜湿米线生产的研究 [D]. 无锡：江南大学，2003.

[22] Bhattacharya M，Zee S Y，Corke H. Physicochemical properties related to quality of rice noodles [J]. Cereal Chemistry，1999，76：861-867.

[23] Wu P，Li C F，Bai Y M，et al. A starch molecular basis for aging-induced changes in pasting and textural properties of waxy rice [J]. Food Chemistry，2019，284：270-278.

[24] Thanathornvarakul N，Anuntagool J，Tananuwong K. Aging of low and high amylose rice at elevated temperature：Mechanism and predictive modeling [J]. Journal of Cereal Science，2016，70：155-163.

[25] Pandey K M，Rani N S，Madhav M S，et al. Different isoforms of starch-synthesizing enzymes controlling amylose and amylopectin content in rice (Oryza sativa L.) [J]. Biotechnol Advances，2012，30 (6)：1697-1706.

[26] Fujita N，Hanashiro I，Suzuki S，et al. Elongated phytoglycogen chain length in transgenic rice

endosperm expressing active starch synthase IIa affects the altered solubility and crystallinity of the storage α-glucan [J]. Journal of Experimental Botany, 2012, 63 (16): 5859-5872.

[27] Park C E, Kim Y S, Park K J, et al. Changes in physicochemical characteristics of rice during storage at different temperatures [J]. Journal of Stored Products Research, 2012, 48: 25-29.

[28] 雷玲，孙辉，姜薇莉，等. 稻谷储藏过程中品质变化研究 [J]. 中国粮油学报，2009，24 (12)：101-106.

[29] Fan J, Marks B P. Effects of rough rice storage conditions on gelatinization and retrog rad ation properties of rice flours [J]. Cereal Chemistry, 1999, 76: 894-897.

[30] Fan J, Marks B P, Daniels M J, et al. Effects of postharvest operations on the gelatinization and retrog rad ation properties of long-grain rice [J]. Transactions ASAE, 1999, 42: 727-731.

[31] Fujita S, Morita T, Fujiyama G. The study of melting temperature and enthalpy of starch from rice, barley, wheat, foxtail-millets and proso-millets [J]. Starch/Starke, 1993, 45: 436-441.

[32] Lumdubwong N, Seib P A. Rice starch isolation by alkaline protease digestion of wet-milled rice flour [J]. Journal of Cereal Science, 2000, 31: 63-74.

[33] Ojeda C A, Tolaba M P, Suarez C. Modelling starch gelatinization kinetics of milled rice flour [J]. Cereal Chemistry, 2000, 77: 145-147.

[34] Zhou Z K, Robards K, Helliwell S, et al. Effect of storage temperature on rice thermal properties [J]. Food Research International, 2010, 43: 709-715.

[35] Zhou Z, Robards K, Helliwell S, et al. Effect of storage temperature on cooking behaviour of rice [J]. Food Chemistry, 2007, 105 (2): 491-497.

[36] Yi C P, Yang Y W, Zhou S M, et al. Role of lactic acid bacteria in the eating qualities of fermented rice noodles [J]. Cereal Chemistry, 2017, 94 (2): 349-356.

[37] 杨有望. 鲜湿米粉自然发酵的研究 [D]. 长沙：长沙理工大学，2016.

[38] Yi C P, Zhu H, Yang R H, et al. Links between microbial compositions and volatile profiles of rice noodle fermentation liquid evaluated by 16S rRNA sequencing and GC-MS [J]. LWT-Food Science and Technology, 2020, 118: 108774.

[39] Yi C P, Zhu H, Tong L T, et al. Volatile profiles of fresh rice noodles fermented with pure and mixed cultures [J]. Food Research International, 2019 (119): 152-160.

[40] Yi C P, Zhu H, Bao J S, et al. The texture of fresh rice noodle as affected by the physicochemical properties and starch fine structure of aged paddy [J]. LWT-Food Science and Technology, 2020, 130: 109610.

[41] 易翠平，任梦影，周素梅，等. 纯种发酵对鲜湿米粉品质的影响 [J]. 食品科学，2017，38 (4)：20-25.

[42] 易翠平，樊振南，祝红，等. 植物乳杆菌发酵对鲜湿米粉品质的影响：I. 力学性能 [J]. 中国粮油学报，2017，32 (12)：1-6.

[43] 樊振南，易翠平，祝红，等. 植物乳杆菌发酵对鲜湿米粉品质的影响：II. 食味品质 [J]. 中国粮油学报，2018，33 (1)：7-12.

[44] 蒋紫妍. 自然发酵对大米理化特性与米粉品质影响的研究 [D]. 长沙：中南林业科技大学，2016.

[45] 祝红，王芳，易翠平．储藏温度和时间对鲜湿米粉品质的影响［J］．食品与机械，2018，34（3）：132-136.

[46] 李月，李荣涛．谈储粮微生物的危害及控制［J］．粮食储藏，2009，38（2）：16-19.

[47] 陈晓平，孟岩，金玉，等．高能电子束辐照对大米中微生物的杀灭效果［J］．食品科学，2016，37（8）：63-66.

[48] 吴军辉，梁兰兰，幸芳，等．湿米粉加工环节微生物污染情况调查［J］．粮食与饲料工业，2012，（6）：28-30.

[49] 陈志瑜．鲜湿米粉保质保藏的研究［D］．长沙：中南林业科技大学，2013.

[50] 柳鑫，文丽，李莎，等．湿米粉中菌相分析与微生物生长预测模型的建立［J］．中国酿造，2013，32（1）：65-70.

[51] 谢欣，许喜林，林加燕．年糕中腐败霉菌的分离纯化与控制的研究［J］．食品科技，2012，37（12）：317-319.

[52] 胡庆松，刘青梅，杨性民，等．年糕腐败菌的鉴定和菌系分析［J］．食品与生物技术学报，2009，28（4）：564-568.

[53] 俞科伟，桑卫国．年糕中微生物的分离纯化和鉴定［J］．食品工业科技，2010，31（2）：167-169.

[54] 黄丽金，朱建宏，袁勇军．真空包装年糕腐败菌分离、鉴定及脉冲强光灭活效果初探［J］．食品科技，2015，40（4）：370-374.

[55] 陈志瑜，周文化，宋显良，等．水分含量对鲜湿米粉品质影响［J］．粮食与油脂，2012，（7）：23-26.

[56] 袁蕾蕾．鲜湿米粉保鲜储藏的研究［D］．南昌：南昌大学，2014.

[57] 陈德文，沈伊亮，吴鹏，等．米发糕储藏期内水分变化与老化关系的研究［J］．中国粮油学报，2009，24（4）：6-8.

[58] 方炎鹏，袁佰华，熊善柏，等．米发糕的储藏品质研究［J］．中国粮油学报，2011，26（3）：1-4.

[59] Li M，Peng J，Zhu K X，et al. Delineating the microbial and physical-chemical changes during storage of ozone treated wheat flour［J］. Innovative Food Science and Emerging Technologies，2013，20：223-229.

[60] 乔聪聪，吴娜娜，陈辉球，等．谷物制品老化机理及其调控技术研究进展［J］．中国粮油学报，2019（4）：133-140.

[61] 田耀旗．淀粉水生及其控制研究［D］．无锡：江南大学，2011.

[62] 左艳娜．干燥对方便米粉老化特性影响的研究［D］．南昌：南昌大学，2014.

[63] 王亚军，万娟，谢宇霞，等．米粉干燥技术现状与发展趋势［J］．粮食科技与经济，2017，42（1）：74-76.

[64] 李林林．直条米粉干燥工艺研究及热风机组设计［D］．北京：中国农业机械化科学研究院，2018.

[65] 陶醉，谢岚，包劲松，等．玉米淀粉对鲜湿米粉的品质影响［J］．食品与机械，2019（1）：181-185.

[66] 陈兰煊，杨有望，周慧，等．影响鲜湿米粉食味品质微生物的分离与鉴定［J］．食品与机械，

2018 (1): 33-43.
[67] (北魏) 贾思勰. 齐民要术 [M]. 中华书局, 2009.
[68] 丁生. 云南蒙自过桥米线的文化蕴涵 [J]. 商业文化, 2010 (4): 184-185.
[69] 王哲. 广西米粉制作工艺考察及文化流变研究 [D]. 南宁: 广西民族大学, 2013.
[70] 吴卫国, 李合松, 曹薇. 稻谷储藏期对米粉品质的影响 [J]. 粮食与饲料工业, 2006 (1): 12-16.
[71] 刘小翠, 李云波, 赵思明. 生米发酵食品的研究进展 [J]. 食品科学, 2006 (10): 616-619.
[72] 周显青, 李亚军, 张玉荣. 发酵对大米粉及其制品品质影响研究进展 [J]. 粮食与饲料工业, 2010 (3): 14-17.
[73] GB/T 5502—2018 《粮油检验　大米加工精度检验》
[74] GB/T 15683—2008 《大米　直链淀粉含量的测定》
[75] GB/T 24852—2010 《大米及米粉糊化特性测定　快速黏度仪法》
[76] LS/T 6118—2017 《粮油检验　稻谷新鲜度测定与判别》
[77] GB 4789.2—2016 《食品安全国家标准　食品微生物学检验　菌落总数测定》
[78] GB 5009.239—2016《食品安全国家标准　食品酸度的测定》
[79] 郑海燕, 何新益, 林利忠. 浅述方便米粉调味料的开发方向 [J]. 中国调味品, 2003 (1): 9-13.
[80] 盘柳萍, 张家伟. 广西特色风味系列米粉方便汤料包的市场、生产工艺研究现状与发展前景 [J]. 轻工科技, 2018, 34 (5): 17-21.
[81] 邱思, 刘中科, 黄姝洁. 柳州螺蛳粉汤料制备工艺特点及方法研究 [J]. 中国调味品, 2012, 37 (3): 115-117.
[82] 陈健. 烹调加工中调味技术的研究进展 [J]. 中国调味品, 2019, 44 (9): 191-196.
[83] 苗笑雨, 谷大海, 程志斌, 等. 超临界流体萃取技术及其在食品工业中的应用 [J]. 食品研究与开发, 2018, 39 (5): 209-219.
[84] 殷涌光, 刘静波, 林松毅. 食品无菌加工技术与设备 [M]. 北京: 化学工业出版社, 2006.